U0184022

烏有園

第四輯

袖峰與洞天

王欣　金秋野　編

同济大学出版社
Tongji University Press

目 录

Open Books 开卷　　一

小房记道　　王澍
08

肉身成道（外一篇）　　隋建国
12

截取造化一片山
阿道夫·路斯住宅设计的空间复杂性问题　　金秋野
20

Researches 研究　　一

拟入画中行
晚明江南造园对山水游观体验的空间经营与画意追求　　顾凯
38

抵抗原型的原型 赏石的一种现象学阅读笔记　　吴洪德
46

"九狮山"与中国园林史上的动势叠山传统　　顾凯
70

第一百零二块文石　　覃池泉
84

Works 作品　　一

春园记　　葛明
98

《新素园石谱》节选　　展望
114

峰林修台，残基造院 楼纳露营服务中心　　李兴钢
128

向心而居　　金秋野
136

虫漏时光·闭门深山 杭州小洞天记　　王欣
150

Appreciation 赏玩　　一

山中何所有 七十二袖峰序　　王欣
180

Education 教学　　一

园林之事，山水生情 理壁掇山课程实录　　钱晓冬
246

以器玩开端的造园教学，是对一个"中国人"的
重启　　王欣
264

目录

Special Topics 专题　　一

《繁花》、町家与佛光寺　　　　　　　　　　　李兴钢
278

一方池鉴
简述方池兴衰兼谈山、池、台、岛在造园中的演变　郑巧雁　张翼
294

廊的空间应变 以留园之廊为例　　　　　　　　柯云风
306

日本书院造营造研究之一 两座客殿的差别　　　张逸凌
328

Horizons 视野　　一

山水、风景和景观 补偿的辩证法　　　　　　　姜俊
346

开 卷

BOOKS

OPEN

乌有园
第四辑
袖峰与洞天

08

ARCADIA
VOLUME IV
2020

小房记道

王澍

暑假一过，在建筑学院14号楼的一楼走廊碰见王欣。向院子里看去，阳光明媚，空气清新，一切都这么美好。他对我说，正在编第四辑《乌有园》，希望我写一下太湖房的缘起。好像他们这一期是要讨论这些话题。他对我说，这一类事情的发生其实都是从我的太湖房开始的，后面的都是衍生物，所以无论如何希望我写一篇。我看他说得恳切，就答应了。但笑着对他说，也许是很短的，现在的感觉，好像写不出长篇大论。

其实答应的时候，我有片刻的犹豫。王欣编这套书，每一期都希望我写点东西，我一直没有写。主要的原因，从我1990年代末发表《造园记》开始，我实际上一直和园林保持着一种若即若离的关系。我做的事情一直和园林有关，但我一直避免直接讨论它，或者在建筑中直接参照它，这是我的方式，就如罗兰·巴特（Roland Barthes）所说，和往昔的事物只是保持着一种一线之牵的关系。就像一种君子之交。

不过，答应写了，不免想想，确实，从我画出第一个太湖房开始，这个小品式的原型就一直在我的建筑中反复出现，甚至陆文宇经常禁止我使用，我还是忍不住要用，这总是有原因的。我一直坚持，好的设计一定要有足够强烈的理由，哪怕这个设计的结果只是像太湖房那样小的房子。此外，我发明的太湖房并不仅仅是一个小房子，它实际上牵连着好几件事情，它们都和造园有关。

我记得，太湖房的原型第一次在我的草图上出现，应该是1997年，我在苏州大学文正学院图书馆的一张 A3 草图上画出的。就是立在水中桥头的那个小房子，我定义它是哲学与诗歌阅览室，也是当时苏州大学主管建设的副校长怎么看都觉得别扭，扬言要用炸药炸掉的那个。其实他的想法也没有错，谁会在那个小房子里读书呢？没有人用的房子当然就是多余建造的。我不知道他是否读出了这个小房子的言外之意，因为在一个已经开始喧嚣的时代它显得格外孤独，但是又很骄傲。不过他显然不知道算另一笔账，只用了造那么小的几个房子的代价，这座图书馆就具有了一座建筑的精神气质，并且，它超越了时间。

还有几点要强调：①这些小房子一开始就有明确的独立存在的意味，但肯定不代表某种个人主义。②它们一开始就是四个一起出现的，或者说，是成系列的。它们在一个建筑里到处出现，于是它们构成一种语言。和这种方式有联系的手法，我们可以举出托马斯·艾略特的《荒原》，由四章组成，而他另一首诗的名字干脆就叫《四个四重奏》。勒·柯布西耶（Le Corbusier）的威尼斯医院，西扎（Alvaro Siza）的波尔多建筑学院的四个小房子，斯蒂文·霍尔（Steven Holl）也设计过四个一组的小房子，等等。为什么是四个一组，也许是因为没有中心性，也许是现代语言学的标志。但根本来说，和那些建筑师的小建筑组群的区别是什么？苏州大学文正学院图书馆的这四个东西，它们是类似亭子的东西，是某种比建筑更小、更细碎的东西，是无法用建筑类型学分类的东西，是匿名的、我只能称之为房子的东西。房子的命名含义，也是指它是可以依靠日常经验依稀记得与认出的。这里的核心概念是差异，就是事物间低于类型等级的微小差别，但这四个差别微小的房子却在一条五十米长的路上，区别出四段意义不同的区域：入口、斜上岔路、壁临、远处。可以说，整个的新造园活动，就是从把园林只看作一个差异的世界开始，表面上的审美疲劳变得无关紧要了，甚至在今天它变成遍地游客的"猴山"也不要紧了，它只是在连续变化、继续变化而已。③它们可以以算术的原则编配，它们不是词语，更像是词素。④它们和园林里的事物对应，介于亭子与小楼之间，随位置变换身份。⑤它们包含一种视线，或者几种视线。人们看它遥远，它看人则是疏远的。⑥它有时候以近景出现，吸引你走入一个差异性的世界。有时候以中景出现，层出不穷，踌躇不前。有时候以远景出现，但那个视线其实是向回看的，小中见大，就是这样一种细读的感觉。⑦就像我在艺圃发

现的，那个小小的明代亭子和邻水的大体量茶室的地位是相当的，亭子甚至比主体突出。而对面假山上，那么近的距离，竟然并峙两个亭子，这个尺度关系完全是观念意义上的。

比这组文正学院图书馆的小房子更早的，应该是我做的"八盏灯"（八间不能住的房子），木头的，是送给陆文宇的礼物，装在我们第一个家的墙上，于是它就转化成了园子。而苏州大学文正学院图书馆的草图，就是在"八盏灯"里白炽灯的暖黄光线下，用铅笔完成的。而这一切，构成了一个特殊的物的世界，比精神更宽广。

和这种意识相伴随的，应该是对园林的真正进入，就像我曾经说过的，它让你进去！园林如此，山水画也是如此。它们都首先不是用来看的，是用来走进去体验的。这种双重细读的发生，才会引起一种完全不同的建筑学观念的发生。一个欢欣的世界，没有主体，连续不断。

太湖房被真正地命名，则要等到画象山校区山南校园草图的时候。时间我记不清楚了，大概是2005年吧！如果说之前的小房子还相当概念化，它真正的转变就是身体性的，我注意到古代侍女画上侍女的扭腰动作，那一天，我突然意识到这一点，我还记得那一刻的兴奋。于是，概念和身体终于重合了。那个扭腰的太湖房，它第一次有了名字，现在还静静地立在建筑学院的小图书馆的石头高台上。这个暑假，我在它旁边加建了一个木头和阳光板的筒状亭子，它终于要结束孤独了。我已经想象大家在亭子里喝茶的状态。

象山校区中有几个太湖房呢？孤立于高台上的只有一个，它是实体状态的。另一个在13号楼的院子里面。在高台上显得很小的房子，在院子里，同样的体积就显得庞大。混凝土的材料使得这个房子有一种重摇滚的感觉。打开一面、暴露内部的太湖房，嵌在这个院子的外墙上。我记得艾未未在现场的反应，他嘟囔着说我做的好像某种肉体的器官，或许他的反应是最准确、最本质的。还是那句话，

ARCADIA
VOLUME IV
2020

它让你进去！园林也好，山水画也好，只要是大观式的，结构绵密的，它们都有某种惊人的一致性，那种内部空间结构都看似人体的内脏。我猜测这种状态也是身体性的。那一天，矶崎新先生来看工地，天上下着小雨，遍地泥泞。我带他到13号楼门口，他看见两个太湖房，兴奋地一直往前走。据说老先生从来不进这种工地，他那种状态让人吃惊。

镶嵌在建筑端部立面上的太湖房还有一个。不过，准确地说，应该叫太湖楼。或者说，它的类型总是在亭子与楼之间摇摆。

另外三个太湖房藏在18号楼另一面的水院里。和前面提到的太湖房那种立方体不同的是，这三个更接近太湖石的形态，这种转变就很突然。实际上，这三个原本是为苏州朋友的一个小住宅项目做的设计，那个项目旁边还有童明和董豫赣设计的房子。多年以后，据说我那栋也建成了，但我至今没有去看过。好在我把它们在这里先用上了，免得被遗忘，但是那种隐藏的状态就显得很远。就像我们看一幅山水画，总是从下方看起，走进去，山重水复，到画的上端，已经是很远了。

这些太湖房都是实存的，而存在于11号、18号楼两个我称之为大山房上的，则还有四个负形状态的。但是，真正准确的太湖房定义，细想起来，是由几条不同的理由构成的：①扭腰版太湖房最早的浮现应该是在苏州的园子里，我觉得最可能是在网师园。在五峰仙馆的背院里，我注意到峰石经常被忽略的特征就是腰腹的变化。②它也叠合了我对拙政园中一座小假山的分析，三个立方米，两部楼梯，一个石室，一个高台，高度浓缩。于是，太湖房就是将一座小假山的空间、功能浓缩进了一个峰石的意思里，童寯先生说的不能住人的洞，于是可以住人了。③它与太湖石的形态被拉开足够距离，是混凝土的立方体，单方向以"左右左"的规则变化。利用这个变化，安排楼梯，完整版的太湖房甚至还有一个卫生间。它的内部空间被设想为连续的腔体，但结构模型在计算机上的受力模拟证明这

无法实现，妥协的方式是在三层楼里保留两层是连续空间。另外，头部像假山的大头悬挑是计算机地震受力模拟的极限状态。肯定是有意的，太湖房另一个方向如刀切，没有任何突起变化。事实上，如果仔细留意，就会发现，整个象山校区的建筑，无论大小，都遵循这个原则，即片断的原则，它们就像是一棵菜上切下来的寸段，是某种连续发生体的片断。④扭腰版之前的小房子，还不能称之为太湖房。概念上看，它们更接近于索绪尔语言学定义的词汇的聚合体，但实际上，它们是更加细碎的片断，是生成过程的事物。我在2000年前后的杭州吴山顶上曾经见过一组由匿名建造者建造的小房子，每一个都不到三个立方米，相邻排列，材料依次是青砖、红砖、夯土、混凝土砌块，就像是语言学的教科书，但是首先是物质性的，是有某种唱腔的嗓音质感的。甚至可以让人确信，李渔一直没有死，他一直匿名地活在像吴山这样的地方。但我们讨论这一类对象时，不能忽略那些我们从作品视角出发经常忽略的东西，这组房子周边挤满了类似的事物，就像嘈杂的地方话语，或者说有种错觉，语言居然直接在现实的话语中平等地呈现，它们一起构成了一种不可思议的集合体。⑤象山校区里太湖房的另一个新变化在于它以弥散的位置出没，这和文正学院图书馆里沿着一条小路排列的方式完全不同，环境、视线、临近的事物都有更加强烈的意义。⑥所以，数量多少固然有意义，而完整与存在状态更有意义。它们一个个以细小差异挑战着人的记忆能力。⑦象山校园里的太湖房已经不仅是差异性的语言表征，它是独立存在的。和文正学院图书馆中的小与大的成对关系不同，象山校园显然是一个丰富得多的世界。和太湖房并存的小事物系列可以排出一组名单：高台、披檐、走廊、檐廊、风雨桥、太湖洞、爬窗、台阶与汀步、飞道、遮阳片、屋顶、某种墙体、某种介于天井和院子之间的东西，甚至结构本身，等等。

实际上，象山校园里的太湖房最重要的用处或许就是点题，或者说显示了我所说的"园林的方法"。

我记得是在苏州的那次建筑师与哲学家的对话会上，我第一次公开重新讨论童寯先生的造园三原则，正是这种对法的意识，让我重新意识到这三个原则的分量，因为童先生是直接拿这三个原则来衡量园子的优劣的，这可以看到那一代学者的厉害，他懂六法，敢评价。而我对三原则的讨论，则是用它来衡量今天所有以造园的名义造房子的作为。我记得那次会议出了本文集。王欣他们开始编《乌有园》也是在这之后的事情。

后来有人说看出童寯先生是套了王国维先生《人间词话》三种境界的结构，其实这是摆在面上的。古人有一点我很钦佩，做学问固然虚实相应，但总体上是实的，很多看上去是形容词的、象征的，仔细读，还是实的。譬如，把童先生的三原则和王国维先生的三境界放在一起读，就会发现，童先生毕竟是建筑师，想问题不自觉地偏向于制图与布局，第三条"眼前有景"，是没有办法，只能这样表述。而王国维先生则落在视线与身体，第一句"昨夜西风凋碧树。独上高楼，望尽天涯路"，对应的其实就是山水画中"平远"的观法，里面出现的建筑类型就是小楼，是"小楼昨夜又东风"的小楼，是太湖房如楼般的第一次出现。太湖楼是小楼，也是瘦楼，按李渔的看法，是孤独的意思。而"平远"法，重视的是俯瞰视角下的总体布局，即所谓"疏密得宜"。这是南宗山水画最重要的技法，原本低山丘陵不入画，入画要等到董源这样的画家自觉运用平远法之后。第二境界"衣带渐宽终不悔，为伊消得人憔悴"，其实对应的就是"深远"法，本质上是深入内部，探查结构的过程。对于"园林的方法"意义上的建筑，这一部分最难，经常难到让人憔悴的地步。对观者，犹如陷入迷宫，有些着迷，也会懊恼。对造园的建筑师，这个格局的经营，最是容易让人憔悴不堪，折腾半天，却最终还是没有"曲折尽致"的感觉。最后的境界，国维先生和童先生理解是不同的，国维先生那里是"众里寻他千百度，蓦然回首，那人却在，灯火阑珊处"，在高处回头看，回头低平的俯瞰，这

种对"高远"的理解与黄公望对"高远"法的界定是一致的。而童先生的"眼前有景"，对应的是不断转折中的突然出现，更像是不断地"开门见山"，这更符合从郭熙开始的经典三远法的定义。只是，童先生没有明确说视线的角度与高下，为可能的阐释留下了足够的空间。

太湖房虽小，但显然它有着瓦解所有大建筑的能力。或许，不经意间，我们已经看见了一种永远以小见大、从下往上生长的建筑学。实际上，太湖房于我，就像是通往另一种建筑学的道路标记。或许，"建筑学"这个词还是太沉重，脱离日常，还是说"造房子"更放松，更有空气和阳光的感觉。

乌有园
第四辑
袖峰与洞天

12

ARCADIA
VOLUME IV
2020

fig...01《盲人肖像》，钢骨架与泥，高550厘米，2008年

fig...02《盲者系列（拳打脚踢）》，铸青铜，直径50～60厘米，2009—2012年

肉身成道（外一篇）

隋建国

2008年春，我在"798"卓越艺术空间的展览"公共化的私人痕迹"中展出的三件巨大的泥塑作品《盲人肖像》等，起始于观念主义艺术的工作方法。蒙上眼睛"瞎捏"，目标是捏出一个毫无意义的泥团；继而以严谨的古典雕塑放大技术将这块泥团惟妙惟肖地放大至5～8米，希冀形成某种荒谬的结果。这里面包含着对于历史悠久的复杂而又完善的古典现实主义泥塑写生系统，以及极度严谨的现代主义雕塑造型系统的讽刺，体现某种程度上的后现代主义态度 fig...01。

按观念艺术的习惯做法，"闭眼"是个点子，放大完成后，期待的荒谬结果出现了。但同时，一块泥团放大后，鲜活而又壮观的巨大泥塑造型本身所产生的视觉张力，却引起我的深思。泥塑居然还可以这样！其中包含的对于泥塑造型的历史性颠覆所产生的视觉张力，引起了我对于在屏蔽视觉的情况下完成泥塑作品的可能性的无限想象。

展览反响很好，但少有人能给出解释：它好在哪里？

这种好的视觉效果本身，或者也还是源于最初的规则设计："瞎捏"与严谨地放大。

我首先考虑的是，放大的视觉震撼力部分来自作品与观者身体在尺度上的巨大差异。许多大型纪念碑的力量即来自于此。但这种尺度差异所导致的视觉震撼，在当代艺术的领域里已经无效。或许，重要的还是在于"瞎捏"所造成的泥团本身的各种偶然细节被放大后，成为打破观者视觉习惯的爆点。

于是，我放弃原有观念主义的出发点，开始寻找"瞎捏"作为一种方法的可能性。于是，将偶然的"瞎捏"转化为具有普遍性的方法，成为我的一个持续十年时间的工作目标。

"798"卓越艺术空间的展览还没结束，我就开始了这个寻找的过程。为了屏蔽过于"灵敏"的视觉参与，去掉自己身上积累的各种雕塑技巧训练，让身体和双手按照它自己的方式完成泥塑，我实验了各种方法。向外的，向内的。并且不停地继续以放大的方式来验证这些实验的结果。

首要目标是寻找可以睁开眼睛，但又能排除视觉干预的工作方法，避免产生习惯性的对于造型的控制欲望。最初的本能的方法之一，是向外的寻求：以大力运动带动身体作用于泥团，视觉虽有作用但控制不了身体运动的惯性之力，动作停止后不可再触动泥团 fig...02。具体方式包括：

1）泥箱装满泥，以手（脚）插入（伸入）泥中随意搅拌、抓取，反复动作，然后向泥箱内部的空穴灌入石膏浆，待其凝固后取出，石膏凝结之造型即手（脚）造成泥箱中空穴之形状；

2）戴上拳击手套猛力击打泥团（直径约60厘米），至力竭方止；

3）赤手空拳击打泥团；

4）赤脚踢踹泥团，力竭而止；

5）双足在更大的泥团里踩踏滑劈；

6）以双手、双臂勒抱泥团在胸前；

7）拥泥团在身前，双手自下向上捋；

8）拥泥团在身前，双手沿泥团形状抓挠；

9）从高处将大团泥块抛至地板上，泥块因重力自然堆叠成型 fig...03；

10）将泥团猛力甩向墙壁、地面、墙角等；

fig...03《重力5号》，树脂，135厘米×135厘米×115厘米，2009年

fig...04 双手所捏泥团，雕塑泥，长18厘米，2009年

11）以硬物猛击入泥团。

方法之二，则是向内的寻求：以手捏握泥团，视线避开捏握过程。按捏握次数或时长决定结束与否，或视线接触泥团即告结束 fig...04。具体方式包括：

1）双手握泥团，即刻放下；

2）双手握泥团在身前，反复揉搓、捏握，随时放下；

3）双手轮流交替捏握泥团；

4）单手反复捏握泥团；

5）将泥团减小至手掌范围内，单手反复捏握；

6）泥团减至更小，单手用力一握 fig...05-07。

从方法二的第6项起，以手捏握泥团所形成的形体运动变化及触痕，集中为手的掌指纹路在泥团上的印痕。对印痕纹路所呈现出的回转起伏的

fig...05 手捏泥团，雕塑泥，拳头
大小，2011 年

fig...06 手捏泥团，雕塑泥，直径
2～3厘米，2012 年

fig...07 一握成形，雕塑泥，直径5～12厘米，2012 年

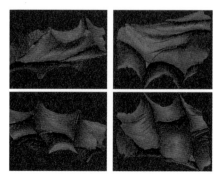

fig...08 手捏石膏手稿3D 扫描，视频截屏

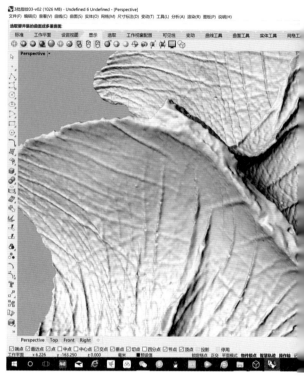

fig...09《手迹》作品3D 文件，视频截屏

fig...10 1435件手稿，2018 年北京民生现代美术馆展览现场

兴趣，使我开始引入石膏材料的使用，形成方法
三：以手指、掌抓握石膏浆后，静待其凝固，然后
释放。具体方式包括：

　　1）双手抓握石膏浆；

　　2）单手抓握石膏浆；

　　3）单（双）手抓握极小团的石膏浆；

　　4）抓握过程中自手指、手掌缝隙溢出之膏浆，
凝固后变为碎屑 *fig...08, 09*。

　　到2017年佩斯北京画廊"肉身成道"的展览上，
我将积攒的所有手稿摆到一个长约15米的工作台
上，其数量已有1435件 *fig...10*。

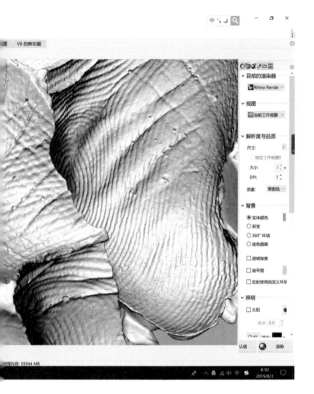

fig...11《盲者系列（捏泥与石膏手稿放大）》，铸铜，单体最大直径120厘米左右，2009—2012年

fig...12 "肉身成道"，视频截屏，2013年

清点过所有这些手稿，我意识到：

首先，十年的寻找过程里，运用前边三种方法，所有经过我的身体和双手完成的泥团或者石膏的形状，既是偶然的，也都是美好的。所有这样产生出来的物体形状从来都不会重复，它们各自成为各自。因此无论我的身体怎样行动，无论泥团以什么偶然形状被生产出来，都不需要受到任何大为律令的规定和指挥 fig...11。

其次，这一千多件手稿，共同证明第四种方法的合理性：用双手或者单手抓握泥团与石膏，或者纸团，甚至任何东西，软的、硬的，以无所牵挂的状态，捏握次数与时长随心所欲，视觉如常，心意如常，每一次都不期待捏出一个特别好的形状，捏握完毕即为永久性完成 fig...12。

最后，这样的捏握行动持续下去，再过十年或者更长的时间，会再有一千或者更多的手稿产生

fig...14《盲人肖像》，铸青铜，高500厘米，2014年纽约中央公园
展览现场

fig...13 捏泥手稿之一部分，雕塑泥等各种材料，2019年北京民
生现代美术馆展览现场

出来。每次捏握完成的泥团形状，早已存在于尚
未捏握完成而等待被完成的成千上万个泥团或石
膏形状之中。每次捏握所完成的那个形状，只是
由于每一次捏握的机缘而被带入现实的存在之中。
就像圆周率一样，小数点后面的每一位数字，都是
已经存在的，只不过需要被某个数学家将其计算
出来被大家公认 *fig...13*。

　　幸运的是在2008年开始展示《盲人肖像》之时，
3D 数字技术就进入了我的视野。十年时间里，3D
数字技术的发展，使得我能够将双手捏握形成的
各种偶然形状及细节，经过精确的3D扫描捕捉到，
并以更加精确的3D打印，纤毫毕现地展示出来。
在十多年捏握实践的过程中，我不时地挑出一两

件手稿进行3D扫描并放大，以检验各种触觉过程
中形成的偶然性的视觉张力。每一次，3D 数字技
术都加强了我坚持捏握实践的信心 *fig...14*。

　　在这十年寻找过程中，3D 数字技术成为了某
种意义上的上帝之手。我无法想象如果没有这只
无形之手的引导，我能否走到今天 *fig...15*。

　　到2018年的时候我意识到，十年的持续寻找，
使得我不知不觉脱离了观念艺术的工作方法，进
入了新的状态。就像"肉身成道"这个标题所指
出的，我这十年的艺术之道是基于我的肉身。于
是，就有了2019年初在深圳 OCT 当代艺术中心（即
OCAT）的展览 *fig...16*。

fig...15《云中花园：手迹3#》，光敏树脂3D打印与钢架，700厘米×300厘米×600厘米，2019年

fig...16《云中花园系列》，3D 打印光敏树脂，高约6米，2019年 OCAT 展览现场

乌有园
第四辑
袖峰与洞天

18

ARCADIA
VOLUME IV
2020

无目的创造

说起所谓"泥塑"的历史，早在几十万年前的石器时代，自从学会了用火，人类就开始将泥做成各种陶器、陶人。中国传统泥塑中最惊人的是秦始皇兵马俑，后来登峰造极的还有唐宋时代寺庙与石窟的泥塑造像。古埃及和古希腊的陶瓶、陶人也很精彩，一直发展到19世纪末，罗丹达到高峰。总之这套用泥塑来模仿人物动态和表情的系统，至今已经积累和发展得非常严整。在今天中国的美术学院，一个人要被训练大概五年时间，才能够进入这个系统。

泥塑，根本上来说就是面对并模拟一个对象——具体的人或物，或者抽象的形式。艺术家得把自己眼前这团泥的形状做得跟对象一模一样，要不断地计较、不断地权衡，才能达标。整个泥塑造形系统就这样日积月累、精益求精，雕塑家们乐在其中。其实这些东西长期以来也把艺术家给压住了，大家忘记泥其实就是用来捏的。只要是泥塑，不管它是多么复杂精微的造型系统，追根溯源，无非就是用手捏泥。

如果艺术家闭上眼睛，也许能做到回避所有精妙绝伦的技术和造型系统，甚至避开眼下的各种艺术规则，进而把自己逼回到用手捏泥这么一个最原始的出发点上。无论瞎捏出个什么东西，都接受它。这样一来，艺术家也避开了自己的思维和意识的引领，借助捏泥这个动作，回到自己的肉体。因为泥是软的，手遇到软的东西，本能就是去捏，形成某种"上手"[1]的状态。在这种状态下，艺术家的身体或者手的捏握，本身就是自然运动，跟整个大自然相通。

但如果艺术家这样做的话，就得像一个盲人一样捏泥，总得闭着眼工作。因为只要一睁眼，艺术家被训练过的意识，会让他本能地想这里修修，那里补补，直至完美。闭眼之后还有潜在的陷阱。如果艺术家闭着眼睛工作，时间久了就可能会走到另外一条路上去，比如：艺术家虽然闭着眼，但借着长期训练形成的肌肉记忆，他会捏得越来越熟练，最后很可能会闭着眼就能捏出一个很好的雕塑形象。就像有些真正的盲人做雕塑，天长日久熟能生巧，即便双目失明，竟也能捏个梅花，捏个猫猫狗狗甚至美女。

如果艺术家明确自己不是追求熟能生巧，而是想用闭眼的方法，放弃已经学到的各种雕塑技术，跳出各种艺术规则的引领，他就得找到一种无论睁眼闭眼都能回避既定艺术技巧与规则的方法。

首先，艺术家可以放弃所有的技巧与方法，以无法为法，眼睁睁地进入一种混乱的工作状态。同时，艺术家也可以给自己制定规则，即便睁着眼捏泥，也绝对不看自己手中的泥，让它不可控，只要眼睛看到它，就算它已完成。

睁开眼而又不让视觉参与、指导捏泥的动作，可以有好多方法。最好的方法是把泥团缩小到手掌的范围内，这一来想看也看不到它。就跟街道或广场上常见的老人玩核桃或者钢球，他们可以背着手一边看下棋，一边遛鸟，一边把两个核桃在手里玩得溜溜转。于是艺术家捏泥的动作就变成了一个无目的自发动作。它已经不是人的意识控制的对象，而是成了一种由脊椎神经系统控制的运动。它像呼吸、心跳、眨眼，或者吃下食物后胃会自然蠕动一样，仿佛人的身体器官一样自行运转，成为身体内部的一个事件。通过这样捏泥的动作，艺术家的身体在回归它自己的同时，也成为这一方法的本源。

其次，即便睁着眼捏泥，也能做到像闭着眼一样。归根结底就是去掉捏泥的目的性，不在乎每块泥捏得是好是坏，承认每一块这样偶然捏出来的泥都是最好的。实际上，无论艺术家的手怎样捏，或者有意识地想把泥团捏成一模一样，也做不到。它们肯定每一块都各有不同，绝不重样，就像这个世界上每一片叶子，每一个土豆，甚至每一个鸡蛋，都是不可替代的。从这一点上来说，这每一块被艺术家所捏出来的泥团，已经是"本自具足[2]"的。

在之前的泥塑历史中，泥巴是制造用具的材料，是被用来塑造另外一个形象的载体，或是某种形式或理念的载体。它从来就不是它自己，它只是一滩或者一堆等待被使用的材料。毫无疑问，泥本身没有形象，在艺术家动手捏它之前，它是"前"本自具足的。是艺术家的手，通过触摸捏握每一块泥，赋予它作为一块泥自己的形象，使得它成为艺术关照的对象。

同样的道理，以往艺术家捏泥的双手，一直处于艺术家主体意识的意义目标指导之下的工具状态。只有当艺术家放弃任何目标，让自己的手在捏握泥团时，能够进入前意识、无意义、无目的的状态，才能以自己最本能的动作，无目的地为每一块泥团赋形。在这一过程中，艺术家的身体，也从纯自然层面上"本自具足"的可能性，达到创造意义上的本自具足。在这里，捏与泥，或者说艺术家的身体动作与原本作为材料的泥巴（捏泥动作发生的原因），两者相互成就，成为率真与自在，成为自由与无目的创造本身。

（本文图片均由作者提供）

乌有园
第四辑
袖峰与洞天

20

ARCADIA
VOLUME IV
2020

截取造化一爿山

阿道夫·路斯住宅设计的空间复杂性问题 [1]

金秋野

阿道夫·路斯实乃史上一位现象级的建筑师。他的作品不多、规模不大，引起的讨论却旷日持久。很多建筑师、理论家受他的启发进行了深入研究，引出空间体积规划（Raumplan）、饰面原则（principle of cladding）等经典概念。在笔者看来，这些概念是对建筑学中约定俗成的"三视图投影设计法"和"造型优先"的外向视野上的批评性补充。路斯则是"内向视野"，以及随之而来的"三维空间复杂性问题"，它们在中国的造园活动中不仅居于核心地位，且是解读现代空间问题的一把钥匙。路斯好像在用四面墙壁截取一段真山，虽然造型语言仅限水平、垂直面和楼梯等几种，却比很多曲面拓扑的设计更具"山地感"。本文通过解读路斯住宅设计案例，对不同建筑师的"室内造山"方案进行比较，讨论路斯的设计特征和造型目的，并延伸出其与中国园林形式语言的关系。这个思路，路斯本人及后来的理论家、建筑师未见述及，是笔者个人浅识，以此就教于方家。

路斯说："我并没有设计平面、立面、剖面，我设计空间。事实上，没有一个地面层、上层或地下室，仅仅有的是内部相互联系的空间、门厅、平台。每个房间需要一个具体高度——餐厅不同于食品储藏室——因而楼层有多样的高度。之后必须把这些空间同其他的空间联系起来，目的是使过渡是不明显的和自然的，而且是实际的。"[1] 这句话是解读路斯空间设计方法的核心要旨，其中存有以下3个疑问：

1）平面 + 立面 + 剖面 ≠ 空间？

2）每个房间需要一个具体高度，为何不用吊顶实现？

3）"过渡"是指什么？为什么过渡必须是"不明显的和自然的"？什么叫"实际的"？

在回答这些问题之前，不妨先看几个具体案例。

之一

游 穆
山 勒
记 宅

完成于1930年、与萨伏伊别墅（Villa Savoy）几乎同时的穆勒宅（Villa Müller），不是完全意义上的"现代住宅"。这是由业主的生活方式决定的，3口之家有6位住家仆佣，服务部分达到总面积的一半，中间有明确边界。路斯的住宅大多采用类似的配置，说明他的客户比柯布的更像传统意义上的"上流阶层"。路斯秉持一种适度的实用主义思路，不仅服务性空间可以淡化处理，连卧室都属"次要"。因此着意渲染的部分，常常是主要使用者（主人和宾客）的公共活动空间，即：①主入口—门厅—更衣室—过厅—小楼梯组成的"来路"；②客厅（赏乐厅）—餐厅—音乐室—男主人书房—女主人沙龙组成的"主空间"；③通往上层主人卧室的楼梯前段及梯段下茶聚空间组成的"去路"。此三段，又以第二段为主，进行重点刻画。在剖面上，很多位置（如储藏室、卫生间）的高度变化仅为主空间服务，可搁置不论。从穆勒宅入口开始，使用者经过翠绿色反光墙身的门廊、黄色更衣室，沿铺设地毯的小楼梯转折而上，进入主空间。道路从这里一分为四：①直接向前进入客厅；②左转180°拾级而上进入女主人沙龙的上层；③右转180°拾级而上进入女主人沙龙下层或通往上层的楼梯；④右转90°进入餐厅 *fig...01*。

穆勒宅的客厅（main hall）横向展开，一道绿色的

大理石饰面墙强化了空间转换的界面，让背后的功能房间隐约分布在不同的高低位置，形成一组主要的高下关系 *fig...02*。这道墙内含4根承重柱，又根据楼梯位置和地坪高差做出4级段落，其在内墙转角处转折并终止在一个柱宽的位置上，像一道屏风般强调着客厅与其他功能房间的过渡发生之处，像一个面状的"连通器"。没有在客厅四面墙壁上贴大理石，表明客厅这个"盒子"并不是作为一个"独立空间"被构思，而是以置身其中的人的视角，区分出围合空间的界面和空间转换的界面。大理石贴面到横梁下边缘结束，进一步强调它的孤立状态。路斯在《饰面原则》里说："有些建筑师的做事风格不大一样，他们根据想象创造墙，而不是创造空间。接下来，按照建筑师的喜好，为这些房间选择了某类饰面。"[2] 人在内部，完整的盒子体量就不再是表达目标，对于路斯这种"做事风格不大一样"的建筑师来说，"饰面原则"的深度应用，倒不是"为房间选择饰面"，而是在这类空间转换处，给洞口以充分的提示。盒子被打破了，又彼此连通起来，经由种种限定，成为彼此的"内向之景"。

沿大理石柱上望，空间层层向高处渗透，各处不是连续塑性，而是被不同材料区分、界定的。注意餐厅吊顶的深色抛光木材和白色的屋顶梁柱的对

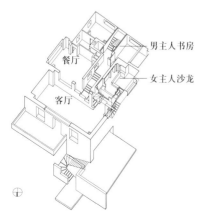

fig...01 穆勒宅主空间的轴测 / 施聪聪绘制

fig...02 穆勒宅客厅大理石分界墙 / 出自：A+U, 2018（5）: 158.

fig...03 穆勒宅客厅，沿大理石柱向餐厅方向和楼梯上望 / 出自：
August Sarnitz. Loos[M]. Koln: Taschen, 2003: 74.

fig...04 穆勒宅女主人沙龙室内 / 出自：August Sarnitz. Loos[M]. Koln:
Taschen, 2003: 77.

比，而梁柱作为有别于房间的"分隔物"，也并未表达为连续的白色塑性形体：竖向的墙身和水平的主次梁在交界处都没有抹平，故意留下一个窄窄的收口，证明彼此隶属于不同的房间 fig...03。梁经常宽于墙身，但却不是仅具语义作用的假梁。女主人沙龙位于主空间的制高点，内部又形成一组微型的高下关系，并以单向柜体加以区分 fig...04。小小空间里出现了好几个层次、好几个面向、好几种活动，这个空间意象，后来被阿尔托用在卡雷住宅（Villa Carré）的书房。使用抛光柠檬木板，气氛上最为私密。到这一时期，路斯通过材料和氛围细分空间等级的技法已臻纯熟。方向上，这个小厅有上、下两个入口，还有个回望客厅，以及带有中式窗棂的小窗。这个窗在座椅背后，从内侧只能看见客厅天花板，碧翠丝·柯罗米娜（Beatriz Colomina）认为这里像舞台包厢一样，是一个高处的窥视空间 [3]。熊庠楠在文章中认为此窗观景功能有限，应为采光之用。其实小厅东侧墙壁上就有一扇大外窗，并不需要借助内窗间接采光 [4]。这扇小窗的作用，或许只是在客厅与沙龙之间互通声气，成为知觉信息的"连通器"。富有异域色彩的窗棂，跟客厅那面绿色大理石墙一样，是为了让"连通器"本身意外且醒目 fig...05。

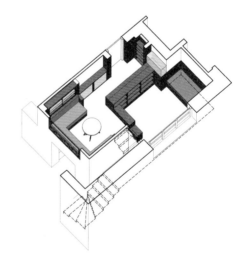

fig...05 穆勒宅女主人沙龙轴测 / 施聪聪绘制

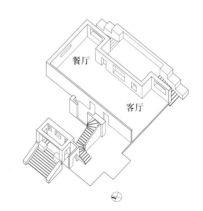

fig...06 斯坦纳宅主空间轴测 / 张迪绘制

之二

路斯的室内造山进化史

在这一组眼花缭乱的场景转换中，客厅位置最低，可从各处回望、俯瞰，是空间的零度位置。因为它，穆勒宅的主空间是向心性的。初级控制来源于主人实际的功能需求，如交通便利、餐厨相邻等；深层控制则来自身份等级和日常活动的仪式性，这些再难复现的细节，决定了每个子空间及"连通器"的方向、归属和等级。

然而路斯本人把空间操作的动机归因于"空间经济学"考虑："我真的有一些东西值得展示，那就是在三维中解决生活空间组织问题的方法，而不是一直以来所采用的从一层到另一层的二维平面模式。我的这个创造将为人类发展节约许多的时间和劳动……" [2][5][6] 那么我们不禁要问：将房间布置在不同水平高度上，空间利用上就是最经济的吗？最经济的，就是最高明的吗？最经济的空间安排，就一定意味着最方便和最舒适吗？（试想那么多高高低低的室内台阶）。以及最重要的，"空间经济学"就是空间体积规划的最终目的吗？

1909年，路斯的室内造山活动尚处于萌芽期，他的"路斯楼"里就已经有交错的地坪高度和不同区域之间的对望与漫游，但同期的斯坦纳宅（Steiner House）中，主空间依然是大平层，没有上下高低的对比，但在客厅和餐厅间拉了双层的帘幕，制造了些许空间舞台感 *fig...06*。

1918—1919年建造的斯特拉瑟宅（Strasser House）是早期空间体积规划的重要作品，从门厅经由更衣室到主空间须右转再左转，通过墙壁夹峙的小楼梯升高半层，这基本上是路斯后续住宅的"标配"，相当于登山者到达主景区前的攀爬过程。经历了一系列心理建设之后，在小楼梯的终点，主空间展现在眼前。此时路径一分为三：①左转90°进入客厅；②左转180°沿楼梯上行去往卧室；③右转90°通往餐厅和赏乐厅 *fig...07*。主空间唯一的高下关系是赏乐厅内抬高的音乐室，它俯瞰赏乐厅，并依右侧栏杆，越过来时楼梯看到客厅 *fig...08*。音乐室与赏乐厅间的过渡空间，大概是路斯住宅中"连通器"设计的精华，那根肥硕且略带收分的大理石饰面柱充满了戏剧色彩，加上6步台阶、矮扶壁、梯段上的波斯毯、区分空间的玻璃百宝橱和下方小坐榻，以及各种器物摆件的综合烘托，让这个传送门在视觉上先声夺人，弱化了后方音乐室的狭小逼仄，反让其中景物若隐若现，引人好奇 *fig...09*。这里可看作主空间的精髓，或许因

---

[2] 路斯的学生库尔卡如此阐述："路斯形成了一种全新的、更高级的空间概念：在空间中思考自由，将房间布置在不同的水平层上，将相互联系的空间组织到一个和谐而不可分割的整体中，从而形成对空间最为经济的利用。根据房间的用途和重要性的不同，房间不仅有不同的大小，位于不同的水平面，还具有不同的高度。"见参考文献 [6]。

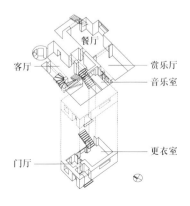

餐厅
赏乐厅
客厅
音乐室

更衣室

门厅

fig...07 斯特拉瑟宅主空间轴测 / 常涛绘制

fig...08 斯特拉瑟宅音乐室回望客厅（enscape 模型截图）/ 常涛绘制

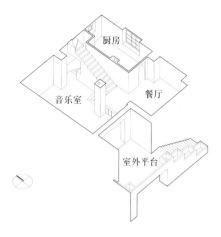

fig...10 鲁弗尔宅主空间轴测 / 施聪聪绘制

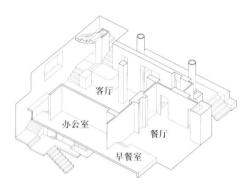

fig...12 斯特罗斯宅主空间轴测 / 张迪绘制

fig...09 斯特拉瑟宅音乐室与赏乐厅间的过渡空间 / 出自：http://www.kulturpool.at/plugins/kulturpool/showitem.action?itemId=4295516116&kupoContext=default

fig...11 鲁弗尔宅主空间室内 / 出自：A+U, 2018（5）: 89.

为改造条件限制，它出现在平面东南角的尽端，客厅也未能如成熟期方案一样充当整个平面的枢纽，在子空间之间建立关联。相反，这些部分各据一隅，是离心的。

1922年的鲁弗尔宅（Rufer House）面积虽小，却有一套相对完整、向心的空间配置。主空间在二层，被南北向居中两根巨大的结构柱分割成东、西两部分，西侧是完整的客厅及室外平台，东侧塞进了楼梯群、餐厅和朝向背面的厨房。一根柱子后面隐藏着来路，一根柱子用来提示抬高的餐厅。在这个方案里，主空间的各部分都即视通达，客厅标高最低，充当枢纽 *fig...10*。跟穆勒宅一样，客厅（这个方案中是音乐室）视野横向展开，是"主山"，是看台。舞台般的餐厅是"小山"，宜高宜远，与"主山"对望，由迂回的路线牵引。不同于斯特拉瑟宅的"大循环"，全部交通空间集中在平面中心，两根南北向分布的巨柱、餐厅与音乐室之间起分隔作用的玻璃

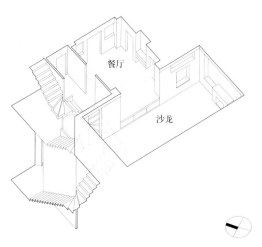

fig...13 查拉宅主空间轴测 / 王瑶绘制

fig...14 查拉宅主空间室内 / 出自：https://en.wikiarquitectura.com/building/
tristan-tzara-house/

橱，作用就等于穆勒宅中那道绿色的大理石墙。单层面积所限，空间素材太少，无法发展出更丰富的关联 *fig...11*。同年的未完成作品——斯特罗斯宅（Stross House）中，主空间形成了一个完整的"大循环"周游路径，可惜一道 L 形墙壁将子空间的对望关系全然阻断，身体漫游的压缩感也无从实现，形容涣散，向心性更付阙如 *fig...12*。

1925—1926 年的查拉宅（Tzara House）形体瘦长，主空间出现在四层。同样受面积所限，仅展现了餐厅和沙龙间的一组对望，其中沙龙作为"主山"横向展开，餐厅在对侧中部的高处，具有强烈的舞台感 *fig...13*。与之前的住宅设计相比，查拉宅的语言格外简练，墙体分段接近于穆勒宅，分开餐厅与沙龙的横向墙壁用深红色木板覆面，内收一条窄边后截止于梁下位置。这一次，"连通器"的独立性靠洞口上方的帘幕来强调。沙龙内家具陈设的位置和方向都在继续强化横向延展面 *fig...14*。

到此为止，"主山"和"小山"之间的分隔物还没有像穆勒宅大理石墙一样从空间中孤立出来。1929 年的一个未完成项目——伯克宅（Bojko House）中，出现了这道孤立墙壁。它的基本空间配置粗看跟鲁弗尔宅是一样的，但在餐厅背墙门洞后出现了书房，在横向展开的客厅侧面出现了另一个抬高的空间，等于主空间向外各延一进，"主山"和"小山"之外相继出现了"辅山"和"远山"，无论视线还是身体运动的范围都延长了 *fig...15*。

不妨假设，路斯在操作空间高度和方位、界定房间属性和过渡形式时，都以人的视线和身体运动为契机，目的是使不同的部分之间互通声气、建立连接，以实现窗中有窗、景外有景、曲折尽致、见高见远，一室之内风光无限。如果说屋宇内部是一个由建筑部件和生活物品组成的"场"，可将其中一切要素看作"信息"，而人在室内的感受，即来自这些信息的综合作用，各处都既可有实际功能，又是别处的"景"。路斯所建立的空间关联，与一般的功能性房间相比，由于子空间的相互连接，信息量呈几何级数的增长。这一语言依维特根斯坦所说的"生活形式"严密组织起来，避免了过度渗透可能导致的紊乱无序，在错综丰富和紧密高效之间建立了平衡。

此即路斯晚期的两个杰作——莫勒宅（Moller House）和穆勒宅出现的契机。莫勒宅的一大创意，在于主空间平面十字交叉的配置 *fig...16*。如果去掉音乐室与过厅之间的东西向墙壁，莫勒宅也跟鲁弗尔宅、伯克宅相似——"主山"横向延展，"小山"和"辅山"在两侧对角出现。然而中间出现了垂直的墙壁，将"主山"一分为二，通过一个门洞相连，两边各成一对高下，再向外延宕。另一个重要变化，是连接着主空间的"来龙"和"去脉"各为独立连通器，不仅彼此分离，且都半房间化了 *fig...17*。因为平面上这个十字关系，视觉信息的渗透交叠，其中一些洞口可以引导流线，另外一些则仅为声气相通之用。

ARCADIA
VOLUME IV
2020

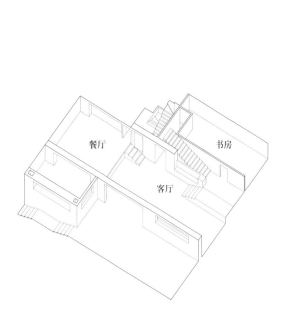

fig...15 伯克宅主空间轴测 / 张迪绘制

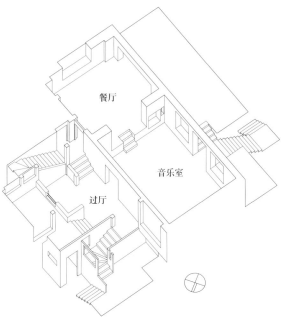

fig...16 莫勒宅主空间轴测 / 刘子暄绘制

fig...17 莫勒宅主空间室内 / 出自：A+U, 2018（5）: 129.

之三

为 把 塞 房
什 山 进 子
么

fig...18 条形码和二维码

看这些住宅的剖面，主空间由一组跌宕的"台"组成，每个"台"对应一个功能房间，彼此依使用功能连缀起来，便于通达、互成观望。"亭台楼阁"中，唯以"台"最费思量。古人造"台"始于何时？又所为何事？我猜想，它本来就是供人登临，此后才成了其他建筑物的基础。森佩尔总结的建筑四要素里就有"高台"，它或许纯系出于防水、找平等功能考虑，而东方世界的"台"则含有伦理意味，即是《尔雅》中所说的"四方而高曰台"。西周有"灵台"、春秋战国时代有"章华台""从台"，台一直是供皇家贵族游玩的园囿之属。直到宋代，苏轼还到"超然台"上欣然命笔，"台"之胜处，在于登临可致高远，上下可成对望，四方纳于眼前，视觉信息较平地为佳。

我们所在的地球，乃至宇宙中可被人感知的三维世界，始于造化之初的粒子运动，渐次形成地表的山体与洞穴，其复杂性差不多就臻于极致，与之相比，虽人力已可驱动宇宙飞船，人的造物却依然是简单线性的。人们平整土地、建造楼阁，不管是地面层还是高耸入云的楼层，都是二维的。或将山体削平、或以素土夯实、用底层架空来造"台"，等于将起伏的地表进行二维投影，以完成"数学化"的人造表面。最经济的占据空间方法，是将这些二维平面层叠阵列，成为楼层。

功能性的建筑（柯布所谓"瘫痪的平面"），楼层间互相隔绝，依明确的走廊和楼梯来引导交通，每个房间内容固定，进入方式固定，将人的活动限定在平面上的一些固定的"线"上，身体不能像纸上蚂蚁般完成自由的游牧。因此，功能性建筑的空间序列，二维都不到。平立剖面赋予人类以二维模仿三维的能力，这样造出来的房子，复杂性远逊于自然地表。自由平面的一大功绩是释放了流线，让人可以游牧方式使用空间。都是大平层，视线问题被简化为水平方向上的远近关系，房间和物品依距离彼此遮挡，线性透视最管用。一旦形成上下错落的"台"，更复杂的视线关系和身体感知就随之而来。身体在无碍运动中体验四面周遭，大量信息纷至沓

来，在大脑中表达为"丰富"。为了这种关系，"台"就不能是孤立的，如意大利的台地花园，是整个山坡都成了漫游空间。匹兹堡或重庆这种城市，它的漫游体验比平地城市更为刺激，也是同样原因。

为了更好地说明问题，不妨设想商品包装上的条形码，它是一维的信息化图形，只在一个方向上记录数据，图形的高度是为了方便扫描。条形码只能存储30个字符，还容易出错。现在已经普及的二维码以面状方式存储信息，小小的方块中可以容纳1850个字符。作为信息载体，面状高于线性，具体高于抽象，是因为维度提升了 fig...18。从这个意义上讲，单个汉字容纳的信息也高于字母文字，做过翻译的都知道，一篇文章翻成汉语，篇幅总是变小。二维码容错度高，随便一扫就能读取，它是数字时代的"方块字"。随着维度的增加，空间的信息容量呈爆炸式增长。

很多网红建筑，专为照片好看而设计了一个特殊的角度，等于将真实世界降维了。这种行为，网络时代有个专门的说法，叫"二次元"，二次元化其实就是扁平化，将三维拍扁，变成二维的动画世界，信息大量流失，更容易满足粗糙的心灵。降维方便传播，升维提高容量。好用是刚性需求，丰富性是柔性需求，建造却必须考虑性价比，信息量大的素材不方便调用。柱子、板材、砖头这些低维的建筑部件可以提高生产力，却损失了人造环境的信息；花木土石等天然素材，信息巨量却难以驾驭。造园之难也难在这里。一些先锋派的建筑用曲线和曲面，房间不是方方正正的，造价高且难用，然而自然本身就是难用的，没有哪个公司能在山坡上办公。为了好用，必须降维，将空间抽象为水平垂直面，将观念抽象为文字符号。抽象到面，就是二维，抽象到符号就是一维，抽象到哪里为好？抽象到一定程度，还能与自然匹配吗？如何用低维的素材创造高维的感受？

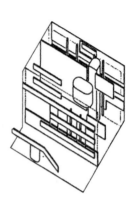

fig...19《透明性》书中对柯布绘画的空间解释，柯布的加歇别墅(Villa Stein at Garches)轴测及外景 / 出自：
柯林·罗，罗伯特·斯拉茨基. 透明性 [M]. 北京：中国建筑工业出版社，2008: 61

勒·柯布西耶从立体主义推导出的空间语言，在后人的理性之眼中二次元化，表现为一种平行层空间序列*fig...19*。除了有限的几个例外（如迦太基别墅），纯粹主义住宅的分隔墙与结构矩阵基本对位，在整数楼层中进行水平和垂直切挖，让视线、光、空气、声音和身体运动流动起来，但空间形态依然是二维，三维连续性要靠使用者脑补。所谓的"脑补"，即是建立类比。如果说山体是真实的三维空间，它并非由平行排列的水平或垂直面组成，而是连续的拓扑表面，内部也被实体填充，可以把它看作一种未经任何语言抽象的巨量三维信息编码，能够被现象解码器——人脑轻易读取。人造的矩形盒子世界由二维投影面围合而成，只占据了空间中一些整数的"点位"，缺少自然世界用以堆叠体积的非线性物质中介，略高于二维而远未抵达三维。人脑建立类比的过程，如同面对平行阵列的山体剖面胶片，

从侧面看去，在心中呈现为连续的山形。柯布所谓"平面是体块和表面的生成元"，说明他的空间操作依然是传统的平面投影式的，而路斯强调自己"并没有设计平面、立面、剖面，我设计空间"，说明他已经意识到与传统设计思路的分野。空间体积规划的主空间用高低错位的"台"取代了对位叠置的"层"而在空间复杂性上略高于漫步建筑，但与后者一样，是用低维追慕高维，使用的是类比法、自然语言。

随着技术的进步，大规模推广非线性建造，经济上日趋可行。从"形似"层面进一步接近自然造型，不再是天方夜谭。可按目前思路，在可控点位上增加细节，点与点间的信息空白，不比功能性房间的楼层之间或外太空的星系之间为小。而自然语言蕴含着类比的能力，可以通过文学化的建构唤起想象，来填补这个空白。人造环境所使用的形式语言，也应是自然语言的一种。几何是表象，本质却是语言

fig...20 瑞士劳力士学习中心室内 / 金秋野拍摄

fig...21 巴黎大学城巴西学生宿舍底层室内 / 金秋野拍摄

文字，以造型之思唤起悠然远意，不只是眼前堆砌的物质现实。从信息质量的角度，我们要看到自然语言较编程语言的高明之处。

SANAA 的劳力士学习中心直接让地表波动起来，表面上看更像山了 fig...20。其实，可以把它看作柯布的巴西学生宿舍门厅意象的扩展版 fig...21，与后者的幽邃深密不同，劳力士中心创造的斜坡跟自然山体一样无日常之用，也不引人驻足，由于缺少视觉限制，心理上对"远"的暗示不复存在，在其中行走的体验与真实登山根本不同，那种一览无余，像是行走在信息极度匮乏的沙丘中，本质上与枯山水"永恒外在"的视觉经验是类似的。

山体的空间复杂性，要投射到人的感官世界才算数。对于人造环境的视觉营造来说，"远"之重要，在于它能将有限的信息变成无穷。"言之无文，行而不远"，文可以解读为衣物的纹理或空间的皱褶，而山体就是大地的皱褶。以人的渺小，行在山中感受到的"远"，恰恰不是因为一览无余，而是因为视觉受限。受限中又有透露，山外有山、景外有景、影影绰绰、无尽无休，是自然语言的类比法，在有限中创造无穷，这种无穷，来自大脑内置的空间经验，将山水和人世的悠远映射到小小的内向视野中。这种"远意"，虽然是文学性的，却受益于本能，不必假借哲学或宗教经验。但视觉仅止于视觉，对于人的使用而言，山体的倾斜表面终归是无效的。所以还是要先数学化地抽象降维，然后再文学化地类比升维。一个"人文"的人造环境，必须同时满足这两个条件，所以路斯说："目的是使过渡是不明显的和自然的，而且是实际的"。那么，如何把"人在山中"的感官意象塞进人造环境中呢？

之四

如何把山塞进房子

文人山水就是对自然有目的加工的环境营造。其中房屋出现的位置、道路的来龙去脉，都与山体的形状吻合，并提示观者通过想象投身画境，体验漫游经验。这种经验是山体包裹的三维空间形成的"内向视野"，无论何种尺幅都只是截取一角，以此领悟天地之大、造化之工。如这幅《雪山行旅图轴》，作者通过画笔，在连续褶皱的山体中塑造一高一低两个平台并造屋其上，供人登临。两处平台自身也各有几进院落，形成一组微型的高下。作者用路径引导视觉，衔接两处平台间的对望，并以山路的崎岖唤起观者攀爬的经验，体味刹那登临的喜悦 *fig...22*。画面只是截取一段"主空间"，再通过来路和去路向画外延伸。"人在山中"的感官意象，是通过：①高低地坪间的视觉贯通；②山地环境中的形体遮挡；③攀爬过程中的身体经验，三方面共同来塑造的。

　　赖特在流水别墅（Falling water）的垂直交通中融入了强烈的身体攀爬经验，这部分在平面上接近瀑布后的山体。赖特依地势在狭小的范围内塞进几个互不对位的楼梯，有转折有直跑，两侧是裸露的片岩石壁，梯级陡峭，视线遮蔽，如在山中。但是流水别墅的主要功能房间分布在不同高度的尽端，相互之间无视觉和流线上的贯穿，信息是阻滞的 *fig...23*。巴拉甘的空间组织经常也被看作"空间体积规划"，但不同高度之间不仅视线基本上是隔绝的，连相互通达都依靠有限的、隐藏的单一路径，甚至不同标高的路径也不同。唯一一扇沟通上下的小门，出现在客厅书房区的一侧，由悬空的木头小楼梯连到一层，却永远关闭 *fig...24*。

　　与上述案例相比，路斯的"山宅"有以下特点：①表现攀爬过程的直观经验，以及"身在此山中"的内向视野；②主空间由若干彼此联通、以各种关系实现对望和漫游的不同高度的平台组成，各自成为一个功能房间；③前有来龙，后有去脉，交通空间趋于集中，方向极尽曲折；④不同区域间会有遮挡，房间常以材质加以区分，场景各异，彼此连通的"洞

fig...22 北宋 佚名《雪山行旅图轴》局部 / 底图源自台北故宫博物院

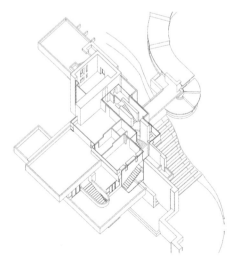

fig...23 流水别墅交通空间轴测 / 刘子暄绘制

"口"是戏剧性的、舞台化的；⑤后期作品比前期更丰富、更多层次，但更集中、更紧凑。路斯的室内空间，光看外观无法猜到，跟其他设计师的空间体验相比，可漫游，可对望，有转折，有铺陈，更像是山水画或园林。无论置身何处都无法瞥见全貌，因为人在此山中，只能感受到"一角"，但不同房间（场景）彼此成为对方的"景"，容许漫游、对望和通视，视觉和身体的信息都是流动的、紧凑的、连续的。变化的标高破除了水平延伸的一点透视和正面性。这些做法，都与造园有异曲同工之处。

例如路斯在斯特拉瑟宅中，让音乐室隔着来时楼梯向主厅形成一个俯瞰式的回望，这一手法其实在园林中屡见不鲜*fig...25*。在环秀山庄假山后山，从"问泉亭"经"补秋山房"到"半潭秋水一房山"，路线两次曲折向上，实现一个"隔涧回望"。这里的建筑和山体都没有像枯山水那样"缩尺"，反而宁大毋小，以阻隔视线，唤起类比联想，让观者如在真山*fig...26*。再如网师园"梯云室"前通往"画楼"的假山，内置了迂回曲折的攀爬路线，中有岩石山体阻隔视线，很像斯特罗斯宅的角部楼梯*fig...27*。而留园中很多高低空间的对望，都是透过舞台般的洞口，路线

不能直接通达。比如"明瑟楼"对"绿荫"；"濠濮亭"对"清风池馆"；"远翠阁"对"汲古得绠处"等。典型的园林手法莫过于莫勒宅通往主空间的楼梯转弯处，那里几面片墙面让行进路线进一步迂回，透过墙上大大小小的洞口上望，可以瞥见女主人沙龙向屋顶反射的一抹蓝色，空间的信息就这样层层叠叠地透露过来，让人在想象中建构并非现实的高远所在*fig...28, 29*。

通过叠石和花木来塑造园林，对"真三维"进行空间操作，使用场景在今天的城市里相对有限。即使在古代，造园也不是工程营造中的"普遍问题"而是"尖端科技"。但是，像留园"石林小院"这样的局部，之所以比叠山技法更值得注意，是因为它基本使用二次元素材，更好驾驭、也更省钱。而且，它与现代空间语言更为接近。路斯的住宅中没有山石、也没有花木，甚至也没谈到与自然的关系（他只谈效率），但空间体积规划应用在住宅设计中，暗含了山水园林的一些设计特征，同时，每一块地坪都是有用的，每一步台阶都不只为制造趣味。它能够实现功能、满足伦理、建立秩序，它就不是文字游戏，而是生活形式；又因为它能表达性格、制造惊奇、唤起远意，因而是诗*fig...30*。

其实，"有用性"与"真实性"是一体两面，唯有功能可为形式提供强力的支撑。路斯所谓的"真实"是与实用相关的"真实"，根据"饰面原则"，出于身体对细腻表面的追求，大理石贴面和实木贴皮是可以接受的，真实的木材容易变形且不耐久，反而不堪大用。路斯给墙壁贴实木皮不收边，给人看清楚这是贴皮。但用瓷砖模仿木地板就怎么都不可以。不用吊顶，不仅因为吊顶是一种"模仿的空间高度"，更主要是吊顶带来的高度变化不是结构性的，会造成材料浪费。路斯在"日常"和"例外"之间，在"有用"和"有趣"之间，在几乎不可能的角度找到一个结合点。路斯的人生繁华热闹又遗世独立，这些小房子是他的"胸中块垒"，掉出来成为抽象的山。他的工作方法也跟造园类似，据说画图时

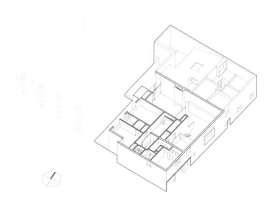

fig...24 巴拉甘自宅居住部分轴测 / 施聪聪绘制

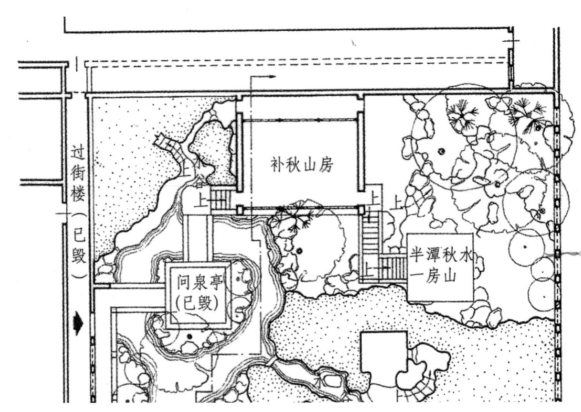

fig...25 环秀山庄后山平面，从"问泉亭"到"半潭秋水一房山"/出自：
刘敦桢．苏州古典园林 [M]．北京：中国建筑工业出版社，2005: 437.

仅确定墙体位置、结构支撑的体积和尺寸，更多的细节在施工现场同工匠们商量后决定。

其实路斯探讨的是建筑语言的边界问题。他在谈"适宜"（decorum），适宜就是在讲适度、适可而止，立面的设计感如何体现，对古典借鉴到什么程度，什么样的装饰才是可以的，建筑师的长胳膊伸到哪里为止，不同功能的房间该长什么样子、花多少钱。路斯仿佛是在说："建筑师你不要瞎扯淡，你要有分寸，做你该做的事。"从古至今，建筑语言都在生活形式与文字游戏中不断摇来摆去，人们总是想对建筑说一大堆废话，路斯反学院派的姿态，反而是建筑史中最稀缺的。"饰面原则"可以看作对"适宜"的实际应用，

不让学院派的歪嘴和尚把建筑语言弄得荒腔走板；同时路斯也在挖掘潜力，空间体积规划就是在用人文方式挖掘三维空间的诗学。路斯的真正敌人不只是维也纳分离派，也包括古往今来吃建筑饭还坑建筑学的"扯淡派"，他们今天仍在大行其道，可惜建筑语言的守护神——路斯已经不在人世了。

现在我们更能理解开篇处引用的路斯的话，为什么平、立、剖面不等于"空间"，为什么不可以用吊顶，又为什么过渡必须是"不明显的和自然的"，且是"实际的"。他不仅夸大了私人空间的内在关系序列，并以"游山"的体验来捕捉之，为主要空间赋予错综但又可辨识的内向视野，同时又是顺畅和高

fig...26 环秀山庄后山，从"问泉亭"望"半潭秋水一房山"/ 金秋野拍摄

度功能性的，因此紧凑、有张力。作为一段室内的"山林"，它足够抽象，不假借自然，不是单纯的"造景"问题。它有功能做基础，与真实的生活不相割裂，创造了独特的审美体验，虽然制造了一些麻烦，都是可以原谅的。最重要的是，他通过类比法由内而外塑造环境，用人的视角取代正投影法的上帝视角，在"内在机制"上更接近于自然。

用几何语言追摹自然，当然不能只求"形似"，那么努力去提炼"内在机制"（或算法）是不是就足够了呢？也不尽然。即使我们能够完美复制大自然的山石花木，它依然不是真正的人文空间。建造的目的，是在抽象和具体间找到契合点，以人文之思化几何为文字，唤起悠远的空间之思，亦让生活之美得到妥帖安放。

再仔细观察路斯的平面可以发现，在他多数的住宅空间中都有一条明确的垂直界面，或是一堵墙，或是一个狭长的空间，充当地坪高度变化的边界。这种操作带来的空间复杂性容易达成，但相对有限。或许贯穿4个象限的、更错综的层高穿插，在当时的墙承重结构上已难实现，但它给我们留下很多想象——关于路斯尚未开垦的处女地。

（本文完成过程中，助手王瑶、黄庭晚和施聪聪、常涛、张迪、刘子暄等研究生同学进行了资料搜集、住宅案例建模、园林考察和分析图绘制工作。）

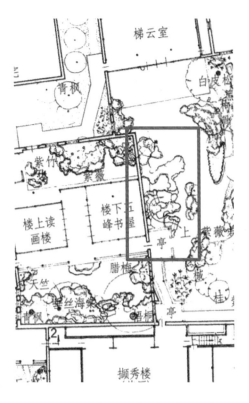

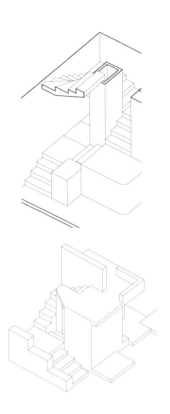

fig...27 网师园"梯云室"的体块轴测和斯特罗斯宅角梯的对比
(左)网师园平面局部 / 出自：刘敦桢. 苏州古典园林 [M]. 北京：中
国建筑工业出版社, 2005: 397；(右上)网师园"梯云室"体块轴测
/ 常涛绘制；(右下)斯特罗斯宅角梯轴测 / 张迪绘制)

fig...28 莫勒宅通往主空间楼梯转弯处 / 出自：A+U, 2018(5): 127.

fig...29 留园鹤所廊下 / 施聪聪拍摄

参考文献

[1] HOTA K L. Architekt Adolf Loos[M]. Prague: Architekt SIA 32. Tg, 1933: 143.

[2] 范路. 从《建筑材料》到《饰面原则》：阿道夫·路斯《言入空谷》选译 [J]. 建筑师, 2011(6): 76.

[3] COLOMINA B. Intimacy and Spectacle. The Interiors of Adolf Loos[J]. AA Files, 1990(19-20): 5.

[4] 熊庠楠. 路斯住宅空间的公共性与私密性 [J]. 西部人居环境学刊, 2014, 29(4): 61.

[5] LOOS A, OPEL D. On Architecture[M]. Riverside, CA: Ariadne Press, 2002: 189.

[6] KULKA H. Adolf Loos, Pioneer of modern architecture[M]. Prague: Loecker Erhard Verlag, 1966: 139-141.

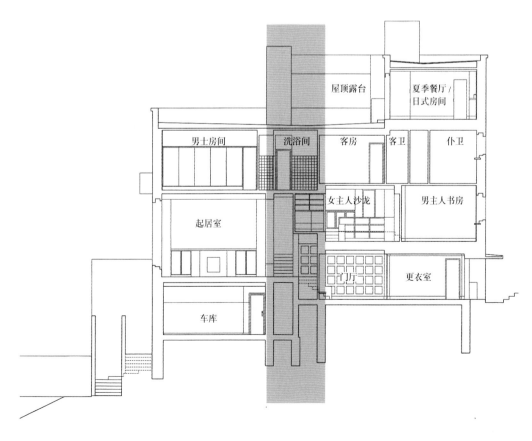

fig...30 穆勒宅剖面中的地坪标高分界线 / 出自：A+U, 2018(5): 156.

研究

RESEARCHES

乌有园
第四辑
袖峰与洞天

38

ARCADIA
VOLUME IV
2020

拟入画中行

晚明江南造园对山水游观体验的空间经营与画意追求 [1]

顾凯

晚明江南造园有着突出的繁荣和重要的转变，在本人先前的研究中，已经分析了晚明园林营造的各个组成要素（叠山、理水、花木、建筑）及整体风格的转变，其中在建筑部分提及了园林空间效果的凸显，但尚未对山水游观中空间经营的新意进行详述。[1]

此外，对于晚明江南园林营造转折的内在动力，本人阐述了直至晚明才自觉确立的"画意"宗旨对于各造园要素处理与园林风格变化的作用，主要集中于视觉形式方面的画意追求，但对空间经营效果的意义尚未详论。[2]

本文拟关注晚明江南园林营造中山水游观体验所呈现空间经营的新意，并阐述画意宗旨对此空间体验追求的作用，在此基础上，更为深刻地理解晚明江南园林中复杂而综合的空间经营的特点。

之一

晚明江南园林的山水游观体验

在晚明以前的园林中，各个相对独立之"景"是主要的欣赏对象，静观是相对主要的欣赏方式，所谓"万物静观皆自得"（程颢《秋日偶成》）；动态游赏固然也存在，但其主要在于对另一景点的目的性到达、对各处离散景点的连缀，或是在于内在心境安适的"逍遥相羊（徉）"（司马光《独乐园记》），以及偶尔如曲径、曲桥这样的趣味性获得，而一般不在于对运动中具体景致变化自身的欣赏。对于园林中所营造的山水景致，在各类园林文献中也未见对运动中连续性体验的描述。作为"山水"主题营造最重要的对象——假山，主要是作为视觉观赏的景象，以及可登高望远的场所，比如造园叠山较为活跃的明代中期，上海陆深的"后乐园"中已有较复

---

[1] 本文原载于《新建筑》2016年第6期，第44—47页。

杂的叠山，"具有峰峦岩壑之趣"，并"可登以待月"[3]，但对于具体登山游赏并无任何描述，说明对游赏过程中的动态体验还并不在意。

而进入晚明以后，江南园林在越发重视假山营造的同时，对园林山水景致的欣赏也越发重视在其中的动态游观体验。景观形态的欣赏只是江南园林假山营造所追求的一个方面，动态的游览体验决不可忽视，甚至往往更加重要，这在明清江南的大量园林相关文献中清晰可见。

一方面，在园林假山的营造中，设置多样的游径，并增加沿途景致的丰富性，如张宝臣《熙园记》中所描述万历年间松江顾正心"熙园"中的大假山：

好事者每欲穷其幽致，则入西麓，出东隅，如登九折坂、入五溪洞，怪石龙嵌，林薄荫翳，幽崖晦谷，隔离天日。自午达晡，始得穿窦出。[4]

通过种种山林景象及相应路径的设置，促进假山游观的丰富体验。

另一方面，游人在假山欣赏中的动态体验感受，也受到特别关注。1631年完稿的《园冶》是中国园林史上唯一造园专著，其中有"掇山"专篇，计成这样描述假山中的游赏：

信足疑无别境，举头自有深情。蹊径盘且长，峰峦秀而古，多方景胜，咫尺山林。[5]

正是在"盘且长"的山中"蹊径"上"信足"漫步、"举头"欣赏，移步换景之时，才能获得"多方景胜"之感，"深情"触发之中，真正领略"咫尺山林"之"境"。加入了人的游观体验，由"景"上升到"境"，才是假山欣赏更为重要的方法、也是假山营造更为重要的目的。

除了如《园冶》这样的理论专著，在晚明盛行的园记文献中，大量可见对游人在所营造的丰富山水之景（尤其是假山）中的动态游观感受。不仅是泛泛的行进过程中的多样景象，而且还体现出变化的空间体验。如在汤宾尹《逸圃记》中可以明确感受到连续性的空间节奏体验变化：

从"最胜幢"东折而南，复而西，土阜回互，且

起且伏，且峻且夷，松杉芃芃，横石梁亘之，曰"霞标"。其下即"谷口"。穷冈转径，芊绵葱倩，卓庵三楹，曰"悟言室"。涤游氛，栖灏气，游者疑入深山密林焉。[6]

在"回互""起伏""峻夷"等连续变化的路径设置中，游人能获得渐入佳境的连续性体验。

除了这种舒缓持续的空间变化，晚明园林中还非常注意营造一种突变的戏剧性效果，尤其是假山营造很容易形成内奥外旷或下奥上旷的空间对比，因而经常得到采用。16世纪后期著名文人王世贞营造的"弇山园"被公认为当时江南第一名园，王世贞对其中山林境界的变化体验极为欣赏，如《弇山园记》中有：

盖至此而目境忽若辟者……右折梯木而上，忽眼境豁然，盖"缥缈楼"之前广除……[4]

如"目境忽若辟""忽眼境豁然"这样的描述，展示了从相对狭小空间转入豁然开朗境界的突变营造，获得一种意外惊喜的游观体验。

除了以上的造园理论和游园记述，在更为大量的园林相关文献——园林诗歌中也有明显体现。如王世贞在《和肖甫司马题暘德大参东园五言绝句十首》中对"通华径"的吟咏：

峭蒨青葱间，所得亦已足。忽转天地开，锦绣匡山谷。[7]

从"忽转天地开"可知园林假山营造所获得的丰富体验。而除了诗作内容中表达山水游观体验，从诗作主题中也可得知园林欣赏关注点的新意。

以往的园诗，除了总体吟咏，基本都是针对单独的具体景点；而到了晚明，第一次出现了将园林中具体动态游观本身作为吟咏对象，园中游观有了独立的欣赏意义。如王世贞对其"弇山园"的大量诗作中，其中多有专门以动态连续的游观体验为吟咏对象，诗名往往很长，直接表达具体的游赏路径及体验，如：《穿西山之背度环玉亭出惜别门取归道》《穿率然洞入小云门望山顶却与藏经阁背隔水相唤》《由玠碧梁踰险得九龙岭》等[7]。可以看到，王世贞对于园林欣赏

乌有园
第四辑
袖峰与洞天

40

ARCADIA
VOLUME IV
2020

之二

画意造园
宗旨与
山水空间
经营

的兴趣，已经突破了对各个景点本身的相对静观欣赏，而是扩展到了对于动态游赏活动本身，追求的是一种连续性的体验，这是以往园林文献中所未见的。

当然，除了诗名对动态行进的表达，各诗中更对具体空间体验加以细致描述，尤其是对境界变化的体验。如《入弇州园北抵小祇林西抵知津桥而止》诗中有"径穷胜自出，地转天亦豁"，《度萃胜桥入山沿涧岭至缥缈楼》有"窈窕迳复通，蜿蜒势中断。……稍南穴其背，忽得天地观"，《穿西山之背度环玉亭出惜别门取归道》有"傍穿度窈窕，忽上得潇洒"；《穿率然洞入小云门望山顶却至藏经阁背隔水相唤》有"回屐探薜门，介然见云路"；《度东泠桥蟹螯峯下娱晖滩》有"径转目忽开"等[7]。常常出现的"忽"字，尤其表达出作者对空间效果意外变化的欣喜，这也正是这种动态观赏的迷人之处。

王世贞的这种对动观游赏自身的关注不是唯一的，在17世纪初，常州人吴亮也为他自己的"止园"创作了一组诗歌，诗名有《由鹤梁至曲径》《由别墅小轩过石门历芍药径》《度石梁陟飞云峰》等，明显也以行进中的连续游观体验为主题；同时，在《入园门至板桥》诗中有"忽作浩荡观"，《由文石径至飞英栋》诗中有"鳞甲忽参差"等，也以"忽"字表达出对于景观及境界的动态变化的欣赏。有学者指出，吴亮的"止园"修筑及相关诗文，明显受到了王世贞"弇山园"的启发影响[8]。

从以上晚明江南园林中对山水游观体验的新意展现中，还可以总结出一种对于丰富空间感的营造及欣赏的新取向：无论是连续性的空间节奏变化，还是突变性的空间对比效果，都反映出空间体验问题已经成为新的突出关注对象。

在本人先前的研究中，已经论证了"画意"宗旨对于晚明江南园林营造转折的重要推动作用，所关注的主要在于视觉上的画意追求——各类造园要素配置及整体风格[2]；那么对于以上所论的山水游观空间体验的新意，是否与这种画意宗旨相关？

在以往的各种关于画意影响造园的认识中，对于具体造园方法，基本上都集中于园林在视觉画面效果的关注（如综合的构图、细部的皴法等）；即便有关于层次、深度等与空间相关的关注（如"三远"等），也仍然是视觉角度，而未涉及空间的动态体验。但事实上，对于造园中的画意宗旨认识，还要看到中国传统山水画观念中对于空间性动态体验的关注，以此才能真正理解对晚明江南园林营造中的深刻画意追求。

中国的山水画意，绝不仅仅意味着画面、构图的欣赏，还重在精神性的漫游。在山水绘画理论中，无论是画家的创作还是观者从画中所得，都不是静态的，而是需要"游"的存在。对于山水绘画的创作原理，宗白华在《中国诗画中所表现的空间意识》一文中指出："画家的眼睛不是从固定角度集中于一个透视的焦点，而是流动着飘瞥上下四方，一目千里，把握全境的阴阳开阖、高下起伏的节奏。"[9]这样并无固定视点，而是基于动态体验而形成的绘画，对其欣赏也自然是一种随时间而动态游移的关注。如刘继潮指出，"郭熙关于山水画'可行可望，可游可居'的美学理想，首次明确将时间性意识引入山水画的表现之中。故而二维平面上的静态山水，生成流动的气息，让观赏者随着近坡、远岸、坡脚、山径、溪流等游目骋怀，在循环往复中体验审美世界的无限意蕴，以达畅神。"[10]

当画意确立成为园林的宗旨，这种根本的画意原理对于园林的欣赏也随之产生深层次的影响，从着重关注单个离散景点中的静观，到逐渐关注连续性的动观游赏，行进过程中的空间体验成为重要欣赏内容。

与山水画欣赏中对连续性漫游的要求相一致，

画意追求影响之下的晚明园林中，也开始出现对园林中空间体验的动态连续性欣赏，从前述王世贞、吴亮等人的园林诗文中也可以明确看到。而这种追求既是审美欣赏的取向，同时也是营造方法的取向，其所欣赏的自家园林效果，正是特定营造的体现。在这方面受山水绘画方法影响的原理，有论者指出："山水画采取视点运动的鸟瞰动态连续风景画构图，即'散点透视'法，园林是空间与时间的综合艺术，两者在手法上基本一致。"[11] 尽管此论并不能适用于整个中国园林史且"散点透视"之说存在争议[12,13]，但汲取山水画的动态连续性追求于园林营造之中，确实为晚明造园的重要新特点。这种园林空间连续性体验的获得，在方法上正在于造园的整体性取向大大加强。

从而，可以从动态游观体验的角度再来重新审视晚明江南画意造园的方法论述。计成在《园冶》中叙述：

兴适清偏，怡情丘壑。顿开尘外想，拟入画中行。[5]

对园林的"丘壑"营造、"怡情"欣赏，在于追求如同"尘外"的"画"境，而且是可"入"并可"行"的——"拟入画中行"，正是画意追求下对空间性动态体验关注的最贴切形容。

从中可以看到，对"画"之"入""行"成为造园中的极大关注，所营造的景物不仅形成如画般的形态以供视觉观赏，同时也要提供空间、能够进入，从而得到动态游移的画意体验，这也构成了方法的取向。前述《园冶》中的"信足疑无别境，举头自有深情。蹊径盘且长，峰峦秀而古，多方景胜，咫尺山林"正是对此"画中行"的具体阐释：山水画中从来极为关注的行旅山道，化作了园林假山"盘且长"的"蹊径"，与作为视觉直接景观的"峰峦"一道，产生出供人体验的山林空间；也正是结合了山水画的丰富境界追求，营造出"信足""举头"的游赏中所能体会的"别境""深情"。又如前述《逸圃记》中"土阜回互，且起且伏，且峻且夷"，本身是园林山水空间体验的描述，却几乎也完全是山水绘画方法的说明，也正说明

画意在山水空间营造中的渗透、运用。

正是以山水画意为宗旨乃至方法，晚明造园中展开了对丰富动态空间体验效果的追求，如在茅元仪《影园记》中可以看到：

于尺幅之间，变化错综，出入意外，疑鬼疑神，如幻如蜃。[14]

正是将造园视为作画，在"尺幅之间"的画意宗旨追求中，从而可以获得"变化错综"的多样布置、"出入意外"的丰富体验，最终感受到"疑鬼疑神，如幻如蜃"的奇幻境界。

可以看到，前述晚明江南园林中山水游观空间体验的新意，正与画意宗旨息息相关。画意从来不只是相对静态的形式关注，还在于时间性的游目骋怀；体现于园林，则在于动态行进中的空间感知体验。从而，画意追求下的空间经营，使得园林山水游观体验得以前所未有的丰富。

之三

画意追求之下的园林空间特色

在认识了画意追求对晚明江南造园在山水游观体验方面的推动意义，还可以进一步延展至整个园林的动态游观，从而更好地理解晚明造园在空间境界方面的营造特色。

首先，晚明江南造园在强烈的画意取向之下，空间经营的丰富性、复杂性大大增强。这与晚明之前以清旷简洁为主的园林空间面貌形成鲜明对比。在对多样空间进行组织、产生丰富的连续性体验变化中，山水画意中所追求的阴阳开阖、高下起伏的节奏化境界得以实现。

这种复杂空间的经营，其要义在于"变化"。如祁承爜《书许中秘梅花墅记后》对绍兴与苏州两地造园的比较中指出：

> 要以越之构园，与吴稍异。吾乡所饶者，万壑千岩，妙在收之于眉睫；吴中所饶者，清泉怪石，妙在引之于庭除。故吾乡之构园，如芥子之纳须弥，以容受为奇；而吴中之构园，如壶公之幻日月，以变化为胜。[15]

与祁承爜家乡绍兴地区（"越"）的造园主要通过借景来对丰饶的自然景观加以获取（"万壑千岩，妙在收之于眉睫""以容受为奇"）不同，苏州地区（"吴中"）则以庭园中丰富多样的经营变化取胜（"清泉怪石，妙在引之于庭除""以变化为胜"）。苏州正是晚明造园转变的核心地区，对"变化"的追求正可以概括其突出特点，而由"变化"所产生的"幻"的效果也正是园林体验的目标。

园林空间的变化常体现于多样层次，这与建筑等手段的自如运用密不可分。如钟惺《梅花墅记》描述：

> 从阁上缀目新眺，见廊周于水，墙周于廊，又若有阁亭亭处墙外者。林木荇藻，竟川含绿，染人衣裾，如可承揽，然不可得即至也。但觉钩连映带，隐露继续，不可思议。故予诗曰："动止入户分，倾返有妙理。"[4]

正是廊、墙、阁、亭等建筑手段的灵活组织，加上林木的配合，形成了"钩连映带，隐露继续"，乃至"不可思议"的复杂层次效果。

对空间丰富变化的营造，突变的戏剧性效果是晚明江南园林中非常注意的，前述王世贞、吴亮的园林诗文中常常出现的"忽"字能很好说明，这种空间体验的意外效果正是晚明诸多园林所乐于追求。王世贞在《游练川云间松陵诸园记》中对"顾太学西郭园"有这样的记述：

> 邦相乃导而穿别室，凡再转，忽呀然，中辟滙为大池，周遭可百丈许。[7]

"忽呀然"展示了转入豁然开朗境界的突变营造。祁彪佳在其《寓山注》中有"宛转环"一景：

> "归云"一窦，短扉侧入，亦犹卢生才跳入枕中时也。自此步步在樱桃林，漱香含影，不觉亭台豁目，共诧黑甜乡，乃有庄严法海矣。……堤边桥畔，谓足尽东南岩岫之美，及此层层旷朗，面目忽换，意是蓬瀛幻出，是又愚公之移山也。虽谓斯环日在吾握可也。夫梦减幻矣，然何者是真？[4]

在"不觉亭台豁目""层层旷朗，面目忽换"的变化性体验中，园林通过丰富的空间组织获得"蓬瀛幻出"的美妙效果。

正是在对这样的复杂性园林空间经营中，晚明园林获得了一种前所未有的、难以穷尽的丰富效果。计成主持设计建造的扬州影园是其中杰出代表，小而多变的特点在郑元勋《影园自记》中得到表达：

> 大抵地方广不过数亩，而无易尽之思，山径不上下穿，而可坦步，然皆自然幽折，不见人工。[4]

虽仅"不过数亩"之小而"无易尽之思"，这是极难达到的境界，可见复杂程度。这与前述茅元仪《影园记》中明确提及"尺幅之间，变化错综"的画意追求与复杂效果完全一致。

其次，在关注游观体验的画意追求指引下，晚明江南造园关注游观过程的连续性，从而使园林空间呈现出综合性、整体性的特点。这与晚明之前以疏朗、离散景点为主的园林面貌构成鲜明对比。

要获得连续性的动态游观效果，造园尤其关注景点之间的联系。在这方面，晚明江南造园中建筑手段的运用起到了相当重要的作用。其中廊的灵活

fig...01 张宏《止园图册》之一 / 出自参考文献 [8]: 17.

设置是联络各处的尤为重要的方式，如王世贞《徐大宗伯归有园留宴作》中对徐学谟 " 归有园 " 的吟咏：

> 曲槛回廊断复连，疏花奇石巧相缘。横穿屋里千迷道，忽入壶中小有天。[7]

园中 " 曲槛回廊 " 起到 " 断复连 " 的效果，伴随着 " 疏花奇石巧相缘 " 的配合、" 横穿屋里千迷道 " 的路径设置，全园有着 " 壶中小有天 " 的神奇总体境界。对此，徐学谟自己的《归有园记》也有这样的叙述：

> 为 " 修竹廊 "，廊九楹而为折者七，旁列篁而障之，翠蔓可荫。……堂之右可逗而西南行，架木香为屋者一，旁编竹而插五色蔷薇，作三数折。花时小青鬟冒雾露采撷，一入丛中，便不可踪迹，为 " 百花径 "。自百花径折而东，遂合于 " 修竹廊 " 以出。[6]

这里，长而曲折的 " 修竹廊 " 不仅起到了重要的路径联系作用，同时也有竹荫境界可获取；" 百花径 " 等的曲折构筑设置也起到了王世贞所述的迷宫效果。可以看到，多样化路径的设置受到格外关注。这也往往会结合其他小品要素的营造，如桥梁就是重要的路径形式，在王世贞《弇山园记》中就有：

> 其上，可以北尽 " 西弇山 "，东北尽 " 中岛 "，东南取佛阁花竹之半，又以其陈得 " 文漪堂 " 之胜，所不能及者，" 东山 " 耳，故名之曰 " 萃胜 "。[4]

在关键的联结点处，设 " 萃胜桥 " 作为关键场，起到联络各区景观的作用，从而使全园空间联络贯通，有着更为整体化的境界。

这种整体性造园关注也可以用于理解这样一种新现象的出现：以往盛行的园林分景图册，仅关注

fig...02 宋懋晋《寄畅园图册》之一 / 出自参考文献 [8]: 195.

fig...03 徐用仪《徐园图册》之一 / 出自：陈从周著. 说园 [M].
上海：同济大学出版社，1984: 附页1.

fig...04 祁彪佳《寓山注》插图 / 出自：潘谷西主编. 中国古
代建筑史 第4卷 元明建筑 [M]. 北京：中国建筑工业出版社，
2001:399.

各个独立景点，如在苏州，明初有徐贲的《狮子林十二景图册》、明中前期有沈周《东庄二十四景图册》、明中期有文徵明《拙政园三十一景图册》，而整体园林形象不得而知，说明并不非常关注；晚明仍有园林图册绘制传统的延续，但出现了在各分景图之外又有一幅整体鸟瞰图的新方式，典型如明末张宏《止园图册》，二十开册页中以全景图为首 fig...01。这其实在稍早的宋懋晋《寄畅园图册》中也已有体现，五十景以全景图收尾 fig...02。这一做法得到后世延续，如清代的徐用仪《徐园图册》也以一幅全景单列 fig...03，与其他各有标题的分景绘制形成鲜明对比。这种新形式的出现与流传，说明园林的整体性已成为非常重要的特点，以往只对各景分别绘图已经无法对园林特色进行全面呈现，而这在晚明之前则不成为问题。受绘画影响而产生的造园变化，反过来又对绘画形式产生变革，这也是有趣的历史现象。同时，一些园林的再现也倾向于用全景图来替代分景图册，如祁彪佳《寓山注》中分述了"寓园"四十九个景点，仍有分景的遗意存留，但《寓山注》插图则对该园又只作整体描绘 fig...04。关注局部景点的园林分景图册在此不再如以往受到青睐，正可以看出对整体关注的增强，而由于园林空间的贯穿联络，各景也往往难以截然分割。

以上所述园林空间营造的复杂性和整体性关注，往往在布局设计阶段即得到仔细的综合考虑，在方法论层面得到明确关注，如祁彪佳在《寓山注》中所总结：

大抵虚者实之，实者虚之，聚者散之，散者聚之，险者夷之，夷者险之，如良医之治病，攻补互投；如良将之治兵，奇正并用；如名手作画，不使一笔不灵；如名流作文，不使一语不韵。[4]

"不使一笔不灵""不使一语不韵"纳入对每个局部的考虑，各景点与总体及各景点之间的关系极为密切，园林的整体性空前强化；"攻补互投""奇正并用"的巧思则形成园林体验的丰富变化。而"如名手作画"的比喻，也正显示出画意追求对于园林营造的强烈作用。

之四

余论

可以看到，晚明江南园林在"画意"宗旨的影响下，不只是对园林景物所构成形式效果产生巨大作用，还前所未有地强化了园林之中的山水游观，乃至整个园林的空间体验，从而使复杂、整体的空间经营成为造园的重要关注。

深入理解这种历史造园中对人的游观体验而不仅是视觉景象的重视，与当代风景园林学科理论发展中从"景"而进入"境"的更深化认识，有着深刻的契合。如杨锐指出，"'景'是视觉感受，'境'乃身心体验。'境'是'情'与'景'的交融"[16]；王绍增进一步阐释："景"是"从一组客体的外部对其审视的画面。以视觉为主，人在景外"，而"境"是"在一个空间的内部对其的感受，是各种感觉和知觉的综合，人在境中"[17]。以此"境"的概念为最核心内涵，"境其地"乃至"营境学"成为当代中国风景园林学术理论的突出成就。对晚明江南造园中"画意"追求下游人空间体验的关注，正为这种"境"的关注提供了坚实而深刻的历史理论资源。

参考文献

[1] 顾凯. 重新认识江南园林：早期差异与晚明转折 [J]. 建筑学报，2009,(S1):106-110.

[2] 顾凯. 画意原则的确立与晚明造园的转折 [J]. 建筑学报，2010,(S1):127-129.

[3] 顾凯. 明代江南园林研究 [M]. 南京：东南大学出版社，2010:115.

[4] 陈植，张公弛. 中国历代名园记选注 [M]. 合肥：安徽科学技术出版社，1983: 198, 135, 216, 291, 223, 139, 260.

[5] 计成，陈植. 园冶注释 [M].2版. 北京：中国建筑工业出版社，1988: 206, 243.

[6] 赵厚均，杨鉴生. 中国历代园林图文精选 第3辑 [M]. 上海：同济大学出版社，2005: 89-90, 212-213.

[7] 王世贞. 弇州续稿 [M]// 景印文渊阁四库全书 第1282册. 台北：台湾商务印书馆，1983: 269, 62-65, 821, 229.

[8] 高居翰，黄晓，刘珊珊. 不朽的林泉：中国古典园林绘画 [M]. 北京：生活·读书·新知三联书店，2012: 45, 52-54.

[9] 宗白华. 美学散步 [M]. 上海：上海人民出版社，1981: 82.

[10] 刘继潮. 游观：中国古典绘画空间本体诠释 [M]. 北京：三联书店，2010:106.

[11] 曹林娣. 略论姑苏园林画境构成 [J]. 艺苑. 2012(05): 6-13.

[12] 陈则恕."散点透视"论质疑 [J]. 西北师大学报(社会科学版). 1999(03): 95-98.

[13] 秦剑."散点透视"质疑 [J]. 西北美术. 2008(01): 46-47.

[14] 杨光辉. 中国历代园林图文精选 第4辑 [M]. 上海：同济大学出版社，2005:25.

[15] 黄裳. 梅花墅 [M]// 皓首学术随笔·黄裳卷. 北京：中华书局，2006: 197.

[16] 杨锐. 论"境"与"境其地"[J]. 中国园林. 2014(06):5-11.

[17] 王绍增. 论"境学"与"营境学"[J]. 中国园林. 2015(03):44-45.

乌有园
第四辑
袖峰与洞天

46

ARCADIA
VOLUME IV
2020

抵抗原型的原型

赏石的一种现象学阅读笔记

吴洪德

在中西文献中，有关赏石、假山的讨论已属汗牛充栋。从专业实践者的角度出发，本文无意于在已十分充沛的文献讨论上再行赘言；反之，希望以松散的文笔记录一些对赏石的感知过程的观察和分析。尽管标题中号称是现象学的阅读，但重复讨论现象学的发展历程和概念亦非本文的任务。本文主要希望说明，对赏石的感知体验反映了一种建立在人与石头交互的具体情境上的"缘发构成"（er-eignis）过程[1]。这种亲密关系影响了观察者认知"视界"（horizont）[1][2]的变化，从而让"客观"和"中立"的认识变得不可能。中国人以怪石作为关系理解的（不可能的）"原型"，实际上是调节注意力和分辨力，在不离境域的构成状态中训练精细的感知区分，避免形式、概念带来的认识简化。本文最后建议读者考虑这一"原型"用于园林场所阅读的可能性。

本文的切入点在于区分感知能力的三种运用状态：注意力、分辨力和想象力。一般来说，稳定、良好的注意力是意识健全和高级智能的一种标志。注意力的聚焦从生理反应中区分出"前反思"（pre-reflective）的心理现象，为认知过程提供了基础的材料。确定的"意义"只于注意力聚焦的现象上构成，保持良好注意力的那些时间构成了有意义的生命历程。因此，艺术的首要任务不免也要处理注意力的问题，引导它倾注到有审美意义的现象上[2]。对现象的差异性的注意带来了分辨力。分辨力追随着结

---

[1] horizont，或英文 horizon 是胡塞尔现象学中的重要概念，指的是构成原发形式时所依赖的感知领域，张祥龙将其翻译成"构成边缘域"，也在其余场合使用"视域"。见参考文献 [1]: 38—40. 也有学者翻译成"天际线"，见参考文献 [2]，及注释 3。根据张祥龙的说法，此处"原发"指"首次构成的、新鲜的"，而非"借用的、派生的、陈腐的"。而"缘发构成"（er-eignis）中的"缘发"指"因缘而构成"，强调现象构成不离世间之缘的关系。本文将其翻译为"视界"仅仅是为了与笔者的其他论文中的用语保持一致，无意表明这一翻译具有优越性，且在与张祥龙、冯仕达等学者相关的引文中保持各自的翻译不变。

[2] 注意力的消除，如失智、涅槃最终取消了意义和差别的世界。注意力的完全聚焦，如西方的视觉中心文化，带来了去情境化的、形式化的抽象知识体系。

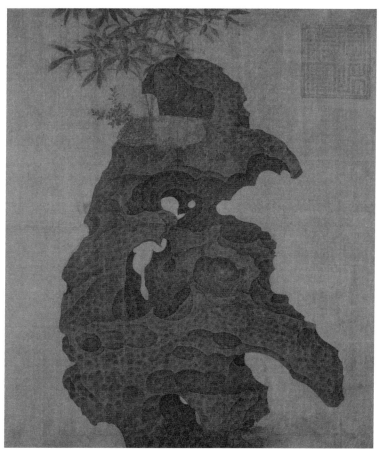

fig...01a（宋）徽宗赵佶绘《祥龙石图卷》中的祥龙石 / 收藏于北京
故宫博物院

构的边缘和不稳定之处，并在对差异的把握中生成
精细的区分，催生了多个层次的分析性概念。借助
这些认知，边缘结构被不断地放大，呈现愈加精微
的差别，暴露出既有理解框架的局限之处。高级文
化总是具有精微的分辨力，创造出能产生细微区分
的丰富概念——无论这些分辨力被注意力引导到何
种对象上：物质和宇宙的结构、数学法则、社会伦
理、艺术感受等。甚至于中国文化中往往被视为糟
粕的"孝道"，在它创始之初也体现出对人际关系
进行精微分辨的训练功能[3]。想象力是构成知识形
式的能力，它在一种回溯与期待交织的内时间意识
中进行综合，让纯粹的现象得以向联系性的符号进
化。想象力为孤立的现象提供了情境，是产生恰当
注意力和精细分辨力的基础。

fig...01b 一枚石榴石切面宝石 / 出自 www.irocks.com

ARCADIA
VOLUME IV
2020

之一

注意力："怪"的非形式化特征

中国在唐代以后形成了对怪石的注意力，是一种独特的文化现象。在别种文化对石头的鉴赏中，往往以色泽鲜艳、质地坚硬的宝石晶体为美，以几何完形、纯净无瑕为珍稀。由于形式的标准化，其价值可按等级标出，以奢侈品的形式参与财富的流通。而怪石则成为这种稀缺美学的反面——它本身不过是火成或沉积而成的无定形岩块，表面暗淡斑驳，又受水土侵蚀风霜剥离而残损畸形 fig...01。对于没有"石癖"的人来说，它几乎没有任何实用价值（以及延伸的交换价值）③。判定一块怪石是否有可观之处，需要

的是审美的能力而非现成的检验标准。奇怪的石头并不稀缺，真正稀缺的是发现它的伯乐。如果按照老子的说法，宝石是"有之以为利"的话，那怪石则是"无之以为用"——它缺乏固定形式和确定的价值，却又有助于心物相合，产生某种调适性情的效用。

···················

③ 即便它有某种交换价值，但采集、运输等交易成本往往大大超过了石头本身偶然产生的价值。因此它的交易价值不是先天的和首要的。如明代王思任所作《米太仆家传》中就记载，米万钟痴迷一块房山石，但运输让他囊中财尽，只能在半路就地建园以藏石的故事。

fig...02a 典型赏石两种，清代灵璧石山子"幻云"/ 出自：
北京中拍国际拍卖有限公司2014年秋季拍卖会

中国人很早就意识到，物之"利"固然体现为许多种实在性的聚集，它的"用"却是在这种实在性的分散、异化、消亡的过程中继起的效果。从效用的角度来看，事物的存在是"虚"的，它寓身于种种不可预测的生成与转化的过程之中，任何形式化的系统都不能穷尽它的"用"。与之相应的是，现成的形式化体系要产生良性的效用，都需要根据实际情况进行调适。而这种调适是只能因机缘而动，其本身是缺乏共性、无法被形式化的。因此注意力需倾注在变化的过程上，时刻保持一种敏锐的分辨，不能固执于任何稳定的形式而不作变通。

怪石之"怪"处正在于此。就材性而言，它是多种物质的混合。它的形式生成反映了从灼热奔流的岩浆瞬间冷却为石头，机缘巧合地被地震送出地表，为外力损坏，又被水、土、风、植物等侵蚀掉了强度较低的物质，形成褶皱肌理和孔洞的过程。除了反映这些动力效果之外，它并无任何超越性的本质可言。在它的表观形式与内在结构之间，也无法建立起简单的对应关系。它那充满了动感和势能的形式只是其个别历史，一种基于差异的具体化过程（individuation）[4] 的痕迹（indices）*fig...02*。因此，"怪"的形式本质上并非某种稀奇图像的视觉模拟，相反它在呈现演化过程的时候回避了一切要将它理解为现成图像的努力，无法被形式化。无论怎样聚焦注意力，焦点终将随着它内蕴的动势而偏移。无论怎样用图像或概念去概括，都无法真正地为它命"名"。它根本回避了任何以"透明性"解读的企图[5]。它的"非透明性"所唤起的是人与石交互的感知过程，以及对充满了时机的时间境域的领悟。

fig...02b 典型赏石两种，明代赏石连汉白盆／出自：北京保利国际拍卖有限公司2013秋季艺术品拍卖会，雅昌艺术网

[4] 有关于 individuation 的进一步讨论，见参考文献 [4].
[5] 柯林·罗的"透明性"（transparency）理论区分了两种透明性：字面意义上的或者物理性的，以及现象层面的或者支持多重秩序叠加的。建筑的透明性虽然也能导向多重意义和不确定的感受，但其实仍是作为观念的笛卡尔空间在物质现实中的投射。在这种解读下，建筑的物质性要素被理解为可相互叠加、干涉的理念形式。而赏石则不具备这种理论预设，从漏与透中不能反推出任何脱离生成过程的理念形式体系。

乌有园

第四辑

袖峰与洞天

50

ARCADIA
VOLUME IV
2020

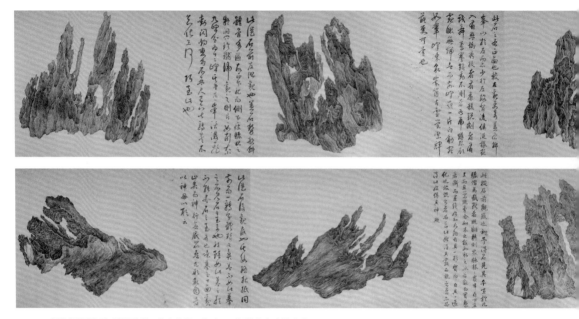

fig...03a（明）吴彬《十面灵璧图》卷 / 私人收藏，见于1989纽约苏富比拍卖会

fig...03b《十面灵璧图》相对位置关系

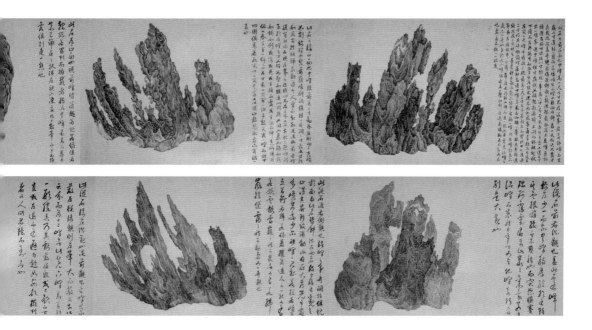

右正面与左正面（镜像）叠合

前正面与后正面（镜像）叠合

后左侧与前右侧（镜像）叠合

前左侧与后右侧（镜像）叠合

fig...03c 非非石部分面叠合关系

ARCADIA
VOLUME IV
2020

之二

效 边 中 静 到 由
应 缘 的 观 分 注
的 辨 意
：

相信许多读者有将一块袖峰握于掌心，反复旋转、摩挲赏玩的经历，也不乏被精美玲珑的案头赏石吸引，围绕着它流连观看的经验。以这些经历为据，不妨设想一下吴彬为米万钟创作《十面灵璧图》的情景[6][5]：非非石被置于底座之上，由仆童搬动。吴彬先绘制了大致上属于前后左右的四个面向，又命人反复左右旋转，自己亦不住起身观看，以寻找之前四面所无法展现的新奇角度。经过不断揣摩，又从前左、前右、后右、

后左四隅各绘一图。最后在朋友的建议下，使人倾倒石头，观察其底部相连之姿态，又从石前向底、从石后向底各绘一图，遂成十面灵璧之图形 *fig...03*。

在吴彬寻找非非石的绘画面向的时候，他要在运动的过程中去精细地比较各个瞬间的感知差异，以选出最可鉴赏的面向来。在凝神观看一个表面的时候，他的注意力为几种现象所吸引，并在其中穿梭。首先是形体的轮廓——山峰占据空间的分割线。前面低矮的山峰轮廓遮挡不住后面的，在轮廓的重复叠加之下，空间层次感出现了。由近及远，

⌁⌁⌁⌁⌁⌁⌁⌁⌁⌁⌁⌁

[6] 有关于该图的历史研究，见参考文献 [5]:62-67.

fig...04《十面灵璧图》"左正面"轮廓层次与视线。轮廓选择带有笔者的主观性。

边缘的递进形成了一个自视点向外发散的序列，它让人意识到空间层次无非是"边缘的渐次呈现"而已 *fig...04*。这种渐次呈现构成了一种引导，将心神扩张，从近处反复地导向外部、远处。⑦彭一刚在园林研究中发展的"起伏与层次"的理论可谓述其要旨 *fig...05*。尽管石体以浑圆的轮廓向后方收缩，暗示着背面的存在，被遮住的部分则无从预期：未知的部

----

⑦ 边缘并不能反射中心的首要性，相反，它将中心视作一些一再反弹的反馈区域——恰如每次落点不同的蹦床一样。

分并不能引发一种与扩张等量齐观的相反的收缩的趋势。

乍看起来，收缩的趋势似乎来自第二种引起注意力的现象。吴彬注意到许多穿透了表面的孔洞的存在：一些内部的边缘，让他穿过较近的孔洞看向石头的另一面，或者看向更多的孔洞 *fig...06*。容纳了所有后续孔洞的最前方的一个孔洞似乎划定了一个界限，让注意力倾注于其中，而屏蔽掉周边的部分。然而这并不意味着视点的最后聚焦。后续的孔洞不仅形状各异，而且无论边缘还是中心都不断偏移，不会落在一条稳定的视线上。在视线穿越孔洞逐渐被收缩到更狭小区域的时候，视线并未进一步聚焦。相反它在那些偏移的对位中逃逸，指向边缘，即偏离中心的不可见的外部。因此，"玲珑剔透"的孔洞其实唤起了注意力在空间收缩之中的"放"，以在更小尺度的内部形成更细微的分辨。彭一刚所论的"渗透与层次"也促使我们去关注园林空间中的"孔洞"效果 [6] *fig...07*。

背景层次
中景层次
近景层次

fig...05 彭一刚《中国古典园林分析》中有关"起伏与层次"的图示 / 吴洪德重新排版。出自参考文献 [6]: 43.

第四辑
乌有园
袖峰与洞天

54

ARCADIA
VOLUME IV
2020

之三

变 的 收 动 分
动 与 观 辨
放 中 力
：

静观中的印象在转动石头时被打破了。在转动石头时，观者的注意力落在那些不断涌现的新的边缘上，原有的边缘被旋转进入视觉的中心，开始失去立体感，坍缩成一个朝向观者的褶皱的表面。在继续的旋转中，这个表面又转为在意识中"淡出"的边缘，而新的边缘部分不断地自先前的遮蔽之处涌现出来，创造出新的轮廓、层次和立体感，提示着观者一再刷新、重估对石头形体的认知。我们可以注意到，新边缘"涌现"和旧边缘"淡出"不是对称的。前者总与新鲜的、不可预期的事件发生有关，是构成新意（或瞬间的形式）的主要动力；后者则以"短时记忆"的方式保持、延展着意识的领域，将那刚过去的视界调合为新意发生的构成情境。

之前穿越几个边缘的扩张视线在运动中被瓦解了，以一种对立转化的方式，构成了静观—动观、空间深度—时间境域之间的转换界限。在静观之中，从视点到某一最远边缘点的视线事实上提供了一种空间的极大值——在所有的视线中，它是最长的，具有最"深远"的空间深度。借着相互"看见"，最长视线也设定了一种起点对终点的期待。而身体力行地前往终点的路径，则往往被几座石峰的体积前后遮蔽了。然而在动观之中，被遮蔽的路径显现出来。

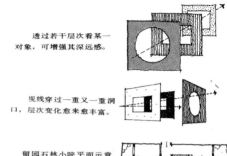

透过若干层次看某一对象，可增强其深远感。

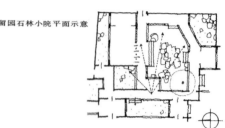

视线穿过一重又一重洞口，层次变化愈来愈丰富。

留园石林小院平面示意

fig...07 彭一刚有关"渗透与层次"的图示 / 吴洪德重新排版。出自参考文献 [6]: 58-59. 透过若干层次看某一对象，可增强其深远感，视线穿过一重又一重洞口，层次变化愈来愈丰富，留园石林小院平面示意图

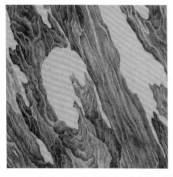
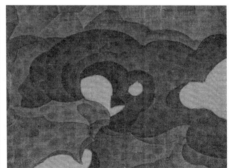

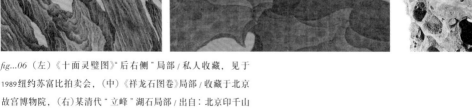

fig...06（左）《十面灵璧图》"后右侧"局部 / 私人收藏，见于1989纽约苏富比拍卖会，（中）《祥龙石图卷》局部 / 收藏于北京故宫博物院，（右）某清代"立峰"湖石局部 / 出自：北京印千山2017迎春艺术品拍卖会，雅昌艺术网

人们会发现，沿着褶皱的表面前往终点时，先前的最长视线却是最短的路线。任何一条运动的路径，哪怕是最短的测地线，也比视线要长得多 *fig...08*。先前仿佛近在眼前的终点，在前往它的过程中，它反倒退得更远了：几何直线的空间距离越近，身体力行的场所距离却退得越远。也就是说，原本静观中由视线扩张的视界，在动观的时间境域中经由路径的具体化进一步扩张了。

正是在这种继续扩张的转化中我们发现了收缩。那被遮蔽的石头背面首先呈现为二维轮廓，最终以三维的形式出现在视野中。先前的许多期待固然能被新的细节所扩充，但往往有更多的期待会落空：预想的连续山峦之后，一面切断的陡崖出现了；在高不可攀的绝峰背后，莽莽山脉提供了深远的视界，从而收缩了之前雄伟的立面认识；更深的褶皱、孔洞打断山体的连续表面，让之前的扩张视界迅速收敛。这种收敛是主动的和事件性的，它与之前的边缘因转入遮蔽中而从意识中"淡出"是完全不同的，也不等同于玲珑孔洞带来的欲扬先抑的收缩感。由于旋转而产生的新的形体认知带来了收与放的不稳定变化。

由此，静止时刻的空间形式被纳入到时间境域的流动中去了，在其中连续地发生着变形：它刚刚发

fig...08 静观"视线"与运动中的"路线"差别的图示

之四

效应 的 动势 到想象： 由分辨

生的过去、正在发生的当下和即将发生的未来如复调音乐的三个声部一样叠合在一起。而每个局部的不同收放变化则间或增添了新的声部。心神正是在不同声部的穿梭中意会到自己如何被延展的。[8][7] 在空间旋转的重新播放中，注意力的不同聚焦带来重放中的感受的刷新。正是由于边缘效应的存在和对多声部的理解，对形体的理解不再是一成不变、可以测量和重放的东西。

运动亦以两种方式改变了对褶皱表面的认识。第一种，对表面的认识在二维与三维之间穿梭。当褶皱进入视觉中心时，它成为动态的平面笔触；当它们转向边缘的时候，这些笔触顺着它们内蕴的动势，以旋转扩张的形式展开在"三维空间"中，成为形体，并改变了怪石的形体认知 *fig...09*。第二种，在运动观看中，褶皱表面内蕴的动势变得显性了。它不再仅仅

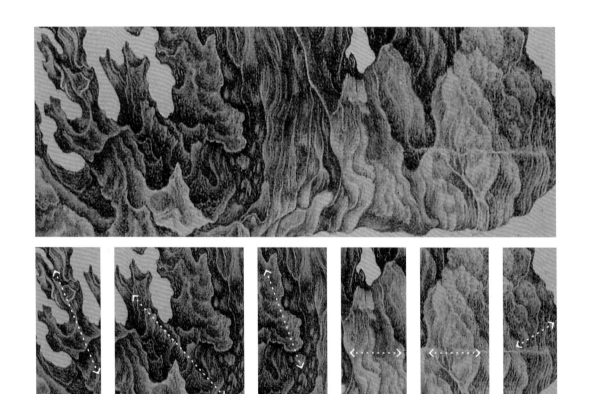

fig...09《十面灵璧图》"后正面"局部

[8] 在胡塞尔的 horizont 概念中，已经蕴含了三时态的结构。张祥龙评论说："每一时间体验都有这样一个结构，即以'现在'为显现点、以'未来'和'过去'为边缘域的连续流。时间体验不可能只发生在一点上，而必然带有预持（Protention）和对过去的保持（Retention）。这三相时态从根本上就是相互构成和维持着的。"见参考文献 [1]:40.

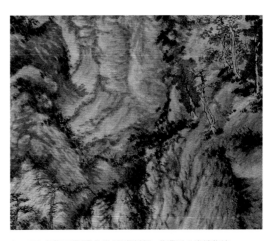

fig...10a（宋）许道宁《渔父图》局部 / 收藏于美国纳尔逊·艾特金斯艺术博物馆藏

fig...10b（元）王蒙《青卞隐居图》局部 / 收藏于上海博物馆

fig...11 狮子林小方厅后院九峰石

是对发生在过去的、形塑了它的动力的一种指示图像，而是直接呈现为空间中的运动本身。带有旋转的运动改变了形体、表面的局部与人的相对关系，让图像的静态结构瓦解了。形体、表面之间错动重组的关系被理解为实质性的相对运动。这一点冯纪忠在《组景刍议》中关于"景外视点"和"空间感受变化速度"的讨论中表达得很清楚了。这带来了对"空间"的一种相当不同的想象：它不被预设为一种稳定、中立的现成框架结构，而是被动势、被它所暗含的视界和运动强度所扩张的一种冲浪表面*fig...10*回[9]。

动势的差异性取代了山体形态的差异性，成为注意力的对象，是一个十分关键的过程。动势是一种纯粹想象的产物。在最初的静观状态中，它不过是对过去形塑了它物质形态的动力的一种回溯性想象；在动观状态中，这种想象与旋转石头带来的第二种想象相叠加，似乎以真实的运动"激发"并"实现"了怪石内蕴的"潜能"。怪石之命名，如九狮峰者，因而不过是借狮子奔扑的姿态来"点破"此一怪石在此一面向迸发的动势而已，以助观赏者形成对这一动势的精细区分与掌握。动势既得，就毋须执着于狮子的具体形象。石笋、玉女、五老者亦如是*fig...11*。比命名更佳的是采用诗的方式，以词汇诗

回 有关在园林研究中引入空间的预设带来的后果，见参考文献 [9]。

鸟有园
第四辑
袖峰与洞天

58

ARCADIA
VOLUME IV
2020

句间意象的流动来帮助把握石头本身动势的流动。

然而不用费力即可意识到，无论静止或被搬动旋转，怪石自身都是惰性的，它在物质形式上没有任何改变，在组织结构的各个部分之间也是相对静止的。动势在现象中的含义，无非是它所引发的人的视界变动而已："重复—差异"的边缘带来的焦点不能聚焦的情况；人石的相对运动带来的局部形体的变形与组合，引发了视界的"扩张—收缩"变化；褶皱表面和扭曲形体之间的"二维—三维"转化……故而石头的动势既不是石头单独具有的一种本质或属性，也不是一种可以被归类加以形式化的东西。毋宁说，石头的动势存在于人—石之间，是一种与作为阐释者的人之间的纯粹的缘构发生。它的动势，以及对这种动势的解读是在现场构成的，须臾不能脱离具体情境的。当我们说怪石是调节人的性情的一种媒介，或许正是因为这种人与石头之间的亲密感：欣赏者不能够抽离地、无动于衷地借助现成的类型或图式来把握石头的神，它必须让自己的注意力跟随着石头的动势而动，产生出精细的分辨，并允许想象来对其加以适当的变形。换言之，他必须允许"心"的运动，并投入自己的才情，调动自己的气性部署，与石头内蕴的动势一起形成一种有强度的、收与放的意识流动。

在米万钟组织的雅集上，这块灵璧石被戏剧家龙膺[10]命名为"非非石"。据说此名一出，便赢得满座赞叹。座中宾客认为"非非"捕捉到了石头那不能穷尽其动势的特点："米万钟从非非石里看到了锥戟钩剑、古雪冻泉、出浴的西施、起舞的飞燕……这些是灵石之形；董其昌从中看到了水之蜿蜒、金之锋锐、木之郁秀、土之起伏，则可谓灵石之神。但实际上此石非钩非剑、非雪非泉、非水非金、非木非土；就像麒麟和龙一样，虽然似牛似鹿、似蛇似虎，却又非牛非鹿、非蛇非虎……"[5]

乍看起来，非非石的命名采取了"非 [a] 非 [b] 非 [c] 非 [d]……"的否定结构的叠加，点出了它与许多意象的"似是而非"的关系。然而，置于想象各异的诸品评之间，"非非"中亦暗含了"非 [a] 非非 [a]"的结构，也就是说既非 "[a]" 又非 "非 [a]"。多重结构不仅否定了 "[a]" 与 "非 [a]"，也否定了"构成 [a] 与非 [a] 对立"的那种认知范畴 "a"——对多种异类范畴的对象的否定事实上也构成了对范畴的否定。这种理解的关键之处在于，将构成形式的范畴 "a" 当作因缘而生的假名悬置起来。

这种命名结构与龙树的三是偈"众因缘生法，我说即是空；非是为假名，亦是中道"（鸠摩罗什译本）是相通的。笔者对该偈的理解依靠张祥龙的翻译："一切缘起者的本性是空（sunya）的或无自性的，这'空'乃是表示相互依存（无自性）的假名；这样理解的空就是中道。"他进一步解释说："龙树思想中很关键的一个识度就是否定 'A' 并不意味着'非 A'为真。因为非 A 只是与 A 相反的去把握自性的概念而已。所以'无常'的真义是不常不断，'无自性'或'空'意味着不有不无。"[1]张祥龙认为，与西方哲学的形式化思维和印度的直觉体验不同，这种"不离世间的终极思想视域"或者说"境域型思想"[1]体现了佛教中论和中国传统中道的认知方式：将形式判断看作暂时的、无自性的假名，反对固执其中；而把发生这

----

[10] 龙膺（1560—1622），明末戏剧家，著有《金门记》和《蓝桥记》。

之六

假 园 回
山 林 到

种形式构成的具体情境看作缘发的和终极的思想视域加以维持。

这种缘发构成的认知体现为对注意力的一种"双非"的引导：既非瑜伽式的注意力之瓦解消除（追求消除对象意识乃至意识本身的涅槃状态），亦非西方形式概念思维的注意力之集中（比如几何与透视带来的视觉中心与有意义的内容的重叠）。境域型思维将注意力从稳定的视界中心引开，导向不稳定的边缘。这产生了几个结果。其一是注意力不能聚焦到某一现成形式上，相反它在许多尚在生成的对象间穿梭，这拒绝了（接受及创造）现成形式，而将缘发构成的过程当作认知的关键来把握。其二是注意力向知觉边缘的偏移避免了确定意义的产生：在知觉中心避免注意力的投入，在（穿梭式地）投入注意力边缘的同时避免意识的中心化的聚焦，这种"非想非非想"打破了"能指—所指"的指称性认知基础。

形式与意义的非指称结构，产生了不脱离情境的时机化、多样化的认识。其意在始终保持心念的鲜活，训练一种精细的分辨力，来避免认识的简化。张祥龙说："中国古人要表达他的非现成洞察时常用'A而非a'的句式，其中'A'为天然显现者、'缘起性空'者，'a'则是被人为对象化、呆板化、现成化了的A。"[1]需要提醒读者注意的是，此处的A既非上文的形象[a]，又非范畴a，相反它是形成诸a、[a]之前的那种"直接给予性"中蕴含的构成过程。对变幻无穷的怪石的欣赏，实则是让心神不脱离具体情境的一种法门。

当赏石进入园林，扩大尺度与类别，成为置石、叠石乃至掇山之时，许多情境发生了改变。就假山而言，其可实际进入的空间尺度、可居可游的身体经验、宜于建造的工程要求，是与小尺度的赏石大相径庭的。假山与赏石是否能依旧采用同一种路径去理解，是一个未经充分讨论的问题。本文已经意识到了彭一刚、冯纪忠、冯仕达等诸位前辈的园林视觉研究中蕴含的许多可能性。以朱光亚"拓扑"概念作为出发点[11][10]，可以发现，这些可能性都和感知视界在"空间—时间"中连续的运动和变形有关：变形中的恒定性指向的不是几何空间中的构图，而是个案具体化过程中的差异化的、构成性的时空体验。如果以环秀山庄大假山和留园水池周山为例，可以看到，赏石带来的时空经验事实上构成了园林、山水鉴赏的一种"原型"式的认识：依据图纸和缩尺模型带来的中立视角并不能解释身处园林中的真实体验，现象体验仍是不离情境、缘发构成的。本小节从这个角度出发，对赏石体验与园林场所体验试做几点比较。

第一，比如扩张视界的运用。在环秀山庄大假山的东南角水口处，在留园的东南入口"古木交柯"处，都能发现这种刻意的视线处理*fig...12, 13*。这种发散视线与其说真的是为了同时看到许多条路径而设置的，不如说是让观者意会到自身视界的扩张而设计的。在留园"绿荫"及左侧青枫下立石之处的静观之中，我们也能看到，对面景色的轮廓由近及远逐渐升高形成了层次，以仰视的方式扩张了视界。

第二，边缘视界的运用。在留园绿荫水阁中，冯仕达观察到，当在主人位置坐下，水面从视野中被取消，对面场景被拉近、压缩成二维画面[11] *fig...14*。这时候，左右两侧沿着锯齿状轮廓展开的边缘视角却反倒形成了三维的空间深度。这种正面压缩，左右

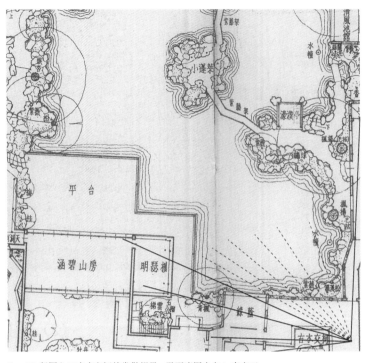

fig...12 留园入口古木交柯处发散视界 / 平面底图出自：南京工
学院建筑系，刘敦桢. 苏州古典园林 [M]. 中国建筑工业出版社，
1979:348-349.

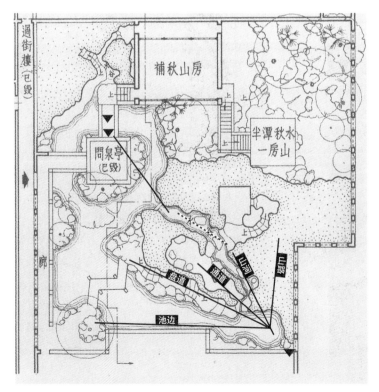

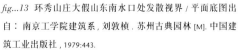

fig...13 环秀山庄大假山东南水口处发散视界 / 平面底图出
自：南京工学院建筑系，刘敦桢. 苏州古典园林 [M]. 中国建
筑工业出版社，1979:443.

两斜角扩张的模式也见于许多建筑室内的处理，比如，从网师园的"殿春簃"西侧书斋东望，从网师园的"看松读画轩""集虚斋"的室内南望，从沧浪亭的"翠玲珑"北望等*fig...15*。然而在以上所谓边缘的空间深度中，视界是支离破碎的，并不能形成统一的外部空间认识。即便是在位于画面中心的孔洞中，注意力也无法聚焦。比如在"古木交柯"西侧的窗洞交叠中，可见窗洞的轮廓、中心的错动关系。我们得以了解何谓"渗透中的层次"或"孔洞中焦点的不断偏移避免聚焦"*fig...16*。

边缘视界也可以用来理解旷奥的转变。比如在环秀山庄中，当进入南侧平台时，山体壁立，向观者扑面而来，挡住了视线。在沿着平台走入西侧廊道的过程中，右侧被山体遮蔽的部分逐渐出现，不断涌现的新的轮廓构成了视界右边缘的吸引点，注意力被引导向右边缘。随着这个变动，"问泉亭""补秋山房""半潭秋水一房山"亭的形象也逐渐在右边缘展现出来，扩张着视界，形成了旷的感受[12]*fig...17*。自西侧廊道穿过石桥继续向问泉亭走去，左侧的局部假山开始起作用，两种边缘的挤压带来了奥的感受。当进入补秋山房内回望假山时，在窗格子上映出平缓山势的二维画面，左右两侧门洞延伸进来三维空间深度，从两侧边缘扩张着视界。旷的感受一下又回来了。

第三，交叉视线的设置唤起了动静转换之机。在环秀山庄中，西南方向入山的桥头与山顶亭子步道转弯停留处之间可以两两相望，构成了一组在起点与终点间的看与被看的交叉视线*fig...18*。这不仅提供了最深远的空间距离，也唤起了对终点的期待。在走向终点的山中之行中，不可预测的曲折路线和旷奥转变渐次发生，打破了之前的期待，从地理和心理上拉大了两点间的时空距离。由此，静观中的最

----

[12] 这种转变亦见于网师园中，自出水口西侧盘道沿黄石假山向左前方行走，左侧边缘的变动以及看"松读画轩""月到风来亭""濯缨水阁"的渐次出现感觉一致。只不过这次是左侧边缘的变动。

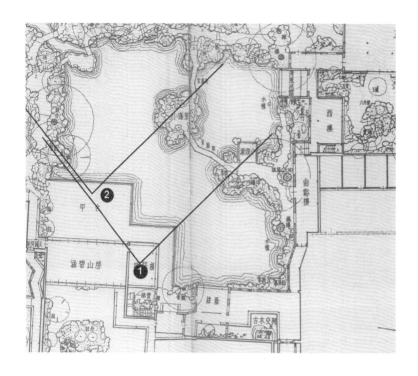

fig...14 （上）留园恰杭内静观、动观北侧假山的效果 / 照片出自
参考文献 [11]，平面底图出处同 *fig...12*，（中）从恰杭向北望向可
亭，（下）从涵碧山房外平台望向可亭

fig...15a 网师园"濯缨水阁"内北望，中间漏窗的平面压缩画面
与左右门框的空间延伸 / 孙雄拍摄

fig...15b 网师园"殿春"西侧小书房内，主人视角看向东侧夹壁
墙 / 孙雄拍摄

fig...15c 正面压缩、两侧斜角扩张的视觉模式 / 孙雄拍摄

乌有园
第四辑
袖峰与洞天

64

ARCADIA
VOLUME IV
2020

fig...16 留园入口古木交柯绿荫处洞窗

fig...17 环秀山庄中环假山行进所见旷奥转换

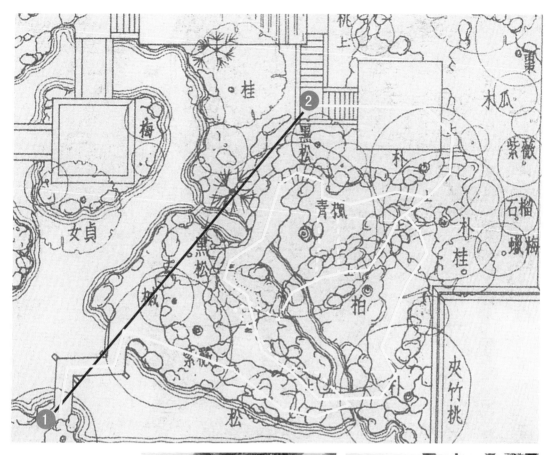

fig...18 环秀山庄大假山、桥头和"半潭秋水一房山"亭道中转弯处的对视 / 平面底图出处同 fig...13

大空间深度在动观中被进一步扩张了，这也让作为直接体验的"看见"转化为"期待"。在留园中，这种穿透性、期待性的视线是非常多见的^{fig...19}。

第四，动观中的收与放运动。在动观中，园林空间的旷奥、大小、高下、远近始终处在对立转化过程之中。自逐渐出现的各个面向观之，观察同一事物的视界始终处在不停的收放运动之中。留园中"小蓬莱"以南的水面远大于以东的水面，自南侧平台北望，视界沿弧线展开，有开阔之感。然而自堤上观之，南侧水面被紫藤所遮挡，弧线不存，所看的是半径的长度，水面就大为缩减了。而此时东侧无遮挡的水面则开始在视界中扩张。进入"清风池馆"之中，由于地面以倾斜处理，人在走向水面的过程中保持着俯瞰的姿态，东侧水面就进一步扩大了，而南侧水面

则基本已被遮挡殆尽了。因此，在现场情境之中，平面图上的绝对尺寸并不能有效地反应现场体验。反之，利用时空本身的收放作用，巧妙地加以处理，从而协调阴阳之变，才是现场构成的重要内容。

第五，远与近的对立转化的关系。在以上几种对立转化中，远与近的转化值得单独拿出来进行讨论。冯仕达在对拙政园、留园、网师园的研究中，指出取消水面带来的远近体验的变化：当在亭子中坐下时，由于栏杆坐凳的遮挡，水面取消，对面的景物被拉近、放大，成为二维的画面；当站立起来走向前去的时候，空间深度伴随着水面的出现而显现出来，对面的景物因而退得更远、看起来更小了^{[11] fig...14}。这引发了一种判断远近的悖论：当空间上拉近距离的时候，对象在感知中却退得更远。笔者以为，事

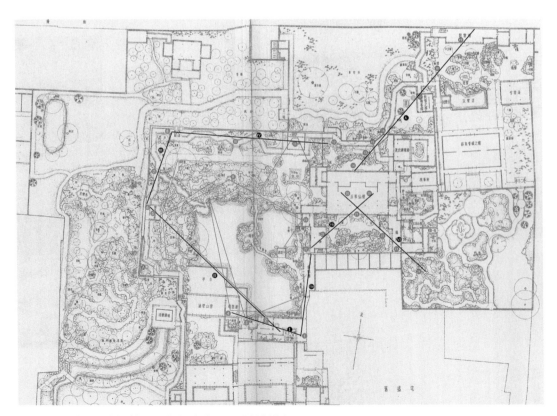

fig...19 留园中发现的8条穿透性、预测性的"视线"/平面底图出处同 *fig...12*

之七

结语

实上这说明了不同情况下观者视界本身的特点阻止了对空间客观性的阅读。这也让"远""近"与几何距离之间的关系变得复杂化了：主观视界的收缩与扩张也能干涉对客观世界中远近的判断。笔者在对环秀山庄的考察中，也发现另一种远近转化关系*fig...20*。当观者自南侧平台站在"山外"观看假山时，湖石假山采取上大下小的壁立之姿，其动势扑面而至，压缩了视界，人仿佛瞬间被拉近山内、逼近山壁。与之相反，当观者真正进入三山环抱的"山内"，即"补秋山房"之中时，回望假山，山势却平缓了下来，又仿佛离人很远，被推出了山内。这种远近的对立转化与山体的动势有关，以不同的遮挡方式影响到观者的视界收缩与扩张，具体做法有一些不同。

在赏石与园林场所的阅读之间建立起简单投射性的（projective）关联是危险的。本文所建议的关联毋宁说是一种在跨情境的过程中转化的、再构成的方式。它要求实践者保持一种的流动心神，能够安然接受视界收放的变动；在具体情境迁移时，依据缘发的条件重新构成新的物我关联性。在这种情况下，我们可以暂时地认为，由于其相对单纯，赏石的感知过程能够提供理解更为复杂的园林现象的一种认知途径，成为一种打引号的"原型"。

当然，这种"原型"是天然地抵抗形式体系中的"原型"的。它事实上是阿甘本所谓"从个体到个体"进行重复差异影响的"范例"[13] [12]。"范例"并不收敛为任何形式化的体系，而仅表明：把玩赏石这一动作对心神的调节、引导作用依然适用于穿行假山中的身体经验和场所经验。其真正的作用在于将注意力牵离开视觉的中心，投入到不断显现的"边缘"之上，借着注意力和视觉中心的"失焦"，使得注意力保持在穿梭流变的过程之中，而非具体的物体图像之上。这种被张祥龙称为"双非"的注意力，用意正在于形成对差异化现象的把握，以各种对立转化的阴阳关系的构成来培养对具体事物的精微的分辨力。从这种意义上来说，对差异化和具体性的维持乃是这一"范例"之所以具有"原型"作用的关键所在。

（本文未注明来源的图片，均由吴洪德拍摄或绘制）

---

[13] 采用王立秋译本《什么是范式》。见参考文献[12]。

ARCADIA
VOLUME IV
2020

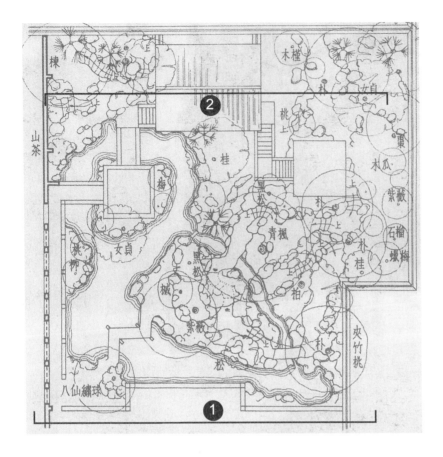

fig...20 环秀山庄，从山外南侧平台、山中补秋山房内望大假山
的对比 / 平面底图出处同 fig...13

参考文献

[1] 张祥龙 . 海德格尔思想与中国天道 [M]. 中国人民大学出版社 ,

2011: 162-164,182-183, 186, 185.

[2] 冯仕达 , 水雁飞 . 莫干山大乐之野庾村民宿设计回顾 [J]. 建筑

学报 ,2017(11):49-55.

[3] 张祥龙 . 先秦儒家哲学九讲：从《春秋》到荀子 [M]. 桂林：

广西师范大学出版社，2010:113-114.

[4]LUCCHESE D F. Monstrous Individuations: Deleuze, Simondon, and Relational

Ontology[J].Differences, 2009, 20(2-3): 179-193.

[5] 黄晓 , 贾珺 . 吴彬《十面灵璧图》与米万钟非非石研究 [J]. 装

饰 ,2012(08): 62-67.

[6] 彭一刚 . 中国古典园林分析 [M]. 北京：中国建筑工业出版

社 .1986:43, 35-38.

[7] 冯仕达 , 孙田 . 自我、景致与行动：《园冶》借景篇 [J]. 中国园

林 ,2009,25(11):1-3.

[8] 冯纪忠 . 组景刍议 [J]. 中国园林 ,2010,26(11):20-24.

[9] 冯仕达 , 慕晓东 . 中国园林史的期待与指归 [J]. 建筑遗

产 ,2017(02):39-47.

[10] 朱光亚 . 中国古典园林的拓扑关系 [J]. 建筑学报 ,1988(08):33-36.

[11] 冯仕达 , 刘世达 , 孙宇 . 苏州留园的非透视效果 [J]. 建筑学

报 ,2016(01):36-39.

[12]AGAMBENG.What Is a Paradigm [J]//The Signature of All Things On

Method.,New York: Zone Books,2009:9-32, 113-114..

乌有园
第四辑
袖峰与洞天

70

ARCADIA
VOLUME IV
2020

「九狮山」与中国园林史上的动势叠山传统[1]

顾凯

中国园林假山营造一般被认为追求模仿自然山水，以"虽由人作，宛自天开"为所追求的宗旨。如刘敦桢先生指出，"叠石造山，无论石多或土多，都必须与山的自然形象相接近，这是它的基本原则。"[1]这在当代得到普遍认可，未见异议。然而，在园林史以及现有遗存中，有一类将山石作动物象形欣赏的假山营造，以"九狮山"为代表，与这种观念并不完全符合，但历史文献中的评价并不低；当代学术界对此的评价，既有严厉批评，也有不少赞赏，呈现出剧烈的反差。例外的存在，以及认识的不一致，显示这一问题值得仔细探讨。本文将进入历史文化的语境，尝试对此问题进行深入剖析理解。

之一 「九狮山」与其他动物象形叠山

首先，让我们较为细致地了解一下历史与遗存中的"九狮山"以及其他动物象形叠山的状况；同时，也关注一下历史及当代对这些叠山案例的评价认识，尤其是其中的差异。在此基础上，再提出具体的问题以及研究的方法。

一、"九狮山"案例与评价

以欣赏动物象形为特点的传统园林叠山，"九狮山"最为突出，不仅案例丰富，记载也最详实。历史上最著名的"九狮山"营造，出现在清中期的扬州。当时扬州造园兴盛，甚至有"杭州以湖山胜，苏州以市肆胜，扬州以园亭胜"[2]之称；而造园以叠山为突出内容，其中"九狮山"是这一时期出现的一种特色鲜明的叠山风格，如当时文人李斗的《扬州画舫录》记述：

[1] 本文原载于《中国园林》2016年第12期，第122—128页。

SLEEVE PEAK
&
CAVE UNIVERSE

71

研究
Researches

「九狮山」

传 叠 动 上 园 中
统 山 势 的 林 国
　 　 　 　 史 与

扬州以名园胜，名园以垒石胜，余氏万石园出
道济手，至今称胜迹。次之张南垣所垒"白沙
翠竹江村"石壁，皆传诵一时。若近今仇好石
垒怡性堂"宣石山"，淮安董道士垒"九狮山"，
亦藉藉人口。[2]

淮安董道士所垒的"九狮山"，与其他著名石假
山一起，成为扬州造园叠山的杰出案例；对此山，
李斗又在该书对"卷石洞天"园林的叙述中有进一
步详细描写：

太湖石山，搜岩剔穴，为九狮形，置之水中。……
狮子九峰，中空外奇，玲珑磊块，手指攒撮，
铁线疏剔，蜂房相比，蚁穴涌起，冻云合遝，
波浪激冲，下木浅土，势若悬浮，横竖反侧，
非人思议所及。树木森戟，既老且瘦。"夕阳
红半楼"飞檐峻宇，斜出石隙。郊外假山，是
为第一。[2]

这里对此假山的欣赏，并不在于与自然真山的比
较或联想，而主要是对"中空外奇，玲珑磊块"的奇特
石块、通过"手指攒撮，铁线疏剔"的精巧手艺而垒
成的"狮子九峰"之形态，同时又有"蜂房""蚁穴""冻
云""波浪"等的比拟，以及"势若悬浮，横竖反侧"
的突出态势效果。对此，李斗赞叹不已，从"郊外假山，
是为第一"可见在他心目中的地位。李斗对这一假山
的喜爱，还体现于专为此山书写的条幅 *fig...01*，内容为：

九狮山：中空外奇，玲珑磊块。矫龙奔象，擎
猿伏虎。堕者将压，翘者欲飞。有窾有镵，有
筋有棱。手指攒撮，铁线疏剔。如老松皮，如
恶虫蚀。蜂房相比，蚁穴涌起。冻云合遝，波
浪激冲。下木浅土，势若悬浮，横竖反侧，非
人思议。树木森戟，既老且瘦。附藤无根，红
叶艳若。"夕阳红半楼"飞檐峻宇，斜出石隙。
北郭第一假山也。[3]

除了《扬州画舫录》中的一些相同文字，这里
又多出"矫龙奔象，擎猿伏虎"等的象形比喻以及
"堕者将压，翘者欲飞"的动感态势等的描述，可见
他的欣赏方式。

fig...01 李斗手书"九狮山"条幅/出自：许少飞.
扬州园林史话 [M]. 扬州：广陵书社，2014：137.

这一假山今日无存，但扬州仍有其他以"九狮"
相称的叠山记载及遗存。如"片石山房"假山，同
治《续纂扬州府志》中有：

fig...02 扬州"片石山房"假山

fig...03 扬州"小盘谷"假山

片石山房，在徐宁门街花园巷，一名双槐园，旧为邑人吴家龙别业。池侧嵌太湖石作九狮图，夭矫玲珑，具有胜概，今属吴辉谟居焉。[4]

这里将这座太湖石山称为"九狮图"，"夭矫玲珑，具有胜概"之语表明对其称赞。后来的光绪《江都县续志》中也基本沿袭，称为"园以湖石胜，石为狮九，有玲珑夭矫之概"[5]。此山仍有遗存，并得到重修 fig...02。

今日扬州园林中所存的另一座"九狮山"，在"小盘谷" fig...03。陈从周先生叙述：

据旧园主周叔弢丈及熙良先生说，小盘谷的假山一向以九狮图山相沿称，由来已很久，想系定有所据。我认为当时九狮山在扬州必不止一处，而以卷石洞天为最出名。董道士以叠此类假山而著名，其后渐渐形成了一种风气。[6]

陈从周先生将此山与清中期的叠山风气作关联认识，是颇有道理的。对此山的评价，陈从周先生认为：

此园假山为扬州诸园中的上选作品。……叠山的技术尤佳，足与苏州环秀山庄抗衡，显然出于名匠师之手。[6]

将这座"九狮图山"与被公认为存世第一流叠山的苏州"环秀山庄"假山并提，可见陈从周先生对此山评价之高。杨鸿勋先生对此山也有较详描述：

此山体形由小石组成九个突出的组合个体所构成；防止滞板，每个组合个体自有身、首、尾的构图变化，常以狮子作比喻，此山则称作"九狮山"。"九狮山"是扬州流行的一种叠山程式……这是现存扬州园林中水准较高的石山代表作，其峰峦、峭壁、洞府、谷壑、崖脚石矶、步石、磴道俱有表现，而且组织得相当自然、紧凑而有意境。[7]

这里对山体中"以狮子作比喻"的小石组合形态，是持欣赏态度的。然而，当代评价中也有不同意见，如潘谷西先生认为：

由水池西岸观赏，可见山体起伏，有虚实，中间一峰耸然峙起，颇有雄奇峭拔之势。但因追求叠石之奇诡，故虽有"九狮图山"之誉，终不免流于俗套而缺少真山的自然情趣。[8]

在欣赏整体态势的同时，以自然真山作为衡量标准，山体形态显得"缺少真山的自然情趣"，而持批评态度。

SLEEVE PEAK
&
CAVE UNIVERSE

73

研究
Researches

上园动叠传
　林的势山统
史中　动　「
　国　　　九
与　　　　狮
园　　　　山

fig...04 无锡寄畅园"九狮台"

以"九狮"相称的叠山或拼峰，并不止扬州一地，江南地区还有多处，如无锡寄畅园有"九狮台"*fig...04*，苏州狮子林有"九狮峰"*fig...05*，上海豫园（内园部分）有"九狮石"*fig...06*，杭州清代行宫内旧日亦有"九狮石"*fig...07*，宁波天一阁庭园假山被称为"九狮一象"*fig...08*，等等，可见分布之广。

对这些"九狮"为名的叠石，当代评价同样呈现出显著差异。赞赏者，肯定其颇有趣味，如寄畅园九狮台"妙趣横生"[9]、狮子林九狮峰有"想象空间"[10]、豫园九狮石"形姿变化颇为丰富"[11]、天一阁九狮一象叠山"拙中见巧"[12]；批评者则认为缺少浑然天成的自然之感，形态"琐碎""有繁琐之时弊"[8]。

二、其他动物象形叠山

"九狮山"之外，各种动物象形的叠山也较常见。不以数字"九"作形容的狮形叠石还是最多，历史上，晚明苏州文震孟"药圃"（今艺圃）中有"垒石为五狮峰，高二丈"[13]；当代遗存中，最著名的自然是苏州狮子林大假山*fig...09*，又如扬州个园"冬山"[3]*fig...10*、苏州网师园池东的叠石[7]*fig...11*，等等；甚至在岭南园林中，也常有"狮子上楼台"的叠山"名

堂"[14]，如东莞可园中的例子*fig...12*。"狮"以外的动物象形叠山，在江南地区著名的还有苏州留园"五峰仙馆"前旧日"十二生肖"假山[15]、常熟燕园东南一区"七十二石猴"假山[11]*fig...13*等，其他地区也有如"金鸡叫天门"等"地方性传统程式"[16]。

对这些动物象形叠山的评价，同样呈现出巨大的反差。最显著的还是狮子林。早期文献中一般都是赞赏之语；在清代，乾隆帝不仅五游狮子林，而且对其中大假山有大量诗作赞叹，并写仿至长春园与避暑山庄[17]，可见当时文化中欣赏的氛围。而清中期的沈复则开始猛烈批评：

> 以大势观之，竟同乱堆煤渣，积以苔藓，穿以蚁穴，全无山林气势。[18]

当代评价大多认同沈复的这一观点，如刘敦桢先生评论：

> 今狮子林石山诸洞过于矫揉造作，而山上之石又如刀山剑树，突兀杂陈而无整体章法。或故意砌作狮、蛤蟆形象，牵强附会，大煞风景……其他多远望如蜂窝，甚为琐碎零乱。沈三白《浮生六记》曾斥狮子林假山为乱堆煤法，并非过甚其词。[19]

*fig...*05　苏州狮子林有"九狮峰"

*fig...*06　上海豫园(内园)"九狮石"

*fig...*07　杭州清代行宫"九狮石"/ 杭州二我轩照相馆拍摄。
出自：西湖风景 [M]. 杭州，1911

*fig...*08　宁波天一阁庭园"九狮一象"假山

类似意见也见于对其他动物象形叠山的批评，如汪星伯先生指出：

（假山）造形宜有朴素自然之趣，不宜矫揉造作，故意弄巧，如叠成"十二生肖""虎豹狮象""骆驼峰""牛吃蟹"等等，未免流于恶俗，失去创造风景的本意。[20]

与沈复从"大势"角度所作认识一致，这些批评也是以"整体""自然"为标准展开的。

但也有论者以为这类叠石还是有值得欣赏之处，如网师园叠石"略作狮形，耐人寻味"[7]、留园叠山"十二生肖形态，称道于众"[15]、燕园"七十二石猴"假山"形象生动，别具情趣"[21]等。评价的反差，与"九狮山"所获评论的状况完全一致。

三、问题与方法

可以看到，"九狮山"及其他动物象形叠山，确实是历史遗存中的一类显著存在；而对此的评价，在历史和当代，则都存在极为显著的差异，呈现出两极化的取向。无论是欣赏者，还是批评者，都不乏高水准的文人或学者，说明这不是一个简单的欣赏水平的问题。那么，对于"九狮山"及相关的这类特殊叠山，应该如何较为准确地加以理解并加以合理的评价？

对于这一问题，本文将分别针对两类不同的评价认识，从两个方面来分别展开历史性的理解。

一方面，通过前述历史园林中"九狮山"及其他动物象形叠山的大量存在及欣赏，可以看到相当多的传统文人以及当代学者对这类叠山并不排斥，甚至非常喜爱，可以说存在这样一种传统，而不能简单视为流俗而贬斥。那么对于这种欣赏动物象形的叠山传统，古人为何欣赏、又如何欣赏，将进入历史文化语境而得到理解。

另一方面，清代以来的文人乃至当代著名学者对动物象形叠山的批评，也可谓言之有据。那么这种认识又有怎样的历史来源，与前一种观念又究竟有怎样的关系，也将从历史研究中找到解答。

在清晰梳理历史状况的基础之上，我们才能针对历史的多样遗存和当代的复杂观念，得到较为合理的理解和评价，进而为当代的实践提供有效的指引。

fig...09 苏州狮子林大假山

fig...10 东莞可园"狮子上楼台"假山 / 高伟拍摄

fig...11 常熟燕园区"七十二石猴"假山

之二

动物象形
赏石
与
动势叠山
传统

对于"九狮山"及其他动物象形叠山的欣赏观念，与动物象形赏石的历史传统密切相关。如何理解动物象形赏石的历史文化内涵，直接关系到对"九狮山"等动物象形叠山的理解与评价。

一、动物象形赏石的历史传统

稍作观察即可注意到，"九狮山"及其他象形叠山中对动物形态的营造和欣赏，与对山石的欣赏密切相关：或是对其上所置单个石峰的欣赏（如狮子林假山上的狮形石峰、留园假山的"十二生肖"、燕园假山的"七十二石猴"等），或是由小石所拼叠成的组合形态（如各处"九狮"叠石），山、石的欣赏是一致的，赏山必赏其上之石，或者说，山石形态之赏，是整个假山欣赏的重要组成部分。

这种欣赏方式，与中国园林史上很长时段的叠

fig...12 扬州个园"冬山"

fig...13 苏州网师园池东叠石

山方式是完全一致的。已有研究表明，在晚明以前，假山营造的典型方式，是"累土积石"——在土山上聚积、树立石峰，赏石和为山是一体的[22]。那么，赏石文化就自然进入到假山营造之中。

对于历史上的赏石文化，考察历史文献可以发现，通过动物象形的类比来进行欣赏，可谓历时久远、比比皆是。

对园林中最重要的赏石品类——太湖石，唐代白居易的《太湖石记》是早期最重要的文献，对后世有着重大影响，其中对石的形态这样形容：

> 厥状非一：有盘拗秀出如灵丘鲜云者，有端俨挺立如真官神人者，有缜润削成如珪瓒者，有廉棱锐刿如剑戟者。又有如虬如凤，若跧若动，将翔将踊，如鬼如兽，若行若骤，将攫将斗者。[23]

这里有大量的赏石比喻，其中就有"虬""凤""兽"等动物的形容。

宋代杜绾的《云林石谱》是早期最著名的"石谱"文献，在其原序中有这样一段：

> 其类不一，至有鹊飞而得印，鳖化而衔题。叱羊射虎，挺质之尚存；翔雁鸣鱼，类形之可验。怪或出于《禹贡》，异或隔于宋都。物象宛然，得于髣髴，虽一拳之多，而能蕴千岩之秀。[24]

其中也有"鹊""鳖""羊""虎""雁""鱼"等比喻，表达"物象宛然"的欣赏。

其他古人也多有对于奇石的动物象形比喻，如北宋苏东坡《题王晋卿画石》有"丑石半蹲山下虎"、南宋陆游《晚同僧至溪上》有"眈眈卧石熊当道"之句，分别有"虎""熊"之喻；受到中国造园赏石文化影响的日本，在相当于中国北宋时期所作的《作庭记》中描述："山麓及野筋之石，散置如群犬伏卧，如群猪散走，如小牛戏母。"[25]在明代中期，周瑛《怪石记》中描述：

> 有昂首岐角如卧鹿者，有陮背如龟而穴处者，有引首如蛇而欲出者，有警而革如鸟欲下者……[26]

对怪石作"鹿""龟""蛇""鸟"的欣赏。明代中

后期江南文人领袖王世贞筑有当时公认为第一名园的"弇山园"，其《弇山园记》中有大量奇峰怪石描述，也有大量动物象形比喻，试举几例：

> 度桥，始入山路，一石卧道如虎。南北皆岭，南卑而北雄。北岭之东南向者，一峰独尊，突兀云表，名之曰"簪云"，其首类狮，微俯，又曰"伏狮"。……路折而北，得一滩，羣石怒起，最雄怪，为狮、为虬、为眠牛、为蹲躅羊者，不可胜数……若昂首而饮者，曰"渴猊"；有若尾"渴猊"而小者，曰"猊儿"……[27]

这里将园石比作"虎""狮""虬""牛""羊""猊"等等，并常以此对石峰命名。到清代，这样的赏石仍多，如叶燮在《涉园记》中记述：

> 树下散置黄石百许……垒起连属，盘磴练栈，如群马奔槽。……下坡横石如眠牛，为"喘月峰"。……为"卧龙岩"，双石如龙，夭矫而卧。[27]

这里对园石不仅有"马""牛""龙"之比喻形容，而且这种动物象形也成为景点名称，可见这种欣赏方式所受到的重视。

可以看到，将石比作各种动物，确实是园林赏石的一种久远传统。并且，与当代常见的将其视为世俗趣味不同，采取这种欣赏方式也往往是第一流的文人精英。那么，为什么这种动物象形的赏石方式在历史上如此流行？究竟有着怎样的文化内涵呢？

二、动物象形赏石的文化内涵

仔细考察历史上以动物作为比喻的赏石例子，可以发现，动物形态本身只是一种欣赏的媒介，而真正所欣赏的，在于动物形象所展示出的活泼动势。

在动物象形赏石的记述中，总会伴随着动作态势的描写。如前述白居易《太湖石记》的比喻，结合的是"若跧若动，将翔将踊""若行若骤，将攫将斗"的动势感受；《云林石谱》序中的每个动物比喻都伴随着一个动作，如"鹊飞""鳖化""叱羊射虎""翔雁鸣鱼"；周瑛《怪石记》中也类似，如鹿"昂首"、

龟“穴处”、蛇“欲出”、鸟“欲下”；王世贞《弇山园记》中则有虎“卧”、狮“俯”、牛“眠”、羊“踯躅”、猊“昂首”；等等。而其中“若”“将”“欲”等用词，更表达出一种引人联想的潜在动势。

而对于园石的动势，除了对于多样动作态势本身趣味的欣赏，更重要的是，在中国文化中这还意味着对某种内在生命力量的感受。法国哲学家、汉学家余莲（Francois Jullien）对中国文化中的动势欣赏有深入的研究：“现实的内在力量以一种个别的形态展现……个别的表现形式都展现出一种潜在的普遍性的力量，并且都能各自发挥最大的效力”；其中，动物的形象最能够展现这种生机勃勃的生命力：“使用动物图像，不仅仅能更微妙更敏锐地暗示某一种特殊姿势，还能让我们觉得那些动物姿态达到了完美的境界，那是一个位置和谐、力量纯真、效力十足的理想阶段”，比如龙的蜷曲形象能突出体现潜在的力量：“龙的身体蜷曲时，是它的力量最凝聚的时候……龙的蜷曲意象因此代表一切的形状所蕴涵的潜能，并且这潜能不断地变成现实”；这种欣赏方式普遍存在于中国审美文化，甚至各类艺术创作，如“诗的体势也经由奇异瑰丽的动物想象来暗示的，唐末的道士（齐己）便列出动物十势，如‘狮子返掷势’‘猛虎踞林势’‘丹凤衔珠势’‘毒龙顾尾势’等等”[28]。从而我们可以看到，园石中对动物象形的欣赏，作为中国审美文化的一部分，正是在于其中动势，也就是对内在生命力量的欣赏。

而这种赏石真正所要追求的生命力，正是中国艺术审美文化中最为基本的追求。朱良志先生指出，“重视生命是中国艺术尤其是诗、书、画、乐、园林等的基本特征。”生命精神正是园林所要突出追求的，“园林世界与天地世界密切相关。园林中所表现的情性不是抽象的概念，而是融天人为一体的独特生命精神……园林之所以由小达于大，就在于顺乎自然，表现造化生机。没有这种生机活态，也就没有由小至大的转换机制。”[29]园石中的动势欣赏，与园林所要追求的生机活态，也正是一脉相承。

对于古人对园石中显现的生命力的欣赏，当代研究者也已经有所论述。如童寯先生评述白居易《太湖石记》中所述牛僧孺的石癖：

> 迭石与亭池台榭，同为园林之一部，本冥顽不灵之物。奇章之嗜石，不以其可游，而以其可伍，是以生命与石矣。[30]

童先生之语道出了赏石的真谛：为何古人对“本冥顽不灵之物”的石头如此痴迷？原因正是从中感受到了“生命”，将“生命”赋予了石头。张家骥先生在对《太湖石记》的解读中，也认识到白居易“从湖石的形态中，看到动态中所表现出来的生命活力”[31]。正是这一“生命活力”，才是太湖石欣赏所真正追求的，而动物形态的比喻，乃是对生命感的欣赏所借助的媒介、工具。

当我们理解了赏石的真正要义是在于其中的生命感，动物象形乃是获得生命感的一种手段，也就能进一步理解，古人赏石中的其他对生命感的比喻，如植物和“云”。晚明的张岱曾描述两处园石的欣赏：

> “芙蓉石”今为新安吴氏书屋。山多怪石危峦，缀以松柏，大皆合抱。阶前一石，状若芙蓉，为风雨所坠，半入泥沙。较之寓林“奔云”，尤为茁壮。[32]

此处提及的二石皆有命名，体现出对其欣赏方式：一是“芙蓉石”，这是以植物作比喻欣赏，因为植物与动物同样具有生命、呈现活力；二是“奔云”，以“云”为喻——表面上似乎并非有生命之物，但在中国古人眼里，“云”是“气”的聚集（如许慎《说文》中有“云，山川气也”之谓），而“气”则是形成生命的基本来源（如《庄子》中有“人之生，气之聚也”之说）；石，正是“气”所形成（如汉末杨泉《物理论》中有“石，气之核也”之说）。这里的“奔云石”，“奔”字可见其生命动势。“石为云根”的传统说法[33]，以及大量以“云”来命名石峰的实例（如“瑞云峰”“绉云峰”“冠云峰”等），也正是在于从变化万端的可能形态中，对其内蕴生气勃勃的生命活力的欣赏。

三、动势叠山的传统、意义及评价

如前所述，历史上"累土积石"的园林叠山营造传统中，石峰欣赏是假山欣赏的重要组成部分；以动物象形为特点的叠山营造，也与其中个体石峰或组合形态的欣赏密不可分。那么，理解了动物形态赏石的内涵，也就能够理解"九狮山"及其他动物象形叠山的要旨所在：关键不在形式本身，而在其中石峰动势的欣赏、以及由此动势所带给人的生命活力之感。如从前述李斗对"九狮山"的描述文字——房相比，蚁穴涌起""冻云合遝，波浪激冲"——所欣赏的不是执着于狮子的确定性形态，而是各种动势，以及从中所获得的生机感受。这种对动势叠山的欣赏，与历史上的动物象形赏石完全一致，是一种一脉相承的传统。至于"九狮"之名的流行，是由于"狮"在传统中被称为"百兽之王"，是最能体现体现动势力量的动物[34]，而"九"则是传统中表达数量之多的数字，"虚指多数"[35]，用来显示"狮"之多。

尽管叠山与赏石并非全然等同——赏石是从自然界选择石块加以利用，而叠山（以及拼峰）则是人工方式的艺术性创造，但对动势的追求完全一致。《园冶》在"掇山"篇中提到"峰"的人工营造：

> 峰石两块三块拼掇，亦宜上大下小，似有飞舞势。[36]

具有动感的"飞舞势"，正是计成对掇峰的基本要求。张家骥先生也充分认识到这种动势的重要："掇峰石的关键在一个'势'字，在中国艺术创作中'势'是非常重要的……造园掇山是空间艺术，以石为峰，能象征山的崇高精神，要能得'势'。"[31]这种动势的营造，正是"九狮山"等动物象形叠山的基本追求。

这与园林的意义是完全一致的。"园林可以说是宇宙天地的微缩化，它就是一个小宇宙。园林之所以由小达于大，就在于顺乎自然，表现造化生机。没有这种生机活态，也就没有由小至大的转换机制。"对于其中假山营造，也正是通过集中表达天地的生机活态来以小见大："假山虽无真山那样有

巨大的体量，但却可以通过石的通透、势的奇崛以及林木之葱茏、花草之铺地、云墙漏窗等周围环境，构成一个生机盎然的世界，从而表现山的灵魂。"[28]通过突出的动势表达的营造，正是"表现山的灵魂"并且"构成一个生机盎然的世界"的一种强有力的方式，这也正是"九狮山"等动势叠山的根本意义所在。

从而我们可以对"九狮山"及其他动物象形叠山得到较为深入的认识：这源自一种由来已久的历史传统，动物的形态比喻是一种藉以表达动势的手段，欣赏的关键是在于从动势形态中获得生命活力的感受。"九狮山"则是这一传统在叠山技术等条件发展到一定程度之后出现的具有较高水准的新展现形式。

对此理解之后，也可以认识如何较为合理地评价现有的动物象形叠山作品：是否能引发生命动势的丰富感受，成为判断的基本依据；而过于追求具象形似而迎合世俗趣味、将欣赏重心偏移至形态本身，则失去了借动势而赏生机的本义，反而是较低水准的体现。无论从李斗的文字或是其他历史文献都可以看到，好的叠山是在于从丰富的联想、而非确定的形态中感受到动感与生意。又如朱江先生评价："全是取其气韵而言。如果把气韵当作形似，不免就要落入俗套"，这里的"气韵"也正是对生命力欣赏的一种认识。对一些过于追求形式上相似的动物象形叠山作品，许多研究者有过适当的批评，如"有些相当具象，这就失之于粗俗"[7]"最忌追求形似，反而弄成低级趣味，缺乏自然的真实感"[14]。就形式角度而言，"山石拼叠追求具象，不可做作，否则往往易入俗套"[37]"妙在含蓄，一山一石，耐人寻味"[38]，确实是此类动势叠山的具体要求；与此同时，就内蕴角度而言，更注重生命活力的意韵，这才是此类叠山欣赏与营造传统的根本要求。

之三

造园叠山的 转变 与 历史的 多样性

可以看到，以"九狮山"为代表的动物象形叠山，根本而言是一种追求生命感的动势叠山，是欣赏与营造传统的体现，然而从清代到当代，对此类叠山的批评不绝于耳，甚至包括造诣极高的学者，所批评的内容并非前述低水准的形似比附，而是这类营造的总体倾向，这又是什么原因？

对此的理解，需要认识园林史上的一次重要变革。在晚明的江南，产生了一种新的欣赏与营造假山的方法，从而导致在历史上形成了新的多样性。

一、叠山观念与实践的历史转变
已有的研究表明，在晚明的江南，园林营造的方法发生了重要转变，叠山和置石从以往的一体，转而趋向于分离。如计成在《园冶》中否定了当时还在流行的"取石巧者置竹木间为假山""排如炉烛花瓶，列似刀山剑树"的叠山方式，张南垣也对"罗取一二异石，标之曰峰"的置峰为山的常见做法进行批评；而张南垣的"平冈小阪，陵阜陂陁"的真山局部再现，受到董其昌、陈继儒为首的明末大批名士的肯定和欢迎，流传广泛。[39] 张南垣的这种叠山新法，甚至成为一种广为人知的典范，时人称之"遍大江南北……不问而知张氏之山"[40]。

晚明江南园林叠山趋向于离开峰石欣赏而向自然形态转变，是与画意宗旨在园林观念中的确立密切相关的。叠山无论在细节的皴法、还是在整体的形态，都注重画意效果的追求。如张南垣的似真山局部的叠山营造，正是模仿元人画意的效果；计成在《园冶》中自述"不第宜掇石而高，且宜搜土而下，合乔木参差山腰，蟠根嵌石"的整体性假山营造，目的也在于"宛若画意"。[41]

此外，英国艺术史学家柯律格（Craig Clunas）指出，在晚明的文化艺术氛围中，还存在"广大文人对模仿的摒弃"，有一种"针对不可言说之物的具象表现"的"敌意"[42]；那么，对于难以言说的大自然的生命力，象形比附的方式也就成为否定的对象。在园林文化中，《园冶》"选石"篇中有部分内容沿

用了宋代杜绾的《云林石谱》，然而作了一些有意识的改动，如"灵璧石"一条，《云林石谱》原文有"或多空塞，或质扁朴，或成云气日月佛像，或状四时之景"，计成缩减成"有一种扁朴而成云气者"，对"日月佛像""四时之景"的形容之语作了删除。由于"晚明精英文化认可的是抽象的、不可言说的表现形式"[43]，主流文人造园对于动物象形的动势叠山欣赏的抛弃正与之相一致。

从而，在晚明的特定文化氛围中，以画意为宗旨、以"宛自天开"的自然真山效果的假山营造方式，成为一时主流，并且从以苏州、松江一带的江南核心区向外辐射影响，对后世影响极大。在实践中，清初张南垣之侄张鉽所改造的无锡寄畅园，成为今日江南地区所能见到的唯一保存较好的"张氏之山"[fig..14]，是这种叠山实践的极佳展现；至嘉庆年间，戈裕良所叠苏州环秀山庄假山[fig..15]，更是将宛若真山之境的营造进行了新的提升。在观念上，清中叶沈复对狮子林"以大势观之……全无山林气势"的批评，正是从与真山形态比较的角度出发而得到，而与以往对动势、生机角度所作的欣赏并不一样。至当代，如刘敦桢先生所言"必须与山的自然形象相接近"，表达的正是对"张氏之山"这样自然风格叠山方式的认同；诸多学者对"九狮山"及其他动物象形叠山所作的"琐碎"批评，也正是依据这样的标准得出的合理结论。

可以看到，这种摒弃了对峰石作动物象形欣赏，而以画意境界与真山效果为追求的叠山方式，在自晚明以来以江南为核心的文人阶层中，可以说也已经形成了一种新的传统。

二、造园叠山的历史多样性
在认识到晚明以来以画意为宗旨，自然真山效果成为假山营造主流传统的同时，也要看到，这种新兴潮流并非一统天下，更久远的动势叠山传统仍然存在并延续，两类传统事实上同时并存（尽管并不均衡），而呈现出多样性的局面。

fig...14 无锡寄畅园假山岗阜

fig...15 苏州环秀山庄假山

在造园叠山的观念方面，即便在张南垣受到极大称颂、其影响力如日中天、画意宗旨成为一时叠山主流之时，仍然有文人对此持有异议。叶燮是清初著名诗论家，在当代也被认为是一位有建树的美学家[44]，他对园林叠山也有着自己的认识，在《假山说》一文中，通过回应客人讥笑他叠山没有模仿绘画，对当时流行的画意叠山提出了批评：

> 画者以笔假天地之山，垒石者以斧凿、胶瓮、坞墁假画中之山，彼一假而失其真，此再假而并失其假矣，不益惑乎？……然则今之称为垒石能手而能摹画中之若倪、若黄者，且未必肖，尚不得为假画中之山，又焉能假天地之山乎？[45]

叶燮认为绘画模仿自然，叠山又模仿绘画，则离"天地之山"又隔了一层，并不值得鼓励，而是应当直接从自然中获取"天地之真"；这种"真"显然不只是形似，而更在于内蕴的生机。前述叶燮在《涉园记》中对园石所作的动势欣赏，通过动物象形而获得自然生机活力之感，正与这一观念一脉相承。放入当时历史语境，这正是针对张南垣为代表的最风靡的叠山潮流的批评。

除了观念方面存在异议，在实践方面，叠山的画意效果追求更加存在现实上的极大难度。明末清初以画意叠山的案例与人物的记述不少，但获得普遍肯定的杰出匠师极为有限，仅张南垣及其子侄、计成等少数几人而已。吴伟业《张南垣传》中有这样的叙述：

> 人有学其术者，以为曲折变化，此君生平之所长，尽其心力以求仿佛，初见或似，久观辄非。而君独规模大势，使人于数日之内，寻丈之间，落落难合，及其既就，则天堕地出，得未曾有。[46]

模仿、学习张南垣画意叠山极其困难，要获得出色的画意效果，需要极高的修养和能力，可以说技术壁垒极高。张南垣之后，虽然其多位子侄能够继承这一事业，但一二代之后，"张氏之山"在江南地区已渐趋无闻，很难说与这类叠山的巨大难度没有关系。张氏之后，虽然其名望得到流传、其风格得到模仿，但能"吸取张南垣叠山艺术的精华""有'张氏之山'浑然一体的气势"[47]，而获得极大成就的，也仅戈裕良一人而已。

正因为在观念和实践两方面的原因，晚明以来成为一时主流的追求整体真山效果的画意叠山，并未完全取代具有久远传统的追求动势效果的叠山，尤其是距离作为晚明造园转折原生地的江南核心区相对较远的地区。扬州处于江南地区较为边缘的位置，虽然曾有计成在此营造"影园"，但并未受到更为典型的"张氏之山"的直接影响（《扬州画舫录》称张南垣曾叠仪征"白沙翠竹江村石壁"其实为误传[48]），总体而言传统叠山的延续仍较显著；至清中期扬州造园勃兴，动势叠山传统又在新的历史条件下产生新的成果，诞生出"九狮山"这样的精品，得到如李斗等文人的激赏。

其实，除了"九狮山"，能表明扬州清中期延续动势叠山传统的还有"九峰园"这样的造园，在钱陈群的《御题九峰园记》中记述：

> 列者如屏，耸者如盖，夭矫如盘螭，怒张如鲸鳅，

皱透玲珑者曰"抱月"、曰"镂云"。离其窟如顾兔,傲其曹如立鹤……[49]

列置群峰并作动物象形的动势欣赏,正是长久以来为山欣赏方式的直接延续。

可以看到,在清中期的江南,既有晚明以来新传统,如沈复的整体式的欣赏、戈裕良的优秀实践,又有更久远传统的延续与新的活力,如扬州"九狮山"的营造、李斗的动势欣赏。两种传统共同得到延续和发展,造园叠山的历史历史呈现出多样性的活力。这种多样性,此后也在延续。

三、两种叠山传统的内在关联

通过以上历史分析可以看到,以"九狮山"为代表、追求生命动势并以动物象形联想为特征的叠山,与以"张氏之山"为代表、追求画意宗旨并以真实自然效果为特点的叠山,各有不同的审美取向,并发展成了历史上的两种叠山传统。但在认识到二者差异的同时,也要注意到二者的关联和深层的一致性:动物象形叠山所直接欣赏、追求的动势,在自然形态叠山那里,仍然是一种基本的深层审美追求。作为中国各艺术门类所共同追求的生命感,也为山水绘画所重视,这在以画意为宗旨的自然形态叠山那里同样成为追求,而体现于一种内在动势的表现。

在明末清初最出色的画意叠山大师张南垣那里,其作品仍然有着强烈的生命动势。吴伟业《张南垣传》描述其"平冈小阪,陵阜陂陁"的营造时,也注意到:

其石脉之所奔注,伏而起,突而怒,为狮蹲,为兽攫,口鼻含呀,牙错距跃,决林莽,犯轩楹而不去……[46]

在获得"若似乎处大山之麓,截溪断谷"的真山效果的同时,仍然有"伏而起,突而怒"的生命态势,乃至"狮蹲""兽攫"的动物象形联想。可见画意叠山的真山效果与生命动势的追求,二者可以并行不悖。

吴伟业对"张氏之山"的感受并不是孤例。在对张南垣之子张然的假山作品的欣赏中,清初顾图河有《云间张铨侯工于累石畅春苑假山皆出其手钝翁以长歌卷赠之更请余题四绝句时方为敬思窗前作数峰也》之诗,其中有这样的形容:

熟读柳州山水记,才能幻出此峰峦。旁人指点夸效法,犹作寻常画手看。……峨岩合是文章骨,瘦劲还从翰墨姿。……苔醉满身偏作势,怒猊吻渴饮秋江。[50]

在这首诗中,既有明确的画意宗旨("画""翰墨姿"),又有动势姿态的比喻("怒猊吻渴饮秋江"),可见画意效果与生机活力的并存。

而对于张南垣之后最杰出的叠山家戈裕良,在其优秀作品苏州环秀山庄大假山中,尽管没有当时欣赏文字留存,但一些当代论者除了欣赏其有若自然的真山境界,也看出了其中所蕴含的动势:"外观山形山势似蹲狮卧虎,于平势中求势"[37]"前峰西高而东低,如狮蹲伏而起;后峰西低而东高,如兽攫突而怒"[51]。这样的欣赏也确实点出了这一叠山作品所追求的内在蕴含的生机活力,也抓住了戈裕良与张南垣叠山的内在一致性。

可以看到,这两类叠山传统是以不同方式来表达内蕴的生命动势:对"九狮山"为代表的动物象形叠山,是直接通过石峰形态来表达;而"张氏之山"为代表的自然风格叠山,则借助画意原则、通过整体态势来获得。从营造角度看,峰石获得动势相对容易,需要的主要是技巧的运用;而整体动势则相对困难,是更深层次的表达,更需要对画意的把握,要有"胸中丘壑"意匠的整体控制。可以说,同样是以对生命动势的追求为基本原则,自然风格的画意叠山,有着更高的难度,是中国叠山艺术发展的一个更高的层次。

乌有园
第四辑
袖峰与洞天

82

ARCADIA
VOLUME IV
2020

之四

结语

通过以上历史分析可以看到，晚明以来，存在既有差异又有内在关联的两种叠山传统：一是晚明新兴的、以"张氏之山"为代表的自然风格叠山，注重画意原则及整体效果；一是来源久远、以"九狮山"为代表的动势叠山，关注山石或其组合的直接动势形态，往往强调动物象形的联想；二者统一于对内在生机感受的追求。

从而，对"九狮山"及其他动物象形叠山，要在历史多样性的情境中加以理解和评价；以往对此的两极化褒贬评价，是分别遵循着两种不同叠山传统、运用两类不同标准而产生的差异性结论，二者各有其历史来源和审美取向。

这种认识要求我们不要固守一种标准来笼统、简单评判历史叠山遗存，尤其在遗产保护实践中，要依据其自身传统的特点来认识，从而能更准确地理解历史遗产的价值，并对其特色加以有针对性的保护。

而在当代新的园林假山营造活动中，在对多样性传统加以理解的同时，也要突破表面形式而看到共通的更深层的生命动势的追求。以此为内涵取向，如"九狮山"这样的动势叠山，具有深厚历史传统，也可以成为一种选择；而注重整体形象和自然风格的画意叠山，尽管难度更大，却是中国叠山艺术发展的一种更高层次，更加值得追求。

（本文未注明来源的图片，均由顾凯拍摄）

参考文献

[1] 刘敦桢 . 苏州古典园林 [M]. 北京：中国建筑工业出版社，1979：20.

[2] 李斗撰 . 扬州画舫录 [M]. 汪北平，涂雨公，点校 . 北京：中华书局，1960：151, 40, 143-145.

[3] 许少飞 . 扬州园林 [M]. 苏州：苏州大学出版社，2001：116, 110.

[4] 中国地方志集成 江苏府县志辑42[M]. 南京：江苏古籍出版社，1991：705.

[5] 中国地方志集成 江苏府县志辑 67[M]. 南京：江苏古籍出版社，1991：193.

[6] 陈从周 . 园林谈丛 [M]. 上海：上海文化出版社，1980：67.

[7] 杨鸿勋 . 江南园林论 [M]. 上海：上海人民出版社，1994：300, 39, 39.

[8] 潘谷西 . 江南理景艺术 [M]. 南京：东南大学出版社，2001：159, 125, 170.

[9] 周维权 . 中国古典园林史 [M]. 3 版 . 北京：清华大学出版社，2008：404.

[10] 金学智 . 苏州园林 [M]. 苏州：苏州大学出版社，1999：83.

[11] 陈从周 . 中国园林鉴赏辞典 [M]. 上海：华东师范大学出版社，2000：114, 79-80.

[12]《园林经典》编辑委员会 . 园林经典：人类的理想家园 [M]. 杭州：浙江人民美术出版社，1999：162.

[13] 曹林娣 . 园庭信步：中国古典园林文化解读 [M]. 中国建筑工业出版社，2011：125.

[14] 夏昌世，莫伯治 . 岭南庭园 [M]. 北京：中国建筑工业出版社，2008：129,220-221.

[15] 谢孝思 . 苏州园林品赏录 [M]. 上海：上海文艺出版社，1998：141.

[16] 孟兆祯 . 风景园林工程 [M]. 北京：中国林业出版社，2012：246.

[17] 张橙华 . 狮子林 [M]. 苏州：古吴轩出版社，1998：5.

[18] 沈复 . 浮生六记 [M]. 南京：江苏古籍出版社，2000：68.

[19] 刘敦桢 . 苏州的园林 [M]// 刘敦桢全集 第4卷 . 北京：中国建筑工业出版社，2007：180.

[20] 汪星伯 . 假山 [M]// 清华大学建筑工程系建筑历史教研组编 . 建筑史论文集 第3辑 . 北京：清华大学建筑工程系，1979：14.

[21] 阮仪三 . 江南古典私家园林 [M]. 南京：译林出版社，2009：103.

[22] 顾凯 . 明代江南园林研究 [M]. 南京：东南大学出版社，2010：215-217.

[23] 白居易 . 白居易集笺校 全6册 [M]. 上海：上海古籍出版社，1988：3937.

[24] 杜绾 . 云林石谱 [M]. 上海：商务印书馆 , 1936：1.

[25] 张十庆 .《作庭记》译注与研究 [M]. 天津：天津大学出版社 , 2004：105.

[26] 周瑛 . 翠渠摘稿 [M]// 景印文渊阁四库全书 · 第1254册 . 台北：台湾商务印书馆 , 1983：771.

[27] 陈植 , 张公弛 . 中国历代名园记选注 [M]. 合肥：安徽科学技术出版社 , 1983：139-144, 298-299.

[28] 弗朗索瓦 · 余莲 . 势——中国的效力观 [M]. 北京：北京大学出版社 , 2009：56, 94, 128, 94.

[29] 朱良志 . 中国艺术的生命精神 修订版 [M]. 合肥：安徽教育出版社 , 2006：6, 223, 233.

[30] 童寯 . 江南园林志 [M]. 2版 . 北京：中国建筑工业出版社 , 1984：16.

[31] 张家骥 . 中国建筑论 [M]. 山西：太原人民出版社 , 2003：651, 658.

[32] 张岱 . 西湖梦寻 [M]. 南京：江苏古籍出版社 , 2000：83.

[33] 葛兆光 . 石为云根：文献中所见的奇石观赏史 [J]. 文史知识 , 1999（07）：77-82.

[34] 金皓 . 中华狮文化 [M]. 北京：学苑出版社 , 2015.

[35] 商务印书馆编辑部 . 辞源（修订版）[M]. 北京：商务印书馆 , 1998：102.

[36] 计成 , 陈植 . 园冶注释 [M]. 2版 . 北京：中国建筑工业出版社 , 1988: 216.

[37] 方惠 . 叠石造山的理论与技法 [M]. 北京：中国建筑工业出版社 , 2005：50, 45.

[38] 陈从周 . 说园 [M]. 上海：同济大学出版社 , 1984：7.

[39] 顾凯 . 重新认识江南园林：早期差异与晚明转折 [J]. 建筑学报 , 2009（S1）：106-107.

[40] 曹汛 . 造园大师张南垣（二）：纪念张南垣诞生四百周年 [J]. 中国园林 , 1988（03）：4.

[41] 顾凯 . 画意原则的确立与晚明造园的转折 [J]. 建筑学报 , 2010（S1）：127-129.

[42] 柯律格 . 明代的图像与视觉性 [M]. 北京大学出版社 , 2011: 113.

[43] 梁洁 .《浮生六记》与《园冶》造园意象比较研究 [D]. 东南大学硕士论文 , 2012：27.

[44] 金学智 . 中国园林美学 [M]. 2版 . 北京：中国建筑工业出版社 , 2005: 73.

[45] 叶燮 . 已畦集 [M]// 四库全书存目丛书 · 集部 · 第244册 . 济南：齐鲁书社 , 1997: 37.

[46] 吴伟业 . 吴梅村全集 [M]. 上海：上海古籍出版社 , 1990：1061.

[47] 曹汛 . 叠山名家戈裕良 [J]. 中国园林 , 1986（02）：54.

[48] 曹汛 . 张南垣的造园叠山作品 [J]. 中国建筑史论汇刊 , 2009(02)：376-378.

[49] 顾一平 . 扬州名园记 [M]. 扬州：广陵书社 , 2011：29.

[50] 曹汛 . 史源学材料的史源学考证示例，造园大师张然的一处叠山作品 [J]. 建筑师 , 2008（01）：97.

[51] 董豫赣 . 石山壹品 [J]. 建筑师 . 2015（01）：89.

乌有园
第四辑
袖峰与洞天

84

ARCADIA
VOLUME IV
2020

第一百零二块文石

覃池泉

清嘉庆元年（1796），文渊阁大学士、四川总督孙士毅在四川平乱前线染疾而亡。作为清朝开国以来汉人官爵最高之人，其逝世震动朝野。嘉庆皇帝下诏赐其建威将军三等爵位，追谥文靖，赏银五千两。归葬杭州时随棺有数个木箱，抬之甚重。打开一看原来是各种石头，共计一百零一块。孙士毅为官数十年，征战边陲，远至安南，身后却无余财，仅载回文石数箱，一时朝野间传为美谈。后由其孙将这一百零一块文石运至苏州，并置于一室，颜其额曰"百一山房"[1]。

之一

百一
山房

环秀山庄大假山是嘉道时期的叠山大家戈裕良的晚期作品，也是戈氏留存最为完整的一座湖石假山。据曹汛先生考证，该假山叠于嘉庆十一年（1806）之后，当时宅主为孙均。

孙均，字贻孙，号古云，浙江仁和临平人，为孙士毅之孙，嘉庆二年（1797）袭其爵位，又称孙袭伯。1810年孙均托病辞爵南归，初居常熟，后于嘉庆十六年四月（1811）正式迁居苏州黄鹂坊[1][2]，即今环秀山庄之所在。道光六年（1826）二月孙均去世，归葬祖籍，之后其嗣子长熙改居杭州[3]。

据孙均生前诸友的诗文记载，孙均卜居吴门时，承袭祖父孙士毅收集的一百零一块文石，并延用其祖父的"百一山房"之名。其宅内有爱树斋、寿萱堂、桐凤馆、停云馆[2][4]等，另有一画舫（陈文述[3]为其题名"花月"并以诗系之[4][5]）。

据陈文述《孙古云传》所记："君……心性爱宾客，在京师若姚春木、查南庐、家荔峯、查梅史、严丽生、高爽泉、朱素人及余，皆尝假馆，桂香东、秀楚翘、果益亭、玉赐山、法梧门、吴谷人、杨蓉裳、孙渊如、秦小岘、伊墨卿、张船山、吴山尊、舒铁云、王仲瞿、孙子潇、许青士、吴兼山、朱野云，文谯往来，每多酬唱。所居云绘园在太平湖上，多嘉树奇石，春明诗社比之西园雅集、南湖乐事焉。及来吴门，所居为毕秋帆尚书旧宅也，高台曲池，君复加以营建，属兰陵戈山人叠石仿狮子林。百一山房规模不减京师，郭频伽、彭甘亭，东南名宿也，君皆延之别馆。"[3] 此外，钱泳的《履园丛话》也明确记载戈裕良叠孙古云厅前大假山。但以上二者均未提及叠山的具体时间。

若陈文述所记无误，依据孙均往来好友的诗文及相关文献，笔者推测此大假山建成时间约在道光元年至六年间（1821—1826）。孙均好招引宾客旧友，辞爵后奉谕应回原籍杭州，但其改居苏州，故而不如此前京城云绘园的"春明诗会"那般热闹。在迁居苏州前，孙均就已经买下毕宅，并将其改造为百一山房[6]。乾嘉时期著名诗人郭麐曾于嘉庆六年（1811）夏，寓居百一山房的爱树斋小半年时间，因喜爱此处，留有诗二十首，写尽爱树斋景，但未有一词提及大假山[7]。另一著名乾嘉时期文人彭兆荪（号甘亭），也于嘉庆二十三年至二十五年（1818—1820），被孙均延请至家中寓居，并遣其从弟孙元培、嗣子孙长熙为彭兆荪整理注释诗集[8]，直至道光元年（1821）于孙宅中去世。这三年间，彭兆荪诗文中也未有提及大假山之事。除此二人外，孙均还在百一山房多次接待当时江南的文坛名流，如姚椿、陈文述、陈鸿寿、查初揆、高垲等，并多有诗文留存，但也未见与大假山有关的赏游诗句。因此，笔者认为戈裕良完成此大假山作品的时间可能不会早于道光元年（1821年）。参考曹汛先生的《戈裕良传考论——戈裕良与我国古代园林叠山艺术的终结（下）》一文中"戈裕良造园叠山作品简明年表"[9]，嘉庆十九至二十三年（1814—1818）间戈氏在仪征为巴光诰叠朴园假山，而于道光五至六年（1825—1826）在常熟为蒋因培叠造燕谷。并且孙均祖母晚年多病，于道光五年（1825年）去世，次年初孙均治丧归途中积劳成疾，也于二月去世了[5]。那么戈裕良叠造环秀山庄大假山的时间很可能是在1821—1825年间。

百一山房原为毕秋帆旧宅，孙均就其"高台曲池"，"复加以营建"后，于晚年再请戈裕良叠石。孙均虽为贵胄，离京南下时尚有"十余万金"，本足以供养眷亲、悠游林下的，不想家人屡遭变故，正室及二姬妾、祖母先后病故，病丧之事"耗费十有七八"，以至于晚年"不能不惴惴于谋生之计"[10]。因此，孙均晚年请戈裕良叠山造园的规模必然不大，也不太可能大肆拆改，更可能是在旧有的建筑与格局上理水叠石。

与现在的环秀山庄不同，百一山房是一座典型的苏州宅园。据曾在孙家住过的冯桂芬记载，"东偏有小园"[11]，宅在西，园在东偏北，与现有环秀山庄布局接近。按郭麐为孙均撰写的墓志铭所记，孙均卜居吴门后，"萧然如寒素"，淡泊名利，"疏泉帖石，杂莳花木，位置图书金石，絜镶馨善以养亲乐志。"[5][10] 陈文述做《孙古云传》也有类似的评价。此二文或有夸大溢美之词，但从孙均诸友所记诗文来看，他的生活隐逸克俭，波澜不惊，诗文之中也大都是题赏诗画、互诉情谊、怀咏往昔之词。而且宅园内延请宾客、游赏集社的时日毕竟还是少数，

----

[1]《孙太夫人六十寿序》："吾友古云自京师归，僦宅于吴门之黄丽坊。奉太夫人入居，实嘉庆之十有六年四月也。"见参考文献 [2].

[2]《题孙古云停云馆》："余在京师寓古云邸第，两人约言，他日南归，聚首当各建一室，颜以停云，为剪烛话旧地。今余改官江南，古云亦卜居吴下，两人所居相距三里许。晨夕过从风絮雪萍，可谓幸矣！古云先成此室，因为题之。闲阶凉叶坠纷纷，回首鲞陵感雁群；当日长安同听雨，只今吴会又停云。应刘邺下成高会，韦杜城南忆旧间；君已安居我浮宦，何年老屋话斜曛。"见参考文献 [4].

[3] 陈文述，杭州人，以诗文著称，入京会试五年，曾寓居孙均京城宅邸"云绘园"，与其结为金兰之好。后于1809—1810年、1818—1819年两任常熟县知县，时孙均已迁居吴门"百一山房"，并多次延请陈文述、陈曼生、郭麐、彭兆荪等人。

[4]《题花月舫》："古云制画舫，极云窗雾阁之妙。旧未有名，余自吴门假归武林，题曰花月舫并系以诗。牙樯锦缆丽无双，绣幕房栊绿绮窗。晓枕看山开玉镜，晚帘听雨掩银缸。梨涡两靥催行酒，桃叶双鬟唱渡江；好傍烟波载花月，为君题向木兰艭。"见参考文献 [5].

[5] 原文为"善"，通"膳"字。见参考文献 [10].

之二

汪
耕
义

氏
荫
庄

更多的仍是悠游养亲的隐逸生活，就像陈文述为孙均题名"花月舫"诗句中，所描述的屏山枕月、罍红酒暖的日常场景[6]。

孙均属意戈裕良"叠石仿狮子林"，在有限的经费和格局下，"小中见大"的叠山策略是较为合理的选择，也符合他的赏石喜好。《清代画史增编》记孙均善画花卉，精于篆刻，收藏甚富。他继承了祖父孙士毅收集的一百零一块奇石，置于一室，供人赏玩。早年在京城，孙均"所居云绘园……多嘉树奇石"[3]。至吴门后，其延请宾客寓居的爱树斋前庭也"有石瘦不顽"[6]，爱树斋庭院内两古松相对而立，"其旁石峻嶒，空以小梅补"[6]。置石立峰是与"小中见大"的叠山法相类似的赏石方式，元代狮子林就是其中的翘楚。对于孙均来说，请戈裕良在现有的园子中叠石，就像是给他的百一山房又添置了"第一百零二"块文石。只是这块要大得多，大到人能钻进去。

孙均1826年去世后，往日的文谦酬唱也随之烟消云散，空留众诗友感伤怀咏[12-14]。其嗣子孙长熙"扶柩归葬卜居杭"[5]，此后百一山房也渐次分租给不同的住户使用，如顾文彬（晚年造怡园）随其父于1836年前后租住在正厅部分，而大假山所在的园林部分则租给了冯桂芬，直至他考中进士[7][15,16]。至此，从使用上来说，百一山房的宅和园就被彻底地分开了，大假山区域相对独立的状态一直延续至今。再后，孙家隐去姓氏将百一山房售与苏州吴趋汪氏一族[5]。

吴趋汪氏一族自明代移居苏州，与苏州望族潘氏世为姻亲，历经数代而成为本地望族之一。其族人于道光十六年（1836年）开设汪氏耕荫义庄，后因经费不足，二次募集田产资金，于道光二十六年（1846年）购得百一山房，由曾任工部郎中的汪藻负责督工营建祠堂，至1850年冬完工[17]。祠堂规模不少于四进，正中二楹供奉吴趋汪氏先祖及节孝的牌位。

购入百一山房的同年，义庄立下庄规，其中规定："族人概不得租种庄田，借住庄屋。除本庄祭祀饮福之外，不得在庄宴会。公事与庄无涉者，不得在庄集议。"[18]因此大假山被收入义庄之后，恐怕非本族人轻易不得游览，更不可能借之集社赏玩。作为私家宅园的百一山房，于是转变成为具有一定公共性质的义庄"庄产"。也可以想见，此后数十年，大假山所在的园子便渐渐归于寥寂，直到太平天国运动所导致的庚申劫难。

从1860年6月太平天国忠王李秀成攻陷苏州城，至1863年12月李鸿章指挥中外军队收复，期间的3年多为太平天国统治时期。据有关学者统计，经此一难，苏州府人口锐减至战前的37.74%，殉难的吴趋汪氏士绅超过39人，家族产业遭受毁灭性打击[19]。而耕荫义庄也受损严重，其族谱中记有："今（1871年）正中二楹俱毁，义庄经费未充，势难遽复旧章，敬就后楹，葺为正楹，合祭三祠"[18]。时任耕荫义庄庄正的是汪锡珪（1813－1873），字措甫，号秉斋，又号雨孙、壶园居士（壶园为其所造，新中国成立后毁）。此人为道光附贡，曾署江阴县学训导，在太平天国占据苏州期间，与顾文彬、吴云、冯桂芬等同在上海避难，后为李鸿章幕僚，为其光复苏州筹饷献策，是参与战后苏州重建的主要士绅之一。汪锡珪返回苏州后，即着手修复义庄，但是由于经费有限，进展缓慢，到同治十年（1871）还未全部复原，只能凑合着举办宗族的春秋祭祀。

大假山前的环秀山庄厅堂建筑也应是此间建成的，大约为1867—1868年，至晚不会超过1873年汪锡珪去世之时。因为据顾文彬记述："环秀山庄为孙补山相国故居，余昔年曾赁庑于此，后归平阳祠宇。庚申之变，颇有毁伤，秉斋廉访同年重加修葺，落成于戊戌之秋。属题楹贴，为集张玉田词句应之。"[8][20] 顾文彬与汪锡珪的私交极好，在他的日记中多次记录两人互通书信、相互拜访的往事，汪锡珪造壶园时请顾文彬去相石，还请他为自己的留桂轩题楹帖。汪锡珪曾晋升按察使[18]，故而顾文彬尊称其为"廉访"。环秀山庄落成之后，汪请顾文彬题楹贴，一为交情，二为顾年轻时曾租住于百一山房内，与此园渊源颇深，三则顾的楹联词赋在当时也颇有名气。"后归平阳祠宇"应该是说的是汪氏义庄将其买下之事，因吴趋汪氏本为平阳汪氏的分支。而文中的"同年重加修葺"，应是指的1864年汪锡珪在庚申劫难之后携家眷返回苏州[17]，随即安葬殉难亲族，修复庄祠。但原文中说环秀山庄"落成于戊戌之秋"有误，庚申之后最近的戊戌年为1898年，此时顾文彬已经去世，环秀山庄也不太可能修建了35年才落成，很可能是误将"戊辰"（1868年）记成了"戊戌"[9][16]。环秀山庄内的一副楹联也可做侧面印证。按1928年第五版的《苏州指南》"环秀山庄"一节所记，此联为俞樾所撰，全联如下：

丘壑在胸中，看叠石疏泉，有天然画本；
园林甲吴下，愿携琴载酒，作人外清游。[10]

此联原在环秀山庄四面厅内。在俞樾的《春在堂全书·楹联录存》中还可查见此楹联原文。由于《楹联录存》是按时间顺序编排的，紧接此联之后为"潘玉泉观察五十寿联"，潘玉泉即是潘曾玮，字宝臣，玉泉为其号之一，其祖父为苏州著名的状元宰

相潘世恩，生于1818年，他五十大寿时应为1867年，因此俞樾撰写环秀山庄楹联的时间应不晚于1867年，此与前文推测时间相近。

然而，俞樾并不知道他是为哪个园子所题的楹贴，撰写前也没去过环秀山庄，因而他将此联记为"苏州漱碧山庄联"，并附记"潘玉泉观察索题，不知其为谁氏之庄也。"下联内容也明显表明了自己希望将来"携琴载酒"游园的愿望。潘曾玮是汪锡珪的姐夫，他可能是代其向俞樾求的楹贴，而"漱碧山庄"或为草拟的名称。俞樾也可能是依据潘曾玮的描述来撰写的，但俞樾原文与悬挂在环秀山庄内的楹联有一字之差，而此一字之改动恰恰切合了环秀山庄厅堂的建筑本意。

俞樾原文为"有天然画意"，不知被谁人改为"有天然画本"，至少自民国始即是如此。在大假山南面建一座四面厅，长窗落地，截取对面奇礵危崖，自然就是一幅幅"天然画本"。俞樾的上联其实用在苏州城内任何一个园子里都没有问题，因为"画意"二字描述的是观看"叠石疏泉"时如在画中的感受，而改为"画本"之后，却暗示了一种人在"画"外观看的视角。即观者的身体不再是进入大假山中的姿态，而是居于其外，游走于大假山四周。

----

[6] 同注释3。
[7] 在同治十三年四月二十二日的日记中回忆："与林一（即冯桂芬）三次同居，第一次在申衙前孙宅，第二次在铁瓶巷，第三次在京师西河沿"。申衙前孙宅即指的百一山房，两人为邻居。见参考文献[15][16]。
[8] 原文出处未知，最早见于《苏州指南》（见参考文献[20]）的"汪园"一节："幽栖此日重逢，看峭壁垂云，闲扶短策，明波洗月，净裸长缨。水边楼观先登，更将秋共远，俯仰十年前事，乍扫苔寻径，侮偻穿岩，拨叶通池，虚空倒影，眼底烟霞无数，都自昔曾游。——顾文彬集张玉田词，并识云：环秀山庄为孙补山相国故居，余昔年曾赁庑于此，后归平阳祠宇。庚申之变，颇有毁伤，秉斋廉访同年重加修葺，落成于戊戌之秋。属题楹贴，为集张玉田词句应之。"
[9] 顾文彬在自己的日记中也曾犯此类错误，写错纪年。见参考文献[16]。
[10] 《苏州指南》（第五版，1928年）之后的《新苏州导游》（1939年）、《苏州园林匾额楹联鉴赏》（第三版，2009年）等都有此联的记载。

fig...01 环秀山庄航拍照片 / 覃池泉拍摄

灯俯瞰，有如一幅浓墨的《万壑松风图》。这种"画"外观看的赏园方式一直延续到民国以后，几为定式，如载于1931年《国闻周刊》的"颐园假山"一诗："……须知尺幅具千里，画手缩本入围屏。按图乃复此构造，合皱廋透为经营。真假山且不足道，砚山渺小空传名。"[22]

与百一山房的私家园林时期不同，这种置身于山外的身体位置差异，或许还与环秀山庄作为义庄庄园的公共身份有关。作为一种宗族组织，义庄除了聚族祭祖之外，还要承担赡养鳏寡、促学济贫等族内公益事务，典型的例子如南浔庞莱臣的宜园，因为与庞家祠连在一起，使宜园成了族人祭祀后的游憩场所[23]。耕荫义庄则定期召集族内在学子弟，出题会试，由族中有学识之人如进士出身的汪藻等，批阅指导，奖励优学者。园林本就是读书吟赏挥毫之所，附属义庄的庄园更能起着濡染后学的作用。并且为了转变外来氏族的社会地位，汪氏耕荫义庄还会积极参与本地的慈善事业。而耕荫义庄的庄规进一步限定庄园中只能开展与本庄有关的公共活动。因此，虽是同一座假山，大致相同布局，但园林身份的转变就足以引发园林意向的差异。

在汪锡珪的主持下，经过不断的修复，环秀山庄空间布局基本上定了下来。整个耕荫义庄占地八亩（约5333平方米）以上[1][24]，而园林部分约为半亩（约333平方米），仍在其东偏 *fig...01*。

"画"外观看的视角，也并不仅仅体现在此座四面厅的建筑意向中，对于大假山西侧的建筑亦是如此。该建筑为二层，南北向长条形，占据了园子的整个西侧边界。一楼月洞门是原主入口，门额署有"颐园"二字，为汪西溪所书；二楼南端向东凸出，名"涵云阁"。阁楼位于大假山西南向，三面开窗，可一览假山全貌。阁内有联，原为汪惟韶所撰：

流水曲桥通，帘卷风前，山翠环来花竹秀；
涵云高阁起，筵开月下，灯红留向画图看。[21]

环秀山庄大假山上原有五棵古树，"其巅有树，可合抱，绿荫甚浓，全山如盖"[18]，"以小见大"法叠置的大假山若是笼罩在此浓荫下，更能显得飘忽不定，难以一眼看透，不可名状，尤以入夜之后，挑

之三

民国时代的环秀山庄

进入民国以后，耕荫义庄对环秀山庄的管控有所放松，但仍不对外族开放，除非得到本族人引荐[12] [25]。而大假山偶尔还作集会游赏之用，如汪氏第91世汪家玉曾数次邀请金天羽等人在园中饮酒度曲[26]。

而铁路旅游的兴起，进一步促进了环秀山庄的转变。

1908年沪宁铁路的开通，改变了长久以来江南一带舟船步轿的传统交通方式，加速了沪宁铁路沿线城市演变与社会变革。城市间的旅游活动日益增多，出现了各式各样的旅游指南书籍。这些书籍详细介绍了城市交通、住宿、特色饮食、公共设施及景点。汪氏耕荫义庄就是其中一个景点。

铁路旅游及旅游宣传的大量出现逐渐改变人们欣赏假山的方式。民国时期有关环秀山庄的旅游介绍和游记大都喜欢将大假山与狮子林相比较，例如苏舜云的《汪氏小园记》开篇即说道："园以多奇石而幽，山石以玲珑深奥而佳。吾省城垣之中，以此著者，昔推狮子林，今尘封已久游人绝迹矣。独汪氏宗祠耕荫义庄之内有小园，山石奇诡，形式峥嵘……"[5]又如范烟桥的《颐园穿石记》评说："余闻吴中人云，园林叠石首推狮子林，次及此间，此外则碌碌余子矣。"[27]郑逸梅在《游环秀山庄记》中描述完爬山感受后评价道："为境之奇，除倪迂所叠之狮林外，莫能与之比肩也。"[28]甚至1936年汪氏义庄出售环秀山庄的广告上都还试图与狮子林"攀亲带故"，妄称其假山出自"倪云林"(倪瓒)之手云云[24]，以抬高身价。此类比的原因之一在于，民国时期人们对环秀山庄大假山的欣赏方式更具有娱乐性。

按范烟桥的说法，时人还"称盘旋山石者曰穿假山"[17]，强调攀爬大假山的游玩体验，甚至连游园的路线都"程序化"地固定了下来。当时园子的入口尚在大假山以西，进园后自折桥而入假山，经山涧过石洞，再磴级而上，盘旋至主峰后折回"半房秋水一房山"亭，进补秋舫后，再至飞雪泉，尔后上半房山阁，经二层廊道，停于涵云阁上。民国诗人赵鹤清，年近七十，游耕荫义庄后留有诗句："……

曲池跨小桥，花压红阑干。入洞过深涧，盛夏生微寒。羊肠螺旋上，参天古木攒。游屐经绝顶，虚亭洁且宽。秋水积崖壑，疑有蛟龙蟠。……"[29]基本上也是按此"穿山"路线描述的。

除了诗词游记以外，还出现了旅游摄影这类"时髦"的新媒介。当时负责沪宁、沪杭甬铁路运营的沪宁铁路局定期出版杂志《铁路公报·沪宁沪杭甬线》，每期都会以实景照片或图绘的方式推介沿线各地旅游景点，其中就有汪氏义庄。

有意思的是，与介绍其他景点所采用的风景照不同，《铁路公报》介绍汪氏义庄的照片是一张几个人在大假山上的合影，分立于大假山南面崖壁的上下磴道，身姿飘逸，或站或坐或倚靠，更有一人半卧于石垛上，好似悠游仙山。显然，在摄影术的介入下，人们已不再满足于站在"画"外观看了，也不仅仅是进入"画"中，而是要成为"画"的一部分*fig...02*。

可惜的是，1972年后，五棵古树枯死三棵，南面更是失去了一株盛开时能以满树红花遮蔽主峰的紫薇[5]。"叠山贵在求阴"[13]，失去绿荫庇护的大假山，少了幽暗之意，只能将崖壁暴露于南面阳光之下，成为现在的"南立面"。

在报纸杂志媒体的推动下，耕荫义庄成为苏州城内一个热门的景点，提起苏州旅游，除了虎丘、天平山、留园，紧接着就是它了，更有旅游团在大假山前拍照留影*fig...03*。来此园的游客之多，以至于时人还作诗感叹："……此境年来人始晓，冠裳尊俎何时了。石丈微嗔暗不言，颇喜雨中过从少……"[30]

在民国抗日战争爆发以前，除了旅游玩赏以外，耕荫义庄的另一主要功能是宴请接待活动，有政界公宴、学会筹备、科第团拜、商会团拜、募捐会、饯行会等[14]。一般是早上集会、大假山前合影、中午聚餐，或是先聚餐、再至假山上合影。大假山南面两

---

[11] "出售面积为八亩，因此义庄占地应不小于此数"。见参考文献[24].

[12] 苏舜云的《汪氏小园记》中自述："余与汪氏族裔克成为莫逆交，因得而游是园。"见参考文献[25].

乌有园
第四辑
袖峰与洞天

90

ARCADIA
VOLUME IV
2020

层磴道正好可以站上两排人，摄影师退后至南面平台中部取景，就可以拍出当时甚为时髦的"游园合影照"^{fig...04}。此时，耕荫义庄的庄规已然形同虚设。

1940年，汪氏义庄终于被卖给了中南火柴厂厂主李坤松和经理包熙善，作为住宅使用[5]，结束了环秀山庄作为一个民国著名园林"景点"的时期。

拍照、登杂志、发广告、摆宴席、接待游客乃至旅行团等，相较于晚清时期仅对族群开放的汪氏义庄庄园来说，民国时期的环秀山庄近乎一座小公园。但是，环秀山庄面向公众开放的同时，也逐步丧失了原来作为百一山房的私家花园时，那些逼仄、幽暗的、卿卿我我的亲密空间。随着摄影技术的逐步普及，清风满榻、山林环座的"主山面"被遗忘，而新的大假山"南立面"被开发了出来，现今连园子入口的门脸都偏转了过去。

之四

近代以来大假山形态的一些变化

环秀山庄1949年后的历史变革在《环秀山庄志》一书中已有详细记录，本文不再累述。以下仅就民国以来大假山区域的变化略述一二。

一、大假山南立面

民国早期甚至更早的晚清时期，聚集大假山南面拍照留影尚未形成风气，其游览方式仍以"穿山"的身体体验为核心。此时西南角折桥仍为有顶有扶手的折廊形式^{fig...03}，其对空间的分割作用非常明显。入西园门后，首先是大假山的"侧脸"先进入眼帘，山南面被折廊和主峰斜出的大紫薇所遮挡，让人无法一下览其全貌。然后穿折廊入山，或是向北经问泉亭至补秋舫内观山。并且，在1922年照片中^{fig...04}，明显可见大假山西南崖壁处有两"层"石径磴道，石径临空一侧有湖石翻卷上来，高及人腰，有如护栏。以阴影中的崖壁为背景，此白色的两道石径，于俯仰间才有"峭壁垂云"[13][20]之效果。整个假山西南面被清晰地分成两层台地与最上的主峰，而非今日所见，顶部斜出、石壁峻嶒的一整块危崖。现今，原来的折廊木顶和护栏被去掉了，改为矮石栏^{fig...05}，负责1982年环秀山庄修复工程的陆宏仁回忆说，当时找不到木栏杆的痕迹，并考虑到木料耐久性问题，就没有按木栏杆来复原，甚为遗憾[26]。大假山主峰被削去一大块，南面平台东沿的围墙花窗也未复原，虽然大假山经过修复调整，更有壁立千仞之势^{fig...06,07}，但原先所追求的"山林意"某种程度上转变成为追求"画意"了。至少现在大假山的"南立面"是如此。

二、半房山阁

西北角的假山至少有三个作用：①紧贴补秋舫，骤然高起，之上再高起一阁，以真山的手法，与补秋舫形成山阁水舫的高下之势；②为"飞雪泉"叠造

fig...02 用于民国铁路旅游宣传的环秀山庄照片 / 出自《铁路公报·沪宁沪杭甬线》第20期，1928年

[13] 此为扬州叠山师方惠总结的经验。

[14] 1920—1924年间，《申报》上关于在汪氏义庄举办宴会的新闻达十多条，有些宴会的一个活动就是爬假山拍照。

[15] 同注释8。

深崖寒泉的意向；③接引屋檐雨水，顺势叠水路，形成坐雨观瀑的效果。

　　杨鸿勋先生认为环秀山庄西北角与东北角的假山处理为"真山一角"的叠法 [31] *fig...08*。东、西、北角高起，可使补秋舫的地势相对变低，是其获得真山意向必不可少的手法。因此，东、西北角的园林意向也是基于"真山"构思的。假山东北的"半潭秋水一房山"亭内原有一联："亭前山石遇得真相，方外仙侣爱集吾家"[27]，显然这是一种身入真山后的

想象。而西北角高阁也是如此，此阁曾有"半房山阁"[16][32] 之名。"半房"是指此阁仅有半幅进深，不足三架，"磴级可登楼，晶牖净几，柯影扶疏，为读书之佳地"[28]。阁上推窗俯瞰，透过绿荫，可自西北向东南掠过大假山中部峡谷，以至东南水口上，是整个园子中最深远的视线之一。

----

16 "庭前山石精巧，有问泉亭、补秋山房、一房秋水、半房山阁"。见参考文献 [32].

fig...03 1927年苏州旅行团在环秀山庄合影 / 出自《图画时报》第377期，1927年

fig...05 大假山原来的折廊木顶和护栏被去掉了，只留三折石板桥。左上角涵云阁前为空廊，现也装上的合和窗 / 陈旭、李平拍摄，2019年

fig...04 1922年苏州总商会团拜留影。此为目前所见最早的环秀山庄假山照片 / 出自：徐刚毅. 苏州往事图录 [M]. 扬州：广陵书社，2008.

fig...06 大假山崖壁上石径的"护栏"部分有所坍塌，西南角第二层平台的转角部位被增高了，用以围合出一块石穴，并培土植松，同时增强了崖壁向西斜出的山势 / 陈旭、李平拍摄，2019年

fig...07 大假山最明显的变化在于主峰不知何时塌去一大块，由原来较为静态的立峰，变为向西探出的，配合下部崖壁调整，与剩余的两棵大树一起，呈现一种非对称的平衡构图。其二是主峰前后的两株古树死掉了，少去很多阴翳，阳光直接打亮大假山南面，画面感更强 / 陈旭、李平拍摄，2019年

fig...08 1985年整修前的半房山阁 / 出自参考文献 [26]

三、补秋舫

环秀山庄的主景在"补秋山房",其位置自民国以来基本未变 *fig...09*,建筑形制为三间硬山卷棚顶,开南窗。补秋山房原名"补秋舫",其内有潘世恩撰的楹联:"云树远涵青,偏数十二阑凭,波平如镜;山窗浓叠翠,恰受两三人坐,屋小于舟"[17],按此意向,此舫以观山树为主。扬州著名叠山艺人方惠认为,环秀山庄大假山的主面向不在南面,而在西北侧,主要的视点在补秋舫内。临窗看向大假山,青嶂曲壑,碧水深潭,山林意境甚浓。若以孙均"新营画舫当浮家"[14]的临水意向,补秋舫应更小才合适,位置也应稍低。如此该舫才有临水而非临渊的效果,主峰也更为高耸,西北角与东北角的"真山"夹缝更显逼仄。地坪下降还有一个好处:主峰有一通透空洞,月夜时,似乎能借月光在补秋舫前水面上形成明亮的光斑,连同倒影及月影,可获得"临水观三月"的效果,当然只有在特定时间段才行。此类叠山技法在江南也不少见,如狮子林假山西北角的临水洞石及扬州片石山房的月洞石。

[17] 郑逸梅记为"偏教十二阑干",1939年版尤玄父的《新苏州导游》记为"偏教十二栏凭",今从曹林娣《苏州园林匾额楹联鉴赏》(第三版)之说。

fig...09 民国时期的补秋山房(1947)/ 出自参考文献 [26]

之五

结语

与西方园林追求恒久不变的教堂建筑不一样，中国园林就像一个生命体一样，自营造始，就一直处于动态的生长演变状态，有生有死，会成熟也会衰老，也会随着园主人的诣趣喜好而悄然改变自身的面貌。就像这块戈裕良为孙均叠造的"第一百零二块"文石，看似顽石一块安安静静地待在这半亩院墙之内，看似只留下些许岁月的包浆而已，殊不知其园林意象早已大不相同 *fig...10*。

参考文献

[1] 郑光祖.一斑录·杂述二·百一山房.清道光舟车所至业书本.

[2] 郭麐.灵芬馆全集:杂著续编卷二 [M]// 清代诗文集汇编.上海:上海古籍出版社, 2010.

[3] 陈文述.颐道堂集: 文钞 卷十三 孙古云传 [M].清嘉庆十二年刻道光增修本.

[4] 陈文述.颐道堂集:诗选 卷十 [M].清嘉庆十二年刻道光增修本.

[5] 陈文述.颐道堂集:诗选卷二十一 [M].清嘉庆十二年刻道光增修本.

[6] 郭麐.灵芬馆全集:诗四集 卷三 十一月廿有三日会饮百一山房，走笔呈古云梅史爽泉 [M]// 清代诗文集汇编.上海:上海古籍出版社, 2010.

fig...10 基于三维数据模型的环秀山庄大假山剖面，可看到坍塌掉一半的石径护栏、前山洞、山谷、后山洞、"半潭秋水一房山"亭及后山平坂高岗的"真山一角"/ 覃池泉、李平、陈旭制作三维模型，陈旭、彭玲绘图

[7] 郭麐.郭麐诗集 [M].姚蓉、鹿苗苗、孙欣婷点校.北京：人民文学出版社，2016.

[8] 罗军.彭兆荪生平交游著述考 [D].广州：暨南大学,2010.

[9] 曹汛.中国造园艺术 [M].北京：北京出版社，2019.

[10] 郭麐.灵芬馆全集：杂著三编 卷二 建威将军散秩大臣袭三等伯孙公墓志铭并序 [M]// 清代诗文集汇编.上海：上海古籍出版社，2010.

[11] 冯桂芬.显志堂稿：卷三 汪氏耕荫义庄记 [M].清光绪二年冯氏校邠庐刻本.

[12] 郭麐.灵芬馆全集：诗续集卷四 哭古云 [M]// 清代诗文集汇编.上海：上海古籍出版社，2010.

[13] 郭麐.灵芬馆全集：诗续集卷五 百一山房感旧 [M]// 清代诗文集汇编.上海：上海古籍出版社，2010.

[14] 陈文述.颐道堂集：诗选卷二十二 哭孙古云袭伯 [M].清嘉庆十二年刻道光增修本.

[15] 顾文彬.过云楼家书（点校本）[M].文汇出版社，2016.

[16] 顾文彬.过云楼日记（点校本）[M].文汇出版社，2014.

[17] 汪藻.静怡轩诗钞：诰授资政大夫显考鉴斋府君行实 [M].光绪四年（1878）吴县汪氏家刻本.

[18] 汪体椿.吴趋汪氏支谱 [M].木活字本.

[19] 陈加林.吴趋汪氏家族与近代苏州社会 [M].上海：上海师范大学出版社，2006.

[20] 朱揖文.苏州指南 [M].3版.文新印刷公司,1925(民国十四年).

[21] 曹林娣.苏州园林匾额楹联鉴赏 [M].3版.华夏出版社，2009.

[22] 石遗.颐园假山 [J].国闻周报，1931,8（42）.

[23] 宋晨.南浔近代园林小莲庄开放性特征研究 [D].2017.

[24] 欲得苏州上等花园者注意……[J].申报，1936-07-08.

[24] 苏舜云.汪氏小园记 [J].文星杂志，1915（3）.

[26] 苏州市园林和绿化管理局.环秀山庄志 五峰园志 [M].文汇出版社，2017.

[27] 范烟桥.颐园穿石记 [J].申报，1923-03-24.

[28] 郑逸梅.游环秀山庄记 [J].紫罗兰，1927,2（2）.

[29] 赵松泉.耕荫义庄假山 [J].珊瑚，1933,2（6）.

[30] 费树蔚.旭初将有甬上之行与同游环秀山庄归而赋诗用鲁直送妹壻王纯亮世弼韵.华国，1923,1（2）.

[31] 杨鸿勋.江南园林论 [M].北京：中国建筑工业出版社，2011.

[32] 吴县志.民国二十二年（1933）铅印本.

作

品

W

O

R

K

S

春园记

葛明

2014年前后，我受宜兴丁蜀古镇的委托，在濒临太湖的一片郊野地里设计一组小型的公建，用以休憩。为此，提出了"三园一市"的构思，即春园、秋园、冬园、夏市，获允。

其中，春园用作游客中心，是太湖绿道自行车赛的始发兼休憩点，并用以停放自行车，最终在镇里和团队的支持下得以完成，其余则还另需时日。

设计团队	东南大学建筑设计研究院
	葛明
	吉宏亮 陈洁萍 孔亦明 刘筱丹 王正欣
	淳庆（结构）
建设地点	江苏省宜兴市丁蜀镇
设计时间	2014年
建成时间	2018年
用地面积	4200平方米
建筑面积	950平方米

半园半房 之一

这组设计以及随后的建造对于推动我的园林方法研究起到了重要作用。具体地说，主要是深化了我以前提出的"园林六则"，它们分别是：第一"现生活模式之变"，第二"型"，第三"万物"，第四"结构、材料、坡法"，第五"起势"，第六"真假"[1]；抽象地说，深化了我对于物体与词语、建筑与生活世界关系的理解。伴随着这一过程，我还和戴维·莱瑟巴罗（David Leatherbarrow）、陈薇、王澍、董豫赣等老师或一起组织地形学（Topography）方面的系列论坛，或一起探讨叠石、置石以及房园的关系……所有这些都促使我对园林方法的独特性以及它和其余设计法的关系有了新的认识。

其中，对于"园林六则"这一设计方法有许多具体的推动。首先，因场地类型多样，与微园设计中只能以寻求老房子中"特殊的空"作为起点不同，可以更多地探讨园林六则之中的"型"，对每一块有限场地内房园俱现的不同方式，以及居游兼得的不同方式进行比较研究。所以春园、秋园、冬园与夏市在处理不同需要的同时，还试图以不同的方式和意象呼应《园冶》中提出的郊野地、江湖地，并呼应郭熙、王蒙、龚贤画中的各类意象，从而使得各园中的用房与相应的环境关系各不相同。尽管各块用地的实际大小差距不大，但设计的结果却似乎呈现出了完全不同的房、园比例。其中，春园以半园半房的形式呈现；秋园则房大于园，或者说园藏于房；冬园则园远大于房。

其次，园林六则中有"型"的概念，还有"万物"的概念与之对应。"型"贯通园和房，"万物"的状态同样需要贯通园和房。万物（Myriad Living Things）是指混杂的、有生气的事物，无它无以成型。"万物"一则里，山石第一，中介物第二，房屋花鸟池鱼次之，林木居无定所。那么在三园一市各自狭小的场地内，"万物"的构成能否准确，能否以不同的方式汇聚一体，同时又各自分明，这同样是设计研究的重点所在。因此在设计之初，春园、秋园、冬园与夏市的大势均由毛笔在毛边纸上构、染而出，一气而成，但实际上为了以有效的方法准确而节制地呈现"万物"，却费时良久。

春园用地窄而长，由东向西一字排开，在其南侧需要设置一个举行大型车赛的活动场地，并以春园作为背景。为此，我试图采用"半园半房"这一"型"——以房中有园、园中含房的方式回应场地，实现舒展的同时又能获得童寯先生所提出的曲折尽致。在方法上则"架构"与"分地"并举。因此，半园半房是通过屋顶和场地的共同作用而获得，不是指面积上一半园子，一半房子 *fig...01-03*。

"型"的起点是让地本身变成一处"活物"。童寯先生对"园"的诠释就是对"型"的提示。与此同理，试解"型"字，其下为"土"，所以如何"显土"并尽显其生动是一关键，这也是园林方法中"型"的核心价值之一。春园所在的场地十分平坦，并无特征，若要显土，通常先要框地。而框地常用墙，但墙内墙外的地并无区别，所以需要特定的方式显土，这时候就需要寻找特别的"型"。

首先，我以四个坡顶不断起落构成一组复坡，各个坡顶彼此交叠，形成一系列或高或低的覆盖和覆盖之中的留白，形成了场地上的特殊而细致的架构 *fig...04*。通常在一个场地里进行架构，就是造房子的开始。但这里明显又不是只为了造房子，更多的考虑是为了通过架构，使土地显出特别。日本篠原一男的土间之家也有这层意思，传递了一种概念：通过空间构成消解通常的室内、室外这种分类方式。复坡之外，我还辅之以墙，但墙的设置并不与复坡

ARCADIA
VOLUME IV
2020

fig...01 东望春园 / 陈颢拍摄

fig...02 北望春园 / 陈颢拍摄

fig...03 苔园二 / 陈颖拍摄

ARCADIA
VOLUME IV
2020

在地上的投影一致，特意形成了一个角度，这样墙所框的地和架构所覆盖的地之间形成了不同的向天打开的空。此外，墙与复坡的错位，在内，墙为复坡勾勒了一条水平线，使外部的树显现出来；在外，则具有一种体积感，墙与复坡若接若离，使内部的地似乎被外部的树逼出来了，而实际上外部一片空旷 *fig...05*。所以墙似乎不是为了围住内部，而是为了围住外部。此外，我还重点处理了复坡之外围墙的转折和升降，例如让西侧的围墙降下去，围着一个坑院，在此，墙似乎是为了提示场地的标高变化。

复坡的架构与墙的配合，让垂直的空间构成变成了内和外转换的构成方式，显示出暧昧的意味。复坡之中，有一个四分之三方亭，覆盖着一个台子，在那里视线可以接通内外，但与此同时，在台子上身体的包裹感又是最为明显。所以复坡通过架构带来显地的作用，同时也没有放弃追求特别的覆盖效果。这就是"型"开始所发挥的作用，它为内部的地制造出了一种神秘感和身体感 *fig...06*。

其次，"型"的深化还需要另一个方法"分地"。分地如何才能进一步使地生动，就如龚贤的画 *fig...07*

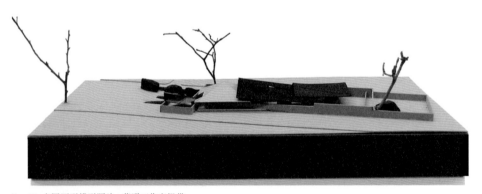

fig...04 春园原型模型照片 / 葛明工作室提供

fig...05 北望春园复坡 / 陈颖拍摄

fig...06 苔园东望方台 / 蒋梦麟拍摄

fig...07 龚贤，山水册，纸本，水墨，苏州博古馆藏 / 出自：龚贤.
龚贤精品集 [M]. 萧平编. 北京：人民美术出版社，1997：图版五
山水册(十二开)第6张.

fig...08 水石相隔相绕 / 蒋梦麟拍摄

所显示的那样？在该图里，土、水、土彼此相隔，截然分开，不知有多长，但似乎一下就变成了一个特殊的园林，不再只是普通的野地。这种不断开的隔（separate-joining）还使近处的房子也不知不觉之间发生了变化，既可以是一个给船用的房子，也可以是给鸭子用的房子。为什么图上的水、土看起来像一处园林？其内在的原因就是采用了分地的方法，而分地的核心是隔。

因此，从复坡的架构开始，我同时启动分地，并以架构为参照，水土互含，分成池、岛、坡、台、坑等各种类别，在场地内高低错落，形成与复坡繁复的对应，从而完成了半园半房这一"型"的构建。服务用房和停车用房采用折边形式，反似若有若无地契入其中，如同扩大的廊子，连接着复坡、水石、台地，提供了各种标高的依据。

在春园里，场地类型丰富，或台，或池，或岛，形成了一个小的世界，与传统的造园相仿佛。其实，用了"水土之法"后又有所不同 *fig...08*。其一是均以水墨石与水相契、相合、相映，从而实现以石成山、以石成岛、以石成坡的效果，并实现水石生"远"的作用。这与置石不同，或可称之为"植石"。其二是水、岛、山互绕互隔，如同京都的苔园。之所以用绕和隔，除了划分场地以外，更重要的是可以让一处处植石，在有些角度看起来是山，有些角度看起来是岛，有些角度看起来是坡，等等。绕与隔让地来来回回的感觉不一样，变幻出了多种可能。其三是因为用了架构使得土地先显出来，所以水石的相绕相隔还需要考虑与坡顶的关系，包括高低、阴影、坡和石的重量感等。春园中各个坡顶的叠合之处都依势而成，从东至西不断上升，但各坡的重心似乎在不断上下移动，有的一坡之内还似乎藏了阁楼，形成又一坡。所有这些动作都是为了让架构形成的覆盖和水石之间的距离可以相互调节。可以想象，如果架构单薄，石头的分量就无从显现，水石的关系也无从显现。架构的方式与水土之法的结合，使整体既有室内性（domesticity），又有园子感。

园林的方法是对房屋与自然两分的反思，它注重自然与人工物的关联，试图在两者之间建立一种特定的连续关系，并在这种关系中重新理解房屋。如果把这种建立关系的方式看作制作色谱的话，就是首先建立一种连续的谱系然后进行分段，然后在特定的位置进行标示，从而找到房屋更有意义的显现方式。此外，造园意味着不能设计好了再寻找建造的办法来处理它，因为造园的过程本身就是让自然和人工物建立有效联系的过程。在园林的方法中则意味着万物的聚拢就是帮助"型"显出来的基本办法。那么如何使得自然和人造物之间产生连续性，然后又一段一段地分开，并以特定的方式聚拢在一起，让间隙和连续同时发挥作用？

连接 之二

为此，我引入了"连接"（articulation）的思考来推动园林方法。它来自对于实践美学（Practical Aesthetics）的理解，并试图对建构（tectonic）的意义有所超越。

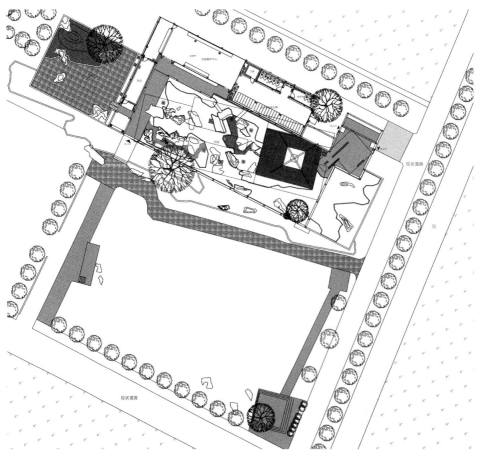

首层平面

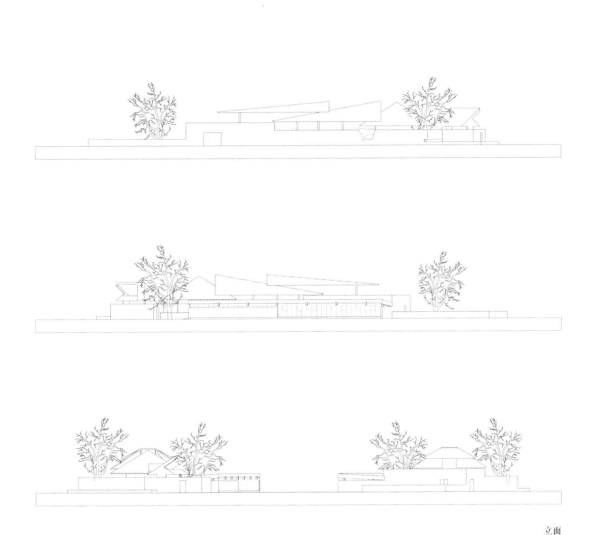

立面

如果说隔具有通过隔开来产生关系的含义，那么接既指分节的"节"，又指接续的"接"。连接的方法同时与地形和建构有关，所以和一般空间的方法、类型学的方法不一样，它能与工法进行有效衔接。连接具体的含义通常包括：清楚的表达、清晰的发音、骨骼之间能够活动的关节等，还有学者解释它是指在画中依靠光影，使得轮廓能够表达出来，所以还具有"刻画"的意思[2]。房屋和场地要能在自然和人工物中显现出来，就需要刻画，这都属于连接的范畴，它保留了自然到人工物之间的分节，确认这之间有一种非连续的、跳跃式的过渡，需要"接"（articulate）在一起。这样，一个房屋就能同时具有自然和人工的意义，并能增加产生意义的机会 *fig...09*。

既然连接的关键之处是在自然和人造物之间形成连续，并且需要形成有间隙的过渡，那么如何分节是重点。为此，春园里采用了特定的坡法以形成分节，通过四个坡顶互相连接，覆盖水土，而那些在上部的连接则隐藏于阴影之中，在水里则通过镜像关系——显现，从而有效形成了场地的分节效果，并提供了阴影和空隙作为连接的机会 *fig...10*。为此，

fig...09 方台北望 / 蒋梦麟拍摄

各个坡顶需要采用有效的几何形式互相叠加从而利于分节，因此各个坡顶之中有四分之三坡，有半坡，有近乎全坡却有缺漏，所有这些动作也都是为了制造连接的机会。为了实现分节和连续，还需要真实建构和形式建构的配合，需要各个坡顶各有其空间特征，有些强调室内感，有些强调飞檐。与此相同，水中的植石同样需要发挥分节的作用。植石同时包含了布石和置石，布石为成势，置石为摆空。这两者与复坡的做法上下呼应，形成了垂直方向上的分节。

此外，对于如何通过建造提升建筑的意义，连接能起到怎样的作用？建筑一般通过空间来表达

意义，除了特殊的结构和构造，建造的意义通常都隐藏于后，而连接能帮助释放这一意义，它让野性的特征保持在人文化的建筑中间，把在大地上建造的意义体现出来，成了帮助产生意义的中介。与此同时，它还试图对建构之中暗含的原型思维进行破除。它关注如何通过对结构和材料的特殊使用来破除原型，例如木结构有它的原有含义，但能否让它和其余结构混合使用而产生变化，或者能否通过呈现出一点混凝土结构的感觉，而使固定的含义发生变化，形成新的意义？这需要进行合适的变形（transfomation），才能成为对类型学的提升。连接强

fig...10 复坡组合 / 蒋梦麟拍摄

调对连续体中的片段进行变形，从而逐渐把自然和人工交织在一起，构成新的事物，创造新的意义。为此，春园的复坡中特意采用了两个钢架构和两个混凝土的架构彼此交叠在一起的方式，其中黑色的钢架构使得灰白的混凝土架构似乎轻了起来，让它的斜撑也似乎有了弹性，从而成为连接坡地和水、石的枢纽所在 *fig...11*。

连接还意味着设计中需要特意保留建造中的层次甚至某种粗糙，保持房、园之中野的特性，从而显得更有分量，柯布西耶的房子往往就是这种感觉。所以它的价值不是为了追求精致，那属于构造范畴，

它在意能否揭示出一个房子与自然连接的丰富状态。另外，因为连接是靠片段形成的，会形成很多隙缝，帮助轮廓更加清晰，那么就需要在设计中特意制造这种有空隙、有阴影的区域 *fig...12*。有时我们还要形成反向的思考，是否可以特意地消除掉一些原来期待有节点（joints）的地方，来强化各个片段之间的层次。所以连接还是面对逐渐无节点时代（包括数字打印）的回应和思考。因为它保留了多重的美学机会，保持了房屋原始的力量，保留了原有结构、材料、类型存身的机会，保留了产生联系的机会。这也是园林方法试图探讨的重心之一。

袖峰与洞天
第四辑
乌有园

108

ARCADIA
VOLUME IV
2020

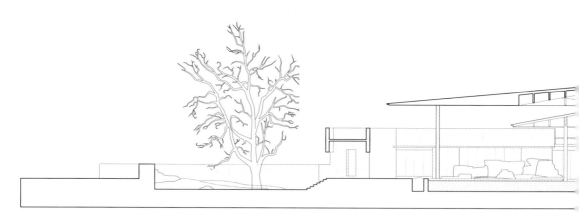

剖面

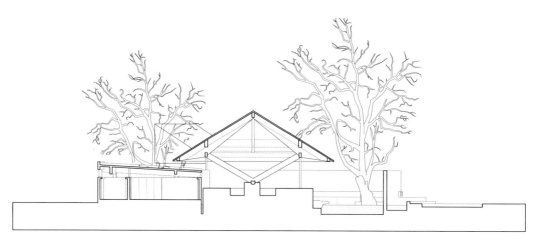

剖面

fig...11 方台构架 / 蒋梦麟拍摄

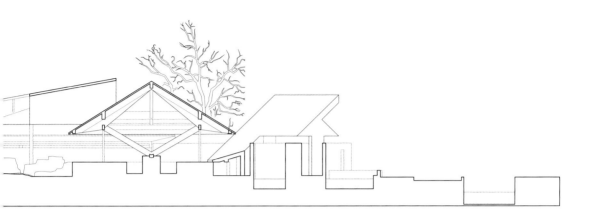

剖面

fig...12 方台与井园之间 / 陈颢拍摄

空气 之三

在不同文化中的地形学主题里都有山、水、空气、地平线等要素。其中空气可以引发丰富的想象，包括真实世界和虚构世界的关系，包括氛围、空、云、雾、远、层、生气……各种概念，在园林的方法中，特别重要的一点是"生气"。与"型"相对应的"万物"如前所述是指混杂的、有生气的事物，之所以提出这一则，其原因也是为了通过聚拢事物而实现生机勃勃。

采用了园林的方法，会使房、园变得有什么不同？"型"的方法使场地里的土地好像不一样了，然后让房子和自然之间也有了一种特别的连接，但是如何追求生机勃勃可能是最难的地方之一。因为生机意味着要结合很抽象的"远"以及与迫近身体感知有关的氛围，这也是在春园设计里所考虑的又一重点。春园作为半园半房，可以想象，希望同时得到室内外的的状态，同时得到静思的状态和日常的状态，同时得到千里之远和尺幅之近的状态。那么，空气对春园的设计意味着什么？

首先，它能进一步发挥复坡等要素所起的架构作用和分地作用。如果是作为房子存在，光感是最重要的，可以提示自身；作为园子存在，"远"是重要的，可以神游物外。想象有雾的时候 *fig...13,14*，因为周围的环境由雾笼着，虚了起来，使得围墙的边界清楚起来，内部也似乎明亮了起来，水中的倒影使

fig...13 雾中苔园 / 陈颢拍摄

fig...14 苔园一 / 陈颢拍摄

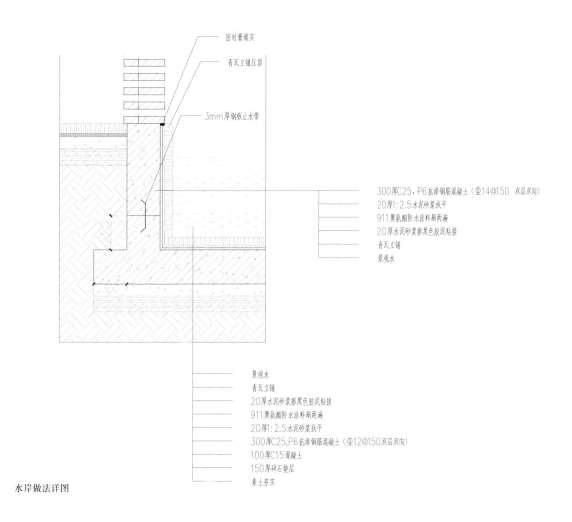

密封膏填实

青瓦立铺压顶

3mm厚钢板止水带

300厚C25，P6抗渗钢筋混凝土（Φ14@150 双层双向）
20厚1：2.5水泥砂浆找平
911聚氨酯防水涂料刷两遍
20厚水泥砂浆掺黑色胶泥粘接
青瓦立铺
景观水

景观水
青瓦立铺
20厚水泥砂浆掺黑色胶泥粘接
911聚氨酯防水涂料刷两遍
20厚1：2.5水泥砂浆找平
300厚C25，P6抗渗钢筋混凝土（Φ12@150双层双向）
100厚C15混凝土
150厚碎石垫层
素土夯实

水岸做法详图

得明暗的层次丰富起来。奇怪的是，边界强烈之后，周围也同时显得更远了。这时候需要的房、园就都有了。所以如果为了让所有的地显现出来，似乎有雾才是最好的状态。同样可以想象，如果光线过于强烈，周围清楚了，园子的大小反而会暧昧起来。

其次，在中国的山水画里，云、雾、空的存在使得不同的山石，一会儿是石一会儿是山，一会儿是近一会儿是远，来回交替，如果没有空的控制就无法形成转换。实际造园的时候，不可能像画画那么自如，但如果强调空气是能使物体产生远近的基本方法，就意味着带入了山水画的意象。在此意义上，空气可以让一园之内进行房、园的再次细分与连接，让坡顶的叠合不断给人产生错觉，分不清近还是远，使人对房、园的感受不断切换。此外，人通常会寻找合适自己的处所停留，那么在何处能更充分地感受生机呢？坡顶之间的间隙、屋架的阴影、黝黑的石头、水中的倒影、苔上的绿意，所有都以片段的

方式让目光能穿透明暗变化，同时得到远近的感受。那什么是连接这些片段的线索呢？这些或许都需要依赖空气感所带来的层次划分。

再次，它提示氛围。中国的氛围感与远近密切相关，试图让人同时感受神游与静思。氛围有时意味着聚拢，有时意味着一种室内性的呈现。通过掌握空气感，可以让氛围得到控制。比如在春园里增加水雾，近处模糊了，远的东西就浮现进来了，聚拢起来了。

最后，需要强调空气还因为这是关于"空"的一种认识：空气感跟"空"虽然并不一样，但本身是对"空"的一种重要表达方式。连接也需要依赖对空的细分才能更充分地发挥作用。当然，"空"的价值主要在于制造匿名的状态，提示事物和要素的转化。也就是说生机勃勃既是眼前的，也是潜藏着的，需要被发现，这是园林方法中需要注意的要旨之一。

实际上真正做春园设计的时候，大部分精力是在做复坡之间的连接、复坡的变化、复坡与地面的高差的调节，以及复坡所展开的各个面相。其实现在有些地方的比例因为场地发生过变动而有所改变，因此或许不是最佳的，似乎可以更扁一些，与场地的关系还可以更紧张一些。但最后定位的依据是方台上斜撑的尺度，因为斜撑的高度是有限制的，它的存在直接关系到人在台子上的位置、人对内外的感知、人对远近的体会。因此，春园里所有的事物都需要考虑这些：就是在台子上既能感受到园子中最紧张的关系，也能感受到最舒缓的关系，当人在那里远眺的时候，能感受到迎面而来的水平展开的间隙*fig...15*。因此，依据坡顶对一个人的笼罩程度进行

结语 之四

定位以后，春园的平面、剖面都要以非常细致的几何性，一点一点地推敲出来。

在一片空旷的地上造园是否需要严格的确定感？在我看来，是的。自然和物体之间似乎有无数的线条自由地联系着，但似乎有一条是限定的。在园记的最后，还需要对春园进行释名，之所以采用半园半房这一"型"，之所以采用复坡，都是试图表达"藏春"这一意象。春园的设计，形成了我研究并练习园林方法的又一段重要经历。

（本文未注明来源的图片，均由葛明工作室提供）

fig...15 坡顶、方台、水、墙之间 / 蒋梦麟拍摄

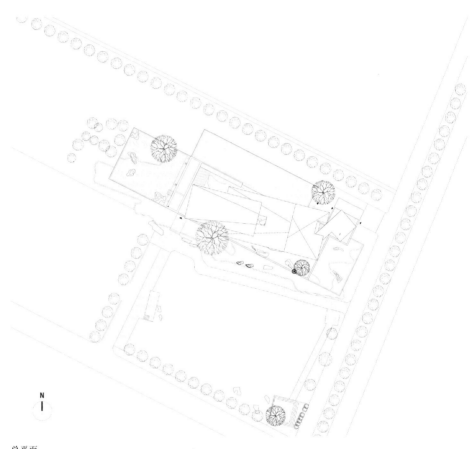

N

总平面

参考文献

[1] 葛明 . 微园记 [J]. 建筑学报，2015(12):35-37.

[2] 维莱瑟巴 . 地形学故事：景观与建筑研究 [M]. 刘东洋，陈洁萍，
译 . 北京：中国建筑工业出版社，2018:275.

《新素园石谱》节选[1]

展望

自然之石本来不是什么艺术，但在中国人眼里它是宇宙和自然的象征。自然之石被搬进庭园之内，以其特有的意义，占领了艺术品的位置。这些自然天成的石头，被称为「假山石」「供石」「奇石」或「太湖石」。细微地观察这些石头，可以观想出大山大水；从宏观的角度看，它们亦是组成宇宙的基本元素——就连我们的星球也可以被理解为一块磨圆了的石头。理论上，自然界中的石头，每一块形状都是不一样的，就如同我们人类。

「假山石」不同于一般的艺术品，它是被人们从自然中选择的「现成品」。

对于这个来自大自然的现成物，人们在收藏的时候都追求「天成」，即使人为修饰，通常人们会在花园里专门设计出一个环境用来养石，或者配上底座供于厅堂，通常这些地方也供奉神像。宋以后，假山石的收藏越来越普遍，直到今天，它已经从过去文人高雅的园林环境中下凡到俗世，现在又被现代化的「政治运动」推到了十字路口、大街小巷，甚至于车辆飞速过往的立交桥上。它看起来好像是被弃之于街头，在空旷的广场，或在玻璃建筑前处境尴尬，它被用来临时充当艺术品，但看起来却如此不合时宜。

我用不锈钢复制自然的「假山石」，看起来是对「自然天成」这个观念的改变。实际上，改变的只是表面，其内部空间仍然是自然山石的形状。这样，虽然不锈钢假山石表面是「假」的，但它的内部实际上还是自然形状，是被掩盖了的「真实」，因为真实的自然已经成为虚空，而这个假的表面，却在现代化的城市中重新取得了视觉真实的地位，就像自然之石之于传统园林的位置。

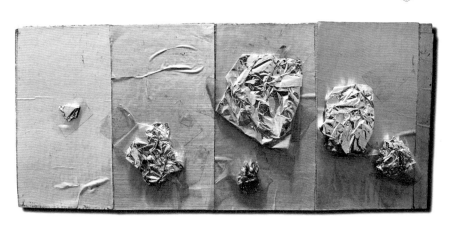

假山石草图

从1995年7月开始试制第一块假山石到现在已经有12个年头了。陆陆续续做了上百件，其中大部分被收藏在海外，特别是欧美等发达国家和地区，收藏者有博物馆、艺术机构和私人。他们的最大特点是，都具有西方当代艺术的知识背景，同时对中国当代艺术感兴趣。其中有些对中国文化很有研究，有些稍有了解，有些则完全不知。有从中国当代艺术视角切入的收藏家，如前驻北京的瑞士大使乌力·西客先生及夫人等；也有对中国传统文化有很深入研究的，如曾经在美国大都会博物馆工作过的姜斐德、杜柏桢女士等。早在1997年，乌利·西客先生和姜斐德女士等为了收藏假山石，专门访问了我在美院研究所的工作室。那时，我在这个30平方米的工作间接待了一些较早关注中国当代艺术的欧美收藏者。

近几年，我在通州又建成了新的工作室，不断有来自世界各地的当代艺术的研究者、收藏家、学者、艺术家、友人等前往参观。我把这里当作思想交流的场所，每一次都会耐心地向客人解释假山石的制作过程。因为，对于我来说，制作的技术代表了观念的传达，它展示的实际上是一个思想的物化行为。当然，对"假山石"该如何理解的讨论就成

为这一拷贝行为的背景，而观众在来到工作室的途中，饱览北京被拆建和城市巨变的景象，也成为这些讨论的生动教材。由此，拆迁、变化、建设、制造，工业与自然、历史与哲学都会成为讨论的内容。除了策展人，大部分访客的目的更多是为了收藏假山石。收藏是现实的，一旦具体到挑选，我们就不得不进入审美层面。在同样想法的情况下，选择哪一件放在自己家里，或者是博物馆的公共空间，都是需要调动传统审美经验的。尽管不锈钢质地与自然山石质地有着天壤之别，但它们复杂的造型所呈现出的动态、张力和神气确实千差万别。传统假山石讲究"瘦、漏、皱、透"，而不锈钢假山石则不一定，

这就促使我不断地寻找新的石头，实验新的效果。毕竟，不去把它真正做出来的话，是很难完全靠想象把握的。这样，找石头的过程又具有了选美的性质，每一块石头似乎都在对你搔首弄姿，样子千奇百怪，没有一个定力和标准，必定会把你的审美搞乱。如果把石头拟人化，真是有高低贵贱、粗鄙细雅之分。在这个美学的层面，我的标准尽量选择具有文人气的、古典的、雅致一些的，当然也有从力量和张力角度的选择。色彩和质地不限，因为不锈钢的材料本身没有颜色，所以可以接受所有的颜色。标准其实也是在选择中不断调整的，选择中更重要的其实还是凭借综合的感觉，好像平常的审美经验和修养在这里全部派上用场了。

当复制的石头落到收藏家手中之后，它就开始进入社会的流程，有可能被终生收藏，也有可能被拍卖，还有可能被转手送到博物馆或某个新的藏家。这时的假山石已经不是工作室里的陈列品，而是成为一个有生命的物体。这个"有生命的物体"汇聚了当代生活的讯息，在观众（收藏者）那里成为活的艺术，也可以成为被欣赏和讨论的艺术，这从收藏者的反馈中可以知道。这种收藏的方式并不是面对完全不懂艺术，或是为了赚钱而前来收藏艺术的人，而是吸引了很多非常有学识并能给我启发的人。回想1995年

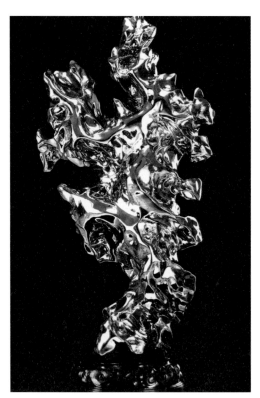

假山石85# 320厘米×125厘米×220厘米，2005年，不锈钢，摄于华盛顿肯尼迪中心中国文化年雕塑与装置展

最早开始出售假山石到现在，很多与它相关的故事总是让我不能忘记，觉得非常值得一记，特别是那些对我思考艺术和文化问题产生了重要启示，甚至影响了我以后创作的人和事。

这部《新素园石谱》呼应古人编纂的《素园石谱》，记录了四十多个不锈钢假山石背后的创作故事，汇集了近一百件不锈钢假山石作品，也罗列出很多批评家、策展人的批评摘录，以此构成一个完整的"不锈钢假山石"的世界。表面看来，这是一次针对书籍的复制，实际上，我在这里展现的更是对作品形成与流通体系的复制。艺术在古代不是一个简单的买卖问题，在今天也不是。但它与买卖，或者生活形式密不可分，因此也容易让现代人产生误解。而这个误解来源于当代社会的艺术品商业买卖，就像我们今天所看到的那些知名与不知名的艺术博览会。我试图看清从古至今关于假山石这个包括收藏、评论在内的艺术品的完整社会流程，使之成为艺术行为。但这个事实一旦成立和被普遍接受，它又会面临新的危机——它将需要再一次被证明是否还是艺术行为。

展望 2006年于望京

之二

三件作品

说明

一、三尖葫芦头

有一次几个朋友来我家聚会，聊天当中，我把吃巧克力剥下的锡纸揉在一起，捏成石头形状，想象我将来可能制造出的金属石头。朋友们都以为这个想法是我当时来的灵感，事实上，在那之前我已经开始构想制造不锈钢石头了。

我的第一块不锈钢假石头创作于1995年。多年以后，很多人问起"你是怎么想到做石头的"，我都很难回答。或者是忘了，或者是原因太多无法梳理，或者根本就是无来头的，就像"有一只无形的手在指挥"。直到有一次在接受中国文化网站采访的时候，主持人菲菲因早先与我认识，意外地提起了一次聚会，才使我认真回想了一下如何制作的第一块不锈钢假山石。

一个想法的诞生常常是自己也说不清楚的综合原因，当你思考的问题积累到一定的程度，这个"果

儿"就自然出现了。至于假山石构想的起因，在后文的西客站落选方案中将有叙述，我记得比较清楚的是第一次做石头的情况。

我最早曾用锡纸拼贴过一张草图，只是那时还没有真正去做。不锈钢锻造是需要一定条件的，除了工具外，还要有人力、物力，经济上也是一笔不

假山石77＃105厘米×58厘米×28厘米，2005年，不锈钢，摄于 Artificial Rock

假山石1#60厘米×50厘米×80厘米，1995年，不锈钢，摄于北京三里屯

小的开支。我的老朋友齐建新介绍了一个在南京投资的香港公司，让我为他们在南京新建的娱乐场所创作一组挂在大堂墙壁上的雕塑。我立刻就把这个想法报给他们，想借用他们在经济上的支持，完成这个作品实验，于是就有了第一次的实际操作[2]。

如果以传统的假山石准来说，我第一次选择的石头毫无可取之处，它的形状丝毫没有什么可赞美的特点，更不可能从任何"石谱"上找到它的出处。它是我委托找石头的朋友从北京房山找的，最大的一块80厘米长，还有一些更小的石头块。

不过，出处倒也不是绝对没有，这类石头被采石场的工人们称为"三尖葫芦头"。什么意思呢？就是指完全不能当作建筑材料，不可用的石头。因为它外形像一个葫芦，两头小，中间大，至少有三个尖角，无法切出方块。即使切出方块，也太小。如果进行人工消耗和刀具磨损的成本核算，根本划不来。因此，在采石场它是被弃用的石头，不用花钱就可以拿走。所以，当我委托采石场帮我找这类石头的时候，他们爽快地回答我："那就是'三尖葫芦头'，不用花钱，随便给你拿。"就这样我得到了这些免费的石头。

对于石头的选择，自古以来，文人们都有自己的标准。但我一开始有这个想法，是以观念艺术的逻辑来思考的——选择对象可以是世界上任何一块石头。理所当然，一块毫无用处的石头也可以。话说回来，也正因为无用，它才可以通过置换和再造，更显出新的价值，变腐朽为神奇。在一些广告片中，经常会有通过影像技术展现一瞬间改变物体材料的镜头，这些都给我留下了很深的印象，但是通过物质手段真实地再现这个虚拟的想象可就不那么容易了。

----

[2] 另外一块编号1／4的石头现存于南京滨湖休闲康乐中心，同时还配有六个小石块，装于墙壁，取名"乐一乐"在古代有很多意思，包括"游乐""音乐"，也包括艺术。编号为2／4的石头，参加了由冷林组织策划的国内第一次中国当代艺术拍卖。现收藏于北京四合苑画廊李景汉先生的家中。

不锈钢板通常都是用于装修或大型雕塑，因为加工难度大，一般都是应用在很大体块的地方，具有工业时代的美感特征。与不锈钢的特性正好相反，自然石头的形状和表面凹凸则是没有规律可寻的。因此，一开始我的助手都说做不了这个东西。鉴于此，我只好亲自动手作示范。敲制的时候，声音大得出奇，可以说是震耳欲聋，我们通常会在耳朵里塞上一些棉花，以防留下后遗症。把钢板垫在石头上敲制，一般工人的习惯只是大概敲出凸凹，而我在自己进行操作后发现，只要借助錾子之类的小工具，就可以把钢板打入石头的最凹处，这样看起来才有石头的效果。如果有很好的美术基础，做出来的效果会更好——对于岩石的方圆、虚实、平滑与凹凸等肌理效果的处理，可以显出每个人不同的水平。但更让助手难以对付的是我还要抛成镜面的要求，当不锈钢已经快被打造成锡纸团的时候，抛光是非常困难的。但抛光对于这个作品来说又是非常重要的。后来大概过了两年时间，这个技术问题才真正解决。

在当代艺术这方面，20世纪90年代初期中国多受意大利贫困艺术的影响，流行的方式是用朴素的材料做作品，学院的教育则以仿旧为能事，镜面光亮的东西被认为是有些"俗气"的。尽管在我们传统的美学中就有这种大俗大雅的思想，但如果不是美国的杰夫·昆斯（Jeff Coons）的波普或艳俗艺术在20世纪90年代中期进入中国，我不知道当代的中国艺术圈何时会接受这种美学观念。我以为，古代的文化物件在当时出笼时都是崭新光亮的，是岁月的流逝导致的化学反应使得那些东西看起来陈旧。于是这种欣赏残旧的美由此诞生，这是一种感伤的美学，是对时间的追忆而非观念。虽然我以前也做过这类作品，但作为观念雕塑的实验，首先应该打破的就是这种怀旧的美学。抛光镜面与自然石头是对立的极致，无论如何难做，作为观念的表达确是必须要达到的目标。

展望用不锈钢来摹拓这些石头，使这些石头具有了完全人造的感觉。自然变成了需要想象的存在；现实成为人造幻觉的产物。这与其说是对中国传统美学的现实延续，毋宁认为是现实力量无尽增长对创痛文化的一次修改。

——冷林，《90年代中国现代雕塑》，出自《是我》，中国文联出版社，1999年，第114-115页

二、第一次试做有洞的石头

我第一次试验制作有洞的假山石，这块石头其实只有一个洞，它应该是一个巨大石头上的一个碎片。虽然是局部，但假山石的元素基本都有，除了洞，还有一些沟壑。我拿它来做试验，看看能不能做出这个洞来。这里有一些需要解决的技术性问题：一是因为工具的限制，这个洞只有4～6厘米的直径，一般的抛光工具根本进不去，更无法在里面焊接，所以不知道能否将洞的内部做得和外面一样；二是不知道那些皱褶能不能敲得出来。

在假山石这个文化体系中，石头中有洞是非常重要的。也就是说，我必须做好今后要制作一些有很多洞的石头的准备，而目前这第一个洞能否做出来就非常重要。若论工艺，这个作品制作得并不好，后来拿到日本福冈展览（那还是假山石第一次出国展览）时我还曾就这个技术问题请教过日本同行，也带回一些小工具，但均不见效果。直到后来我们自己发明了一些小工具，这才真正做到了把洞的内部抛光。制作这些洞却是非常费时费力的，一个小洞至少要制作一个星期。

那么，这些"洞"在石头中意味着什么呢？先抛开作为中国人从小就耳

假山石2# 175厘米×120厘米×90厘米，1996年，不锈钢，摄于首都师范大学美术馆

乌有园

第四辑

袖峰与洞天

120

ARCADIA
VOLUME IV
2020

濡目染的文化经验不谈，从20世纪70年代末开始，我们接触了很多西方艺术，其中英国雕塑家亨利·摩尔（Henry Moore）那些带洞的雕塑看起来似乎与我们的假山石有关。但它是雕塑家一手塑造的，是雕塑家生活中的经验和对造型的思考使雕塑开始出现了洞（在中国奇石界，有一种南方的墨石就被称作"摩尔石"）。在西方雕塑家那里，洞是三维空间造型的内部结构的展现，从阿尔普（Jean Arp）到亨利·摩尔的雕塑，还有封塔那（Lucio Fontana）的绘画，他们都认为自己穿越了立体或平面，在造型历史中是一场革命。反观中国太湖石，在13世纪的宋代，欣赏带洞的石头就已经到达了最辉煌的时期。它不仅是人对实体的反向思考，而且这种思考被用来象征文人清高的风骨。"洞"首先代表穿透，使一个物体变"瘦"了。当一块石头凹陷到透过去时，说明它已经完全没有"肉"了，只剩骨头。而文化中的精神，按照老庄的逻辑，只有在这个毫无物质感的骨头里才能够真正体现出来，才能达到极致。另外，传说中有许多仙人就是居住在洞里，这也丰富了中国人对洞的想象。在长江以南，人们对洞的意义的理解更加深了一步：那不仅是一个能栖居的洞，还对应了人内心世界的复杂。中国人喜欢在表达思想之前先在心里绕一下，然后话再出口的时候变得很含蓄。如同那些洞，你不知道它有多少意想不到的出口，转来转去可能又回到原点。也可能从旁门出去，变成了一个现世的"玄学"。"别有洞天"虽然是指类似西方的"另一个空间"，实际上，它还有一层意思就是"有一个出其不意的旁门"，使你想不到也抓不到。这种迷宫似的文化对应了人们对"洞"的喜爱。由此，洞在石头的欣赏中也就产生了特别的意义。

能不能在技术上做出那些洞，意味着能不能用不锈钢这种坚硬的材料复制传统文人石的精神；而能否把洞的内部抛光，意味着观众在观想石头作品的时候精神能不能进入，避免出现在工艺达不到的地方想象受阻的情况。

我曾经带策展人黄笃去加工厂看过这件作品，给他留下了一些印象，后来被邀请参加他在首都师范大学美术馆策划的"张开嘴、闭上眼——北京、柏林当代艺术交流"展览，这也是不锈钢假山石第一次参加当代艺术的展览。所谓当代艺术展，是特指那些独立策划的，作品具有实验性的，艺术思想上是前卫的展览活动。这些展览可能是未经批准的，或者是临时的非展览场地。作品往往不是很成熟，具有试验性的。假山石作为一个尚不成熟的想法，自然很适合这样的展览。

这块"试验之石"展出的时候在下面装了不锈钢架子，散落在它下面的是敲碎的原石。可惜的是这些原石在制作完后被砸碎，显然违背了我的初衷：利用人工复制并不是反对自然，而是更加让人工遵循自然的行为。总之，虽然没有想好，但却记录了当时还不太成熟的心境。原本我想这个前卫的展览上肯定都是当年流行的材料，唯有我这件是闪亮的物质感很强的作品。但一个德国艺术家的作品中出现了一个暖瓶胆，与我的不锈钢材料很接近，是一个小小的遗憾。

这次两国艺术家的作品放在一起发生了一些不愉快的对抗和误会。记得当时在火药味十足的研讨会上，双方的发言冲突得很厉害，主要是德国艺术家对中国艺术家的行为逻辑不能理解。唯有那个负责德国艺术家的策展人谈到了我的石头，在这些她认为看不懂的中国当代艺术里，她认为能够看懂的是这块不锈钢石头。

这件作品六年后被美国收藏家、律师宋格文先生通过四合苑画廊购得，运往他在美国纽约的家。记得我曾经问过他，为什么收藏这个不成功的石头，他说为的就是当时这件作品在工艺上还不成熟，而且石头下面那个架子他很喜欢，让他想起了上海的东方明珠电视塔。

欣赏假山石的方式是通过小块的自然山石联想回归大自然，给人以假想；而作为人造材料的不锈钢呈现出耀眼的光亮，也让人联想到浮华富贵，同样给人以假想。这种对比构成了假想与现实的冲突，透过作品，让我们看到了当代艺术语言和中国文化含义交织的共同点。

——黄笃，《超越不同文化的对话——关于"张开嘴、闭上眼——北京、柏林当代艺术交流展"》，《江苏画刊》1996年第4期

展望先是根据传统的美学标准挑选天然石头。再将薄薄的不锈钢片放在石头表面，用铁锤敲打，直到获得石头表面的所有信息。然后将这些钢片焊在一起，形成一个中空的物体，再将表面打磨至镜面般光洁。最终再现出石头的精确形状和纹理。这种物体揉合了现成品的自然元素，并担当起供石的角色，将观众的注意力吸引到自然的创造力以及中国的艺术传统上。而不锈钢从根本上改变了我们对石头的感受。石头的笨重被钢板的轻盈以及表面光线的闪烁跳跃所取代。作品的石头原型，作为一种概念和闪光的形象还依然存在，它和不锈钢艺术品的物质实体产生共鸣。

——宋格文（Hugh T. Scogin），《石头和艺术：自然天成与人工雕琢》，2001年，纽约前波画廊

三、公海浮石

2000年5月，我们一行人搭乘渔船，从山东省胶南最外海的灵山岛驶出12海里。在那里，浮石被抛入海中。依据国际惯例，各国最外岛屿12海里以外属于国际海域。从此，这块浮石将不属于任何国家或民族，也不属于某种文化或收藏家，它将永远属于公共海域。

在这块公海浮石上我用中、英、日、朝鲜、西班牙文刻下这样的字句[3]（同时留下了我的地址和电话）：

....

[3] 按照我在青岛海洋局学来的知识，这个公海浮石未来的漂流方向将有三种可能：第一是沿黄海、东海，被日本暖流带入太平洋；第二是沿东海的风向逆行（这也是常有的）进入日本海；第三个可能性是最小的，它将沿着贴近海岸的洋流进入南中国海。这些可能性决定了我用五种文字在石头上刻字，无论漂到哪个方向，都会有相关国家的人能认得上面的文字。

公海浮石

公海浮石180厘米×90厘米×160厘米，2000年，不锈钢，摄于山
东胶南灵山岛

这是一件专为在公海上展示的艺术品，如果您有幸拾到，请把它放回海里，作者将在遥远的地方对您致以深深的谢意！

这块原石来自北京怀柔八道河的山沟里，是一块被溪流常年冲刷的大鹅卵石。因为运出很不方便，我们只好带着所有的家伙——不锈钢板、电焊机、电线等材料和工具，在山沟里拷贝了这块石头。那里有个农家是我们的据点，我的助手敲石头那几天就住在农民家里。后来我在一个酒吧遇到明星般的地产商潘石屹，他的度假别墅也在那里。他说有一次在别墅度周末，听到"铛铛铛铛"的巨响声在山谷里回荡不停，震得他们无法午睡，他气得想过去制止。后来发现原来是两个民工模样的人在山

沟里敲石头，上面还垫了不锈钢板，难怪发出如此巨大的声响！因为他知道我的作品，猜到可能是我干的，也就不好说什么了。我知道他是很喜欢我的艺术的，但肯定没想到喜欢艺术是要付出"代价"的。我说其实我事先问过，村里的农民没有午睡的习惯，谁想到这里还有度周末的都市企业家呢！

作品完成后，第一次展出是用一根不锈钢丝悬挂在四合苑画廊西餐厅的玻璃天棚下，客人就在下面用餐。由于热胀冷缩的关系，石头偶尔会发出巨大的声响，让用餐的人吓一跳！后来在北京太庙（劳动人民文化宫）参加"中国当代美术二十年启示录"展览，在太庙主殿的广场留下了一张照片，看起来好似自天而将的外层空间圣物。发表时，取名为《祭石》。

到了1999年年中我开始构思把浮石放到公海的计划，当时我认为那是地球上唯一没有被某一种文明占领的地方。之前我也考虑过放在湖里或者北京的什刹海，但觉得都不如公海到位。

有一次年轻的策展人陈泆女士来我工作室做客，就这个话题我们展开想象。那时我们谈的是用船拖着石头驶往世界各地，或把浮石用汽车载到天涯海角，然后再从那里把浮石放到海里漂走。

说也凑巧，就在我为如何实施浮石计划绞尽脑汁的时候，新成立的青岛雕塑博物馆发出通知，由范迪安、许江任总策划，冯博一、皮力任执行策划举办中国当代雕塑邀请展，而这个雕塑馆就建在海边，我想正好可以借此机会完成计划。邀请展最后定于2000年5月1日开展。作为户外的艺术活动，最担心的就是天气不好，这往往要凭运气。

我最初制订的计划是在开幕式上把石头放入海里，观众和我将一起看着它漂向大海深处，直到看不见为止。但是，如何才能准确地掌握退潮的时间呢？它能否顺利进入公海呢？这就是门学问了。在费了一番心思之后，才想到利用查号台。于是，"公海浮石"的整个工作就从拨打114查号台开始了。首先我问的是气象局——然后是海洋局——又打到海浪预报——再转到风暴潮组——之后又转到业务部——最后才弄清楚，有个国家海洋预报台是专门做这个事情的。

我立刻前往位于北京西城的国家海洋预报台，找到海洋预报专家陈祥福教授。陈先生热情地接待了我，听明白我的问题后，拿出一张当年4—5月的潮流涨落时间表。一个月内的几次大落潮都是和月亮的方位有关的，不是每天都能遇上，开幕式那天就没有，这样就无法当众表演。为了进一步弄清楚时间，他建议我去青岛海洋研究所，他们掌握的时间才是最准确的。另外，青岛的洋流状况似乎也是一个问题。

假如不能漂流出去，我就准备用直升机把石头吊往公海，或用船拖往公海。但前提是这个博物馆前边必须有广场或港口。我决定过了春节先去青岛做一下实地考察。

就在这年春节，有两个人的到访对我作品的完善起到了一定作用。一位是美国芝加哥大学教授巫鸿先生，他来我工作室做客，我们一起谈到了公海浮石的方案，涉及领海与公海、风向与洋流，以及运送石块和录像记录的方式等问题。另一位是从美国回来的老朋友郝更来，我们在三里屯一家酒吧闲聊时，他为我出了个主意，在石头里塞满聚苯（泡沫），这样就不怕在海里被撞坏，即使漏了也不会沉到海底。

春节过后，我与冯博一等人赴青岛实地考察。经由北京国家海洋局陈先生的介绍，我访问了位于青岛的国家海洋局第一海洋研究所，认识了海洋高级工程师吴碧君女士。她再次证实了在青岛附近有不到10海里的环形洋流，任何东西都漂不出去，想借海潮漂出去的想法是不可行的；由于青岛博物馆前面没有港口，使用海船的计划也不可行。唯一可行的方案是，在博物馆前的广场上使用直升机把这块石头吊到12海里以外。

有趣的是这位吴女士非常热心，她一直认为我把不锈钢的作品扔掉太可惜，不断地劝说我把石头放到公海拍完照后再拉回来。我说我是在做艺术，一定要这块石头真正地漂走才有意义。她问，给谁看呢？我说，在人们的想象中就可以。她又问，是否有经济效益或社会效益？我回答说，只是进行艺术实验。她半信半疑地摇摇头，又问有没有单位出钱。我告诉她，是我自己出钱。她立刻露出惊讶又不解的神色，认为我很浪漫，又很怪。于是她突发奇想，说一定要介绍我认识一位据说同样有这种奇思怪想的朋友。他叫丁万强，在离青岛最远的灵山岛旅游部门工作，也是一个很浪漫的人。随后我又打听了直升机的价格，大概是十分钟一万元，这是我咬咬牙能接受的范围。这时我已经基本胸有成竹了，高高兴兴地回到了北京。回来后，初步制定了用飞机调运石头的计划，并提交青岛方面组委会，大意是在开幕式上用直升机从广场把石头吊起飞行

公海浮石构思草图

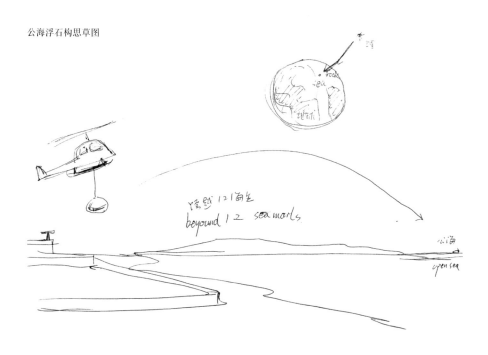

渔船在运送浮石进入公海

十分钟后投入公海。我还幻想着搭机从空中俯拍石头落入海中的镜头。

遗憾的是，组委会担心开幕式上观众有危险，否决了这个方案，并建议在开幕之前或之后运送，然后展览录像或图片。但我想，如果不在开幕式，使用直升机就毫无意义。

我只好改变方案。这时，我想起那个吴女士介绍的远在灵山岛的丁万强。我向他了解了情况，谈了我的计划。果然，他立刻被吸引了，爽快地答应协助我，而且还专程来我工作室策划一番。我已经可以想象他在那个雾气袅袅的仙人岛向我招手了。而且我觉得用渔船实现跨越比直升机更有现实中国的味道。

这次行动的成员都是我的老朋友：周长青是北京《时装》杂志社的社长，在小组中负责固定机位摄像；郝更来已经多次协助过我，他在场的话，往往起到别人起不到的作用，负责次要机位的摄像；邹盛武，专业从事摄影工作，我大部分的作品都是由他拍摄的，这次负责机动摄影；小组里除了我以外唯一的职业艺术家是朱昱，他负责主要机位的摄像。4月底，我们一行人驾车直奔青岛。

5月1日，经过几乎一个月的阴雨天，天气变得特别晴朗。开幕式上，在美术馆众多的展品中，这个准备放逐的不锈钢石头也被一起展出。第二天一早，我们带着不锈钢石头来到紧邻青岛市的胶南港。此时天气依然晴朗，但已不如昨天。我们从胶南港乘轮渡到黄岛渡口，与丁万强见面，再一同到积米崖港口，最后坐一艘小渡轮上灵山岛。

这是一个独立于大陆母体的小岛，是国际上划分海洋区域的坐标。在海上如何确定国家边界一直是个难题。目前，被多数国家认可的就是12海里的说法，但这是从大陆以外最远的岛屿开始算起的，因此，争夺外岛又成了这个世纪的焦点。灵山岛就处在这个战略上重要的位置，以前岛上长年有驻军把守，戒备森严，不允许任何人擅自登岛。改革开放以后，这里开始了旅游开发。

中午，天气依然晴朗，无风。丁先生已经在岛上帮我们联系好了所有的事宜，雇了艘专去公海捕鱼的机帆渔船。在路上因为船被鱼网勾住，差点耽误计划，直到3点多才起航。先用一条小船从岸边装上石头，送往稍远一些的大船上，然后把小船挂在大船后一起走，另外再雇一艘大船专门拍照。这样，两大一小三只船同时向公海驶去，开始这个跨越12海里的行动。

一路上，海浪越来越大。载石头的机帆船前进的时候昂首挺胸，桅杆上飘扬着去公海的渔船必备的国旗。马达轰鸣，震耳欲聋。不锈钢石头此时就放在船头，一幅欲将跨越国界的壮丽景观！

中途我们在海上做了一下预习和准备工作，另一只大船因为嫌路远影响捕鱼先回去了，只剩这只载石头的大船和挂在后面拍照用的摇橹小船继续往公海驶去。快到傍晚才接近公海，渔船上的卫星定位仪显示了我们所处的具体位置和海里数。因为担心回去太晚不好走，渔民们不愿意再往前走了，我们答应给他们增加损失补偿后，他们便又继续往公海驶去。在此之前我们所担心的风浪、大雾等都没有出现。据渔民讲，这两天是这几个月中难得的好天气，前几天一直在下雨，风浪也很大。这时我们都暗自庆幸运气真好！大约过了半个多小时，天色渐暗，回头看灵山岛早已不见踪影，天空已有夕阳红出现，海水开始变成深绿色，是那种远海特有的发黑的深绿。天气越来越冷，风开始大了，从仪器上看已经是12海里以外了。我们决定就在这里实施计划，先由朱昱下到摇橹小船上架好摄像机，这个小船最多只能承载两个人，另一个渔民负责摇橹，其他人留在大船上放石头。摇橹小船徐徐离开大船，慢慢地退远，真像一叶孤舟！"海上无风三尺浪"，为了拍摄下这一镜头，需要和大船保持一段距离，甚至直到大船消失。我当时真为他们捏把汗。

一切准备就绪，借着落日的余晖，三个渔民把这个闪亮的不锈钢石头轻轻抬起，在船帮上停留了一小会儿，随着一声令下，将石头抛到海里。在与海水接触的瞬间，发出"嘭"的一声含着金属声的闷响。渔船开始渐渐远离那块摇晃的石头，掉转方向返航。被丢下的金属石头一闪一闪，渐渐远去。我们一行人伫立在船尾，默默地目送那个孤独的浮石，载浮载沉，直至消失在茫茫大海中。

2000年9月，在上海美术馆举办的"海上—上海"国际当代艺术双年展上，《跨越12海里——公海浮石漂流》的纪录片正在播放。展厅里还有一张巨幅照片：在一望无际的大海上漂浮着那块亮晃晃的石头。这个永恒的状态既真实又虚幻，更是一种假想。在那段日子里，几乎遇到我的朋友都在问我：你的石头漂到哪去了？有人想象可能会被某个无名岛上的土著当成圣物祭拜；有人想象可能被路过的军舰打穿；还有人说可能被大鱼吞到肚里；比较有道德感的人认为也可能救了一个发生船难的人；还可能……总之他们有各种可爱的猜想。为此，我专门定做了明信片送给大家，为的是回答各位的问题。那上面写着：我的浮石哪去了？也就是说，大家问的问题，也是我问我自己的问题。我也不想在石头上放置卫星定位跟踪仪。因为，一但我知道它被卡在哪里又救不了它，岂不是太"真实"了些？我希望在我的想象中，那块金属石头永远在公海上漂流。

海湾战争期间，我用电脑合成了一个方案效果图发给一些朋友，图上是一艘美国的小鹰号航空母舰与公海浮石擦肩而过的画面。

阿靳·阿帕都来（Arjun Appadurai）在他颇负盛名的《物之社会生命》（The Social Life of Things）一书中讨论的是物品的位置转移和意义改变：一旦一个物品被创造后投入流通，它的生命就失去了固定的意义，而成为协商和再创造的对象。这个理论对了解现代社会中的艺术品特别有启发，因为这些艺术品从无实用性，它们的文化和社会意义全靠流通：从展览到拍卖，从中国到外国，从艺术家到收藏。纵观全球，不但艺术品必须在流通或"漂流"中实现其存在价值，艺术家们自己也往往成为"漂流"

的对象。小而言之我们有我们的"盲流艺术家"，大而言之"艺术家无国籍"。植根于地方的"乡土画家"不是越来越少就是越来越不真实，变成商品流通中的一个特殊广告。

因此当我去年看到展望把一块硕大的不锈钢石块投入水中，任其漂流的时候，我就忍不住把他在展示方法上的这个新发展和阿帕都拉的理论联系起来。这不是说展望必须受了这位印度裔人类学家著作的启发，而是说艺术家可以用作品本身表现对艺术的反思。展望所做的第一块"浮动石块"是在深圳的华侨城，3米长，2米高，是1999年"第二届当代雕塑艺术年度展"的展品和藏品。华侨城的其他骄傲包括远近驰名的"锦绣中华""民俗游乐园""国际名胜园"等等，都是把古今中外著名建筑缩小复制、搬置到深圳特殊经济开发区来的作品，熙熙攘攘地占满了几公里长的一条街。隔着高速公路相望，展望亮晶晶的"漂流石块"似乎给那些移植的微型埃菲尔铁塔或万里长城作了一个漂亮的注脚。

展望已经实施了这个计划，唯一的修改是把不锈钢石块放在船上运到12海里以外抛入公海，而非拖在船后。我感到这实在是一个很有宏观意义的行为实践，其原因是它使我们重新审视对"边界"（boundary）、"流通"（circulation）、"公共空间"（public space）这些重要概念的习惯用定义。以"边界"而言，西方近年来盛行的"边界研究"常把这个概念与个人或民族的"身份"（identity）联系起来，"边界"被看成是政治、思想、和文化领域的隔离层和过渡带。因此无论是实际上还是思想文化上对边界的跨越都被看作有颠覆性和冒险性的尝试，因为跨越边界往往标志着身份的改变，意味着与界外政治、思想和文化领域的认同。虽然有的学者引进了"岗位"（post）、"飞地"（enclave）、和"散居"（diaspora）等概念以消除这种传统边

渔民在公海抬起不锈钢石

不锈钢石头，山东灵山岛12海里外

界理论所隐含的"板块疆域"模式，但总的趋向还是把世界看成不同政治思想区域的严密集合体。个人的身份非此即彼，很少有可能找到脱离"认同"的缝隙。展望的《跨越12海里》所展示的正是这种脱离"认同"的可能性。他所实践的是越界，但他所试验的是避免获得新的身份。

当他的不锈钢石块在中国政区以外被扔进大海的时候，它并没有进入另一国的领域。与漂在深圳华侨城中人工湖里的那块人造石不同，展望把这块石献给了无国籍的公海。需要说明的是，公海并非社会学意义上的"公共空间"，公海的"公"意味着"公有"或未被占领，它不属于任何政治疆域，也没有民族和文化的身份。（"公共空间"则必须属于某个特殊的政治或文化体。）一旦进入这个无所从属的空间，展望的人造石块也就脱离了物品的社会流通。

因此在这个意义上他的艺术试验倒转了艺术作为商品的逻辑：当一个艺术品的意义不再是协商和再创造的对象，它就有可能获得一个固定的价值，至少在展望的愿望中是如此。

——巫鸿，《展望的艺术实验——漂流的突破》，《美术界》，2000年第3期

在一片喧嚣的间歇，正是这块用不锈钢打造的石头，从中国的山里向未知的空间里的漂游，倒轻而易举地实现了理论探讨中苦思冥想的出路。

——陈泱，《新石头记：展望的虚实之境》，《当代学院艺术》，2003年第一期

以今日的条件，极为沉重的石头依然可以漂浮在海上。这是一个巨大的改变，是现代人类的梦想。材料、工艺和梦想一起创造了可能。

——瑞典《哥德堡邮报》，2001年9月10日

（本文图片均由作者提供）

ARCADIA
VOLUME IV
2020

乌有园
第四辑
袖峰与洞天

峰林修台，残基造院

楼纳露营服务中心

李兴钢

南侧山腰俯瞰 建筑如同一块巨石立于山间 / 张广源
拍摄

设计团队	李兴钢
	梁旭
	陆少波
	侯新觉
建设地点	贵州省兴义市楼纳村大冲组
用地面积	2658平方米
建筑面积	306平方米

场地东侧西望 房子是可以自由
登高观景的平台，亦是一个山脚
下温馨的居所 / 张广源拍摄

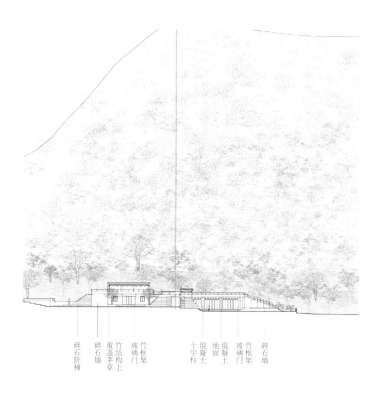

南立面

碎石阶梯　碎石墙　覆盖茅草上　竹结构上　玻璃门　竹框架　　十字柱　混凝土　地面　混凝土　玻璃门　竹框架　碎石墙

楼纳露营服务中心位于大冲组（位于中国贵州省兴义市东部山区，是著名的万峰林群山环绕下的一块闭合的盆地）"建筑师公社"西南部，西侧靠山，东侧临路。场地内原有两户相邻的院落民居，被拆除后遗留下房基和部分石墙，植被快速遮盖了它们的痕迹。新建筑被视为老宅的延续，房子压根不是从头开始的，而是带着场地环境和其中老房子的先天基因——保留老宅房基、轮廓尺寸和石墙遗迹，设置火塘、院落及"寨门"，让过去的空间与尺度随之

延续在场地中。小溪接通山泉，保留场地中的老井，采集天然水资源为景观和生活所用。整个建筑犹如巨石匍匐于当地特有的喀斯特"馒头山"脚，与楼纳的独特地景融为一体。当人从田埂间望去，所见既是大地向山林隆起的一部分，又是一个可以自由登高观景的平台，亦是一个温馨的居所。现代公共功能的置入顺应原有老宅的位置关系，以院落的方式围合，同时将两个宅基之间的空地设置为第三个内院，一侧向阴翳的自然山林敞开，当人们从开阔

总平面

原有民居

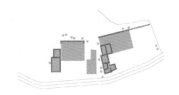

草图

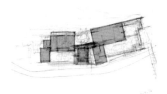

草图

原有民居的空间格局在设计提炼阶段被延
续下来

地带逐步进入安静的院落及屋后绿荫下的廊道，一种在公共环境下的私密感被逐渐诱发。层层石阶时而隆起、时而下陷的起伏形态是对楼纳大尺度喀斯特地貌、地质环境的象征性重现。各个房间的屋面通过平台和阶梯连接成一体，丰富的可达性增强了建筑的公共性。石阶将火塘、广场、庭院、水池等

地面的多样活动引向屋面，拾级而上，整个大冲组的山水地景尽收眼底。当地人在不断的自发实践中，将混凝土与多种在地材料（尤其是石材）结合，形成墙角、门头、挑檐、挑台、楼梯，服务于在地生活的空间创造，并因其跨度及可塑性，极大丰富了民居的空间类型。在构造设计上沿用这些做法，并改

室外连廊 阶梯将活动引向屋顶 / 张广源拍摄

由南部火塘北望 起伏的石阶与遥远自然地貌相呼应 /
张广源拍摄

由屋顶台地远眺 山谷景色尽收眼底 / 张广源拍摄

东部屋顶北望 原有民居的空间格局被延续下来 / 张
广源拍摄

静谧的内院 保留的一段老墙与新结构共存 / 张广源
拍摄

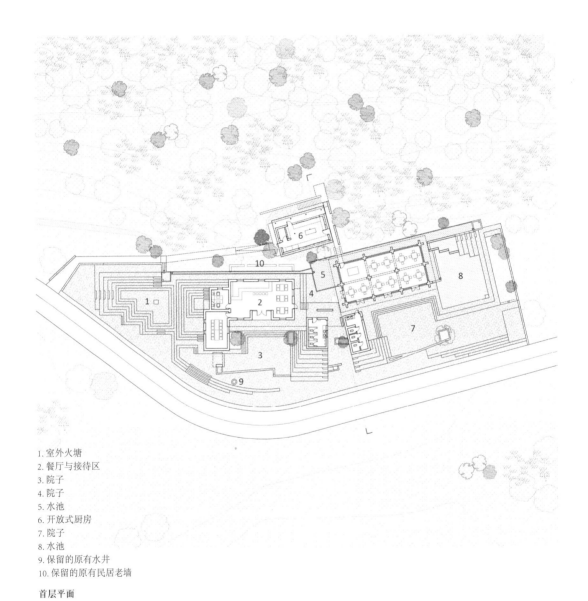

1. 室外火塘
2. 餐厅与接待区
3. 院子
4. 院子
5. 水池
6. 开放式厨房
7. 院子
8. 水池
9. 保留的原有水井
10. 保留的原有民居老墙

首层平面

良其工艺，发掘其塑造空间的潜力，使之为现代空间服务。餐厅使用的混凝土十字柱是当地石砌十字柱的改良，较大的支撑跨度为室内的使用创造了灵活性，同时解放了建筑立面，使其如同一个漂浮在水上的亭榭。建筑试图保留一种当代的视角，创造一种"熟悉的陌生感"，而非将视线局限在所谓的"传统"。楼纳露营服务中心的实践在空间记忆、地理环境、在地建造三个层面上做出了回应，探索一种包含隐喻的、在土地中自然生长的现代性。

（本文未注明来源的图片，均由李兴钢提供）

CONTEMPLATION
&
CONSTRUCTION

133

作品 Works

峰林

修台，

残基

造院

楼纳露营

服务中心

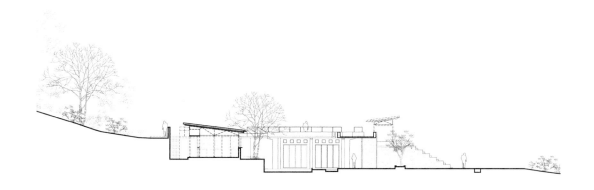

剖面

餐厅如同水上亭榭 与周边环境融为一体 / 张广源拍摄

咖啡接待区 保留老宅的空间特征 / 张广源拍摄

由东南遥望 建筑即是地景的一部分 / 张广源拍摄

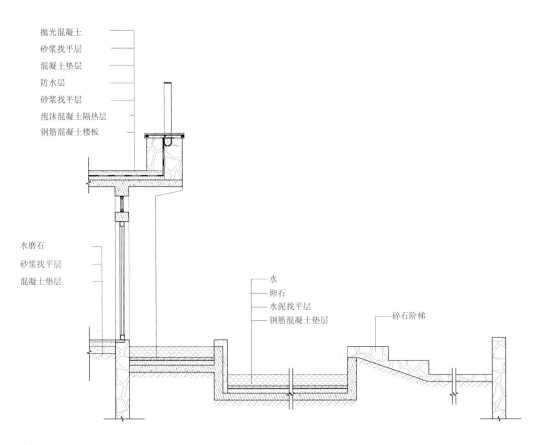

抛光混凝土
砂浆找平层
混凝土垫层
防水层
砂浆找平层
泡沫混凝土隔热层
钢筋混凝土楼板

水磨石
砂浆找平层
混凝土垫层

水
卵石
水泥找平层
钢筋混凝土垫层

碎石阶梯

墙体细部

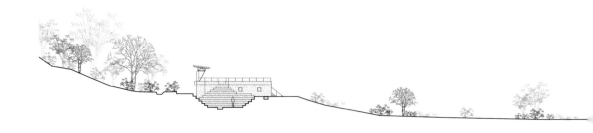

CONTEMPLATION
&
CONSTRUCTION

135

作品 Works

服务中心

楼纳露营

造院

残基

修台，

峰林

楼纳露营

服务中心

楼纳当地民居主要采用石块与混凝土混合来建造

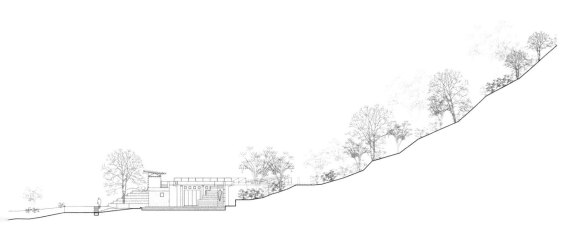

东立面

向心而居 [1]

金秋野

[1] 本文原载《建筑学报》2018 年第 12 期第 71—76 页。

就 舍 ^{之一}
小 大

这个设计源于实际的生活需求。作为女儿入学的必要条件，买下二环边上这座不足40平方米的小房子。从此结束让人筋疲力竭的通勤，开启步行上下班的时代^{fig...01,02}。

另一方面，内心其实也有强烈的渴望，在小小的空间里解决居住问题。一方面是受各种改造节目的触动，想象如果建筑师是自己会怎么办；另一方面，近年的旅行让我切身感受到现代时期最好的设计作品，一个值得思考的问题是，为什么那些思考宏大问题的伟大建筑师格外关注普通人的居住问题？为什么他们一再压缩居住单元的规模，以平衡居住密度和生活之美？这里面蕴含着对人与物的关系的思考^{fig...03}。

最强烈的驱动来自一种身体性的腻歪。不久之前，我在住了近十年的房子里感到窒息，快要内爆了。早先对实用价值和自我需求缺乏辨别，容易被琳琅满目吸引，认为再大的房子也会慢慢填满。于是搞出浩瀚的储物空间，以为囤积就是充实。十年之后，那些物品变成梦魇，扔不掉、用不完，生活肥腻得像泔水桶。唯一的办法是逃离。

人活在对自己的误解里，所求永远多过所需。要不要赶时髦，来一把真正的断舍离？搜刮记忆

fig...01 从阳台看北京旧城，可遥望妙应寺塔

fig...02 公寓所在楼宇外观

fig...03 施工刚刚结束，从入口透过门洞看会客区

库，那些最让人感动的案例，恰恰不是禁欲的建筑，相反充满了亲密情思。由是观之，思考房子到底有多小，等于重新审视自己的身体和欲念，毕竟我们的祖先并不认为高尚必出自对人性的否定。

　　两年前第一次踏进这个未来的居所，眼前的景象可以用惨不忍睹来形容。昏暗破旧，带有不良气味的衰败感，可能逼退了不少潜在的买家。回去之后在本子上勾了个草图 fig...04，关于未来生活的憧憬，抵消了所有当下的不适。我写了一份5000字的任务书，将生活习惯总结了一番，又把对新生活的期许和这个老房子的种种基础条件做了对比，一边提出要求，一边开始在心中揣摩恰当的空间形态。这个文件两年后重读，与建成状态比较，对整个过程来一次复盘——当初的判断是对的。只有小才可以充分、才可以精美、才可以亲密。对三口之家来说，30平方米真的很大了，不必再大了。

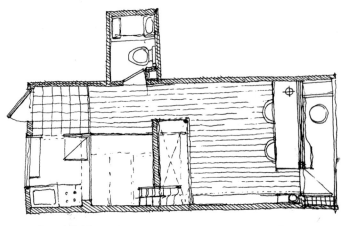

fig...04 第二稿草图。金秋野绘制

CONTEMPLATION
&
CONSTRUCTION

139

而 向 作
居 心 品
心 Works

当 计
虚 实 之
二

当我要把一面墙加厚25厘米时，遭到人们的一致反对。这么小的房子，只有两个穿套的3米×5米房间，去掉2米的床，走道仅剩1米，怎敢再占去四分之一？的确，这房子一塞就满了。所有的功能排一排，还有好多放不下，给洗衣机、冰箱留个位置都成了老大难。但房子虽小，生活不能缩水啊！以常规的方案，里外两个房间，一间做主卧，一间留给小孩子，两张床一摆，就什么生活质量都不要谈了。我想起大学时期，父母住在类似的穿套式户型中，冰箱就在我的床头，半梦半醒之际，压缩机忽然毫无征兆地震动起来。沙发直接对床，会客必须在卧室进行，所有的房间都是卧室。小户型的最大问题是缺乏回旋余地，无法处理现代居室中居于核心地位的公共与私密空间的分隔问题。

那么，是否可以不做卧室呢？我想起了东北的火炕。炕作为家庭生活的绝对核心，其实也起到会客的作用。民国以前，厨卧一体几乎是中国北方普遍的居住模式。对私人空间的无限追求，起源于现代西方对个体性的过分关注，很小的孩子也要分床睡。日本的和式房间本身就是一张大床，东北大炕跟它有点像，被褥白天必须叠起来放进炕柜，昼夜转换，空间本身完成公共与私密的接力。现代的卧室，被褥铺在床上整天不收，好像在宣示：这里是禁区，外人不得涉足——在漫长的白天里，造成使用空间的极大浪费。这一点，至少在中小户型中难以消受。与之相比，火炕的多用性让我着迷。真有必要将一切分得清清楚楚吗？大都会博物馆里有一

个17世纪大马士革的贵族房间，四四方方就是一铺大炕，主人就坐在那里饮食起居、款待宾客。那个房间只能看、不能进，却唤醒了我遥远的东方想象。

与床相反，炕的面宽大于进深，留出更多的地面空间。这样的穿套户型，适合单面布置，用一条纵深的走廊贯穿起来；如果以分室墙拦截腰斩，仅留狭窄的门洞，一口气就断绝了。纵深的走廊未免单调，需要在节奏上加以控制。就这样，格局慢慢成型：为了压缩空间，要求将功能归并，取综合而不是分化；要求空间的连贯和简明，同时增加节奏感。这一切是为了在简化问题的同时增加空间的感知密度和环境信息量，大关系上与两个穿套的封闭房间很不一样。具体方法就是在两个房间结合的地方，将墙壁扩大为一个盒子，将功能统统塞进去，通过在狭小的空间中再植入一个实体，将其他部分掏空，有点像虚竹破解玲珑棋局 *fig...05-07*。

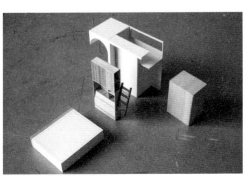

fig...05-07 "大家具"的分解模型

fig...08 炕和炕柜，以及通往小床的木楼梯

fig...09 炕

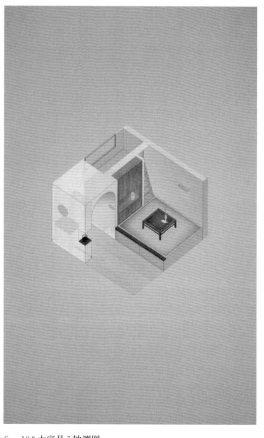

fig...10 "大家具" 轴测图

　　这个实体大于家具、小于建筑，在建好的室内环境中反而不易察觉。做模型的时候，我特意将这个东西单独做，再塞进房子。此时房间本身就剩下一个框子，完整而洁净，像个容器。"大家具"有好几个，室内空间因它们的存在而获得形态，在传统的墙壁和家具之间增加了一个层次。所有的功能和需求都囊括其中 fig...08-10 。

　　将原有10厘米厚的隔墙扩展到1.4米，连着炕的一面塞入30厘米厚的炕柜，朝着另一个房间的一面是落地的大衣柜。上面掏空，做成了女儿的小床，90厘米×180厘米，高度也是90厘米，足够她度过小学时光。小学之后怎么办？目前还不知道，但6年时间足够想清楚。不能因为明天的变动打破今日的完整，每天都要像永久，日子才不会太过临时。

　　这个小床，模型做完后给女儿看，女儿说我要粉红色的。助手疑惑地问，这样真的可以吗？最后果然应甲方要求刷成粉红色。晚上灯光亮起，成了最神秘的角落 fig...11,12 。

　　小床从炕上进入，角落端头留了50厘米缝隙，塞进一个小木头楼梯。小孩子爬上爬下，开心得不得了。我25岁的外甥女也喜欢，遗憾小时候没有这么一张小床。她175厘米的身高，在里面可以毫无困难地坐直。楼梯可以取下来，下面的空间正好存放大大小小的旅行箱。

　　这样一个大家具，藏进去两个大柜、一个小储藏间和一张小床。它又向走道延伸，化实为虚，成为一个拱。拱的侧壁剖开60厘米，塞进一个洗手盆。这是一个有趣的空间转换，让大家具侧出一臂，不再是一个笨笨的立方体。小床沿长边，一侧是小木楼梯，另一侧只有栏板，两边都是通透的。大家具植入室内，与厨房的送餐洞口一起，让一口气保持贯通，视线纵不能穿越，感觉上却是连续的。夜晚

CONTEMPLATION
&
CONSTRUCTION

141

而 向 作
居 心 品
Works

站在阳台回望，看见小床的一角透露出厨房的灯光。

户型中拦腰塞入这个大家具之后，常规功能房间的感觉消失了，两张床都被它裹进去，变成连续室内场景的一部分。这样，里面12平方米的空间，就空了出来，成为会客室兼书房。这个房间明亮、完整，在一个30多平方米的房子里几乎是难以想象的。能够让出这么大一块空地，都是大家具的功劳。

会客区其实也有一个似有若无的空间整合。整个阳台门连窗都以同一个实木框框定，加上侧面的

书架和独立木柱，共同限定了一个两米见方的客厅区域。亚麻地毯、对侧开架和局部照明都让领域感进一步得到强化。这是一个可以进入的窗，一进家门，穿过长长的走廊，透过饱满的圆拱，瞥见的就是这个暖黄色的角落。晨昏之际窗外天色幽蓝，气氛最为独特。

衣柜旁边4米的连续壁面，做了一个完整挑出的书桌，进深55厘米，一家三口的日常工作都可胜任。为了与会客区加以区分，这边台面高度80厘米，坐高46厘米，会客区则特意降低了高度，坐高40厘米左

fig...11 刷成粉红色的小床提供了一个室内的上下对望空间

fig...12 粉色的小床

fig...13 会客区，与书桌形成对位，坐高相差6厘米，区分了两种
功能空间

右，整体下坠，让层高较低的房间略显宽敞 *fig...13*。

　　阳台不设门，是一个带厚度的实木洞口，整个房间内部只有卫生间设一道毛玻璃门。这扇门嵌入的地方，就是那道加厚了25厘米的连续墙面。它从主入口左手边开始，通过厨房、餐桌、炕、拱门、书桌，止于会客区的壁架，面对着对面的功能区，自己也演变成多种形式，有开架、连续壁面、凹龛、拱门垂壁、洗手盆位、短墙、局部吊顶和壁架，仅

在上部保持连续，内嵌新风系统风管——这让设备的存在难以被察觉。

　　这些或大或小的植入体，让内向的空间操作是建筑化的而不是装饰性的。它们就像框子和抽屉，将全尺寸的洗衣机、干衣机、双门冰箱、洗碗机、烤箱、新风系统等电器和琐碎的室内功能收纳起来，做到了三式分离，还有一个夏日里中意的小小吊扇。

有 物 之
位 各 三

马赛公寓的单人客房小得可怜，非常不方便。床头手套箱却是个例外，它有床头柜的功用而无床头柜的凌乱，作为一个内凹的龛，在立面中消化了睡前醒后的基本生活需求。我把它抄过来。会客区也是平时看书喝茶的地方，书架上是眼前用得着的书，茶几上是应季更换的花。吸取以往生活的教训，不留很多纸质书，多买电子书，让生活去肉身化。旅途中搜集了少许质地美好的花器、容器和雕塑，很多是设计师的作品，也都搁在这个架子上。书桌上与会客区对位的角落，是小孩子学写字的地方，有一些文房器玩和一幅画。小床下方、柜子下面的搁架上是女儿的小玩具和手工艺品，占据了一个小角落。拱底下、洗手盆旁边，有一个小小的龛，里面放着象征家庭生活的小玩偶。卫生间门旁边的墙洞，本来打算放咖啡机，后来放了茶壶。厨房正对的两条长长的壁架上都是各处淘来的杯杯罐罐，饮茶饮酒饮水的都有。这些开架摆放的器物，一来是常用，二来本身也都兼具形制之美。摆放的过程，其实也是一个设计过程，一位朋友说开架上展开一座小小的城市立面，一个材料、质感和造型的生态群落。房间总体上是疏朗的，仅在这一处琳琅满目，也只是框框里的恣意蓬勃。随着物品和书籍不断更换，室内保持一种视觉上的新陈代谢*fig...14*。

文丘里针对密斯的"少即是多"，抬杠般提出"少即无聊"。其实少和多并非绝对，关键看空间有效信息密度的大小，如果密度足够，再多就是多余；如果信息无效，即使大量堆砌也无意义。比方说，现代博物馆里物品不可谓不多，码放不可谓不整齐，介绍不可谓不完善，而物品以编号的方式码放在一起，好像百科全书里的词条。有一次在安徽某古镇的餐馆后厨，看见非常漂亮的室内，其实就是一个空房间，物品按需摆放，盆盆碗碗、笊篱水勺都整齐码放或自由悬挂在灶台四周，有限的桌椅各有各的位置，与用途一一相关。在一个匀质的大空间中，功能决定了物品的位置，物品定义了空间的属性，使空间分化成各个角落，气氛和质感各不相同。这是一种匀质中的

非匀质，空旷中的紧密。拉图雷特修道院的僧侣房，因使用需求而压缩到极限，空间也相应缩减到极致，却并未丧失物质性。日常生活与博物馆的区别，在于日常物品必须是有用的、有其位置的，这个用途、位置不是为了好看，而是为了好用。

fig...14 框框里的恣意蓬勃

fig...15 加厚墙壁上的"龛",配电盒外的盆景松,站与坐的转换

反过来说,只有好用才是真的好看,用途为位置提供了理由。这并不是功能至上的态度,因为单有用途是远远不够的,它只是必要条件。一个反例就是可变性,那种能够变成书桌的餐柜或收进墙身的床铺,带来的麻烦比提供的便利还多。客观来说,为每个功能提供一个单独的形式,既不必要、也不可能,要求所有的位置都有特定的功能、容纳特定的物品,也是强迫思维。家庭氛围在"有道理"和"随意"之间建立一种平衡,任何特定的单一目的都不是终极目的。同样的道理也适用于人,人是房间里一件活动的物品,不同时段从事不同的活动,出现在不同的位置。榻上饮茶、灯下读书都很美;假如不饮茶、不读书,设置这样的角落就毫无价值。家居生活有条有理,在于清楚了解自己的需求,在此基础上设定用途和场景,为每一件事物找到合适的位置。不管是一台吸尘器,还是一个昏昏欲睡的人,只要有机会出现在场景里,就必须有一个合适的位置来安放,物品在房间里就不会"碍眼"。这样,空间与物品和使用者才能融为一体,不再是一个干巴巴、仅供拍照的抽象盒子。家与博物馆的区别就好比文学作品和百科全书的区别,然而博物馆做好了也可以不像百科全书,就像斯卡帕的古堡博物馆。

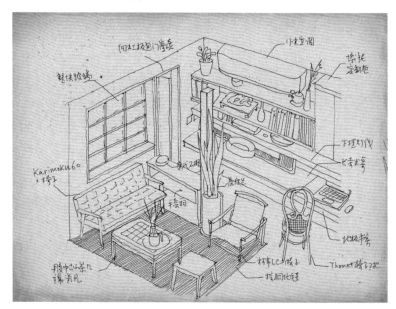

fig...16 会客区空间划分和家具布置

入口左手边那道25厘米的厚墙靠近卫生间门的位置,上方有个配电箱,为此做了个方形的洞。空在那里不是办法,堵起来又不合规范。想了好久,放进去一棵景松,豆绿的瓷盆。房子做好了,家里的物品需要长时间的调配方得妥帖,就像园子要用树木花草、藤蔓苔藓来滋养,慢慢洗掉燥气。为空空的架子选择合适物品,进行合理搭配,选择合适位置,是人与环境互相驯化的必要过程 fig...15,16。

坐姿
站姿
之四

炕的一边通过洞口与厨房相连。洞口下架一块木板，当作餐桌和厨房休息位，应付三个人的早餐绰绰有余。这个洞口，既消除了空间分隔，又很像小时候火炕跟厨房间的传菜小窗口。一切都有遥远生活的印记。三面围合的炕形成一个小凹龛，这是一个非常独特的家庭生活领域。而在白天，被褥收进炕柜，放上托人从日本搜来的酸枝老炕桌，就成了一个茶室，规规整整，清清静静。

炕上铺的还是日式榻榻米，而不是老式的苇席。苇席很好，但与床箱不配，掀床板麻烦得很。北方的炕与日式榻榻米的区别，在于炕提供了一个垂足坐与席地坐结合的空间，它不是完全意义上的复古的生活方式。四个人吃饭，靠外的两个人坐在炕沿上，扭着身子端饭碗，这个姿势不是从小就习惯的话很难将息。但这样有一个好处：有炕的房间依然是高坐具的现代房间，而与南方有床的房间保持基本格调的一致。这样，在生活方式上，中国并没有割裂为一个席地而坐的北方和一个使用高坐具的南方。印象中，除了老年人一直坐在炕上，家里人一般都是在地面活动的。日本住宅在现代化过程中引入西式房间，日式榻榻米房退为卧室，接管了传统与仪式功能。火炕并未有此深意，家人脱鞋上炕，是为了吃饭睡觉；外人脱鞋上炕，是主人表示热络。炕上有炕柜，窗上有窗花，梁下有搁板，场景是世俗的、功能的。

因为这铺炕，家里人有了坐与站两种不同的生活方式，炕确实改变了生活习惯。真正住到这边以后，一家人经常围绕炕来展开各种活动，小孩子回家也上炕，在炕桌上写作业、做手工，吃饭聊天更是围绕这个4平方米的小空间展开。炕真是家庭生活中的优质空间，它提供了一个核心。早先炕上的取暖神器放在被子里，《红楼梦》里叫做"汤婆子"，连炕桌上的火盆、薰笼，共同组成了一个温暖的小宇宙，是东方世界的"壁炉"。众人围坐向火，坐姿带来的亲密感，不是穿着鞋子走来走去可以比拟的。

另一方面，坐姿意味着机动性降低，东西须在手边。榻榻米房间的一个缺点是东西与人共面，常常无处可放，只能藏进宽大的壁橱。和式房间因此不能容纳很多露明摆件，也就缺少人与建筑间必要的中介。一经建造完毕就差不多静止了，像一幅端端正正的挂画。榻榻米房间有一个"位"，就是那个摆花瓶的"龛"，可它不是为人设置的。所以中村好文说，榻榻米房间哪里都呆不下。相比之下，传统日本房子里最生活化、最反仪式的倒是纯功能性的"土间"。以炕为中心的北方居室，人在其中大体还保持垂足坐模式，可以看作几种不同居住文化的融合。小时候的居室，家家户户都是一间半，合40平方米不到，因为有炕，生活饶有滋味。这种跨越了不同时代和不同文化的房间，格局丰富紧凑、平实亲切，是否可以回到当代的中国家庭中呢？

袖峰与洞天
第四辑
乌有园

146

ARCADIA
VOLUME IV
2020

宅亦是园 之五

如果不故意将园林神秘化，我觉得很多现代建筑具备园林的特点。园林的核心问题在"景"，没有"景"就不成园林。可是也有造景失败的园子，也有造景成功的现代建筑。在我看来，好建筑与好园林的共性，大于跟坏建筑的共性。它们使用的形式语言虽然不同，却都是在经营人工环境、创造场景氛围、完成环境叙事。五言绝句和意识流小说是否可以比较？从信息容量和情感强度来衡量，两种语言游戏的目的是一样的。作为一种内向的空间操作，园林调用了多种不同的形式语言系统，尤其是在几个层次上引入自然，借助于自然物本身的高知觉分辨率，平衡了具象与抽象，创造了无比丰富的层次。很多伊斯兰文明的古迹也具有类似的内向视野和信息容量，这方面，现代建筑与之有很大差异。然而，一小撮现代建筑师重新开始重视感官经验，重视建筑

的内在错综与情感强度，从这一点看，是绕过了启蒙运动设置的认知障碍的。

在满是雾霾、窗外看不见风景的城市里，一个30平方米的小屋子，如何让它处处是景？唯一的办法，就是让空间语言保持有效、流畅，自己成为自

fig...17 中国民间的门洞

fig...18 丰子恺笔下的民国城市

fig...19 傍晚时分的会客区，从洞口望去

己的"景"。比如那个门洞，它厚墩墩的，像中国常见的门楼，穿过去就进入另一个世界。窗边的会客区就是一个用心经营的角落，它与周边并未分隔，但有自己的范围和质感，只有从这个门洞望进去，才更像是一方天地。同样的道理，在园林中，窗和门洞的设置也不能是随意的，一些看似随机的处理，其实都有深意 *fig...17-19*。住宅楼是外廊式的，狭窄的走道里堆满了居民杂物，带有集体生活的鲜明印记。打开房门，里面是另外一重光景。"园"的作用之一，就是制造幻觉。正如很多莫卧儿王朝的花园，虽身在市井，却像梦境。

无节制地追加细节和复杂性并无意义。五言绝句的要领在于严守格律形式，重视意境表达，让音乐感成为意境的一部分。王欣常引用童寯的话说，"没有花木，亦成园林"。我想，有花木的园林，空间信息密度还是高一些，因为花木毕竟是自然的造物。但园林里的花木，也要是语言化的，与亭台楼阁、块面柱体并无本质区别。它们代表大自然进入人造环境，并不是大自然本身。说到底，空间造型语言的诗意，与文字语言的诗意是相通的 *fig...20-21*。

以这样的标准来看，历史上的建筑可以分为两类，一类关乎外向的造型问题，一类关乎内向的感

fig...20 会客区与书桌一角的对位

知问题。无论是网师园、阿尔罕布拉宫、西塔里埃森还是巴拉干自宅，似乎都致力于错综的空间知觉和感官深度，而枯山水、太和殿、万神庙和帝国大厦是外在的、单向度的，即使同样有一个内部可以进入。具备前一种属性的空间建造庶几可称之为"园"，它向心而生，与名字中有没有"园"字无关，与古代现代、东方西方无关。"园"与"建筑"的根本区别，在于"园"在VR（虚拟现实）还没有被发明的时代，就开启了一种内向的三维视野，在此基础上进化出切实的建造语言，与之相比，现代建筑学的世界观基本上是外向的、扁平的。

人造环境只有具备了"园"的特质，才能打动人心。内向视野对应着三维的物质世界，建立在正投影法之上的现代建筑学更像是降维了的数学记号。记号是为了方便，不是目的。我们建造空间、经营氛围，为了什么？我认为是通过有效提升空间信息的密度和质量，来延伸人的物质身体和感官知觉，当"透明性""现代感""抽象形式""材料质感""手工特征""精密度"等概念服务于这个目的，都可以是好的，否则都会成为无意义的盲目重复。自然村落和历史城区，也因为具备这样的特征而打动人，并不因为它们得到自然或历史的额外加持。

与其他建筑类型相比，私人住宅似乎都要更玲珑、更具体，有更多身体性，有更多情感注入其中。当我们去世界各地寻访昔日名作时，是否意识到，近半个世纪的重要建筑名录中已经鲜少有私宅的身影了。这不禁让我想到柯布的海边小屋（Le Cabanon）里那张充满质感的木桌、路易斯·康的费舍家（Fisher House）那个温柔的角窗和流水别墅中微微闪光的青石板，想到那些已经功成名遂却依然醉心于小房子的设计师，他们是真懂得建筑的终极问题蕴藏在小小的居室空间里。

（本文图片均由金秋野提供）

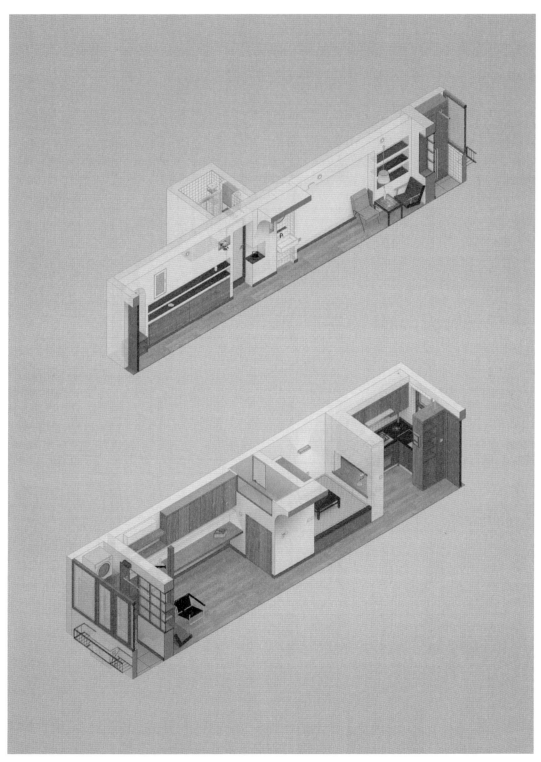

fig...21 室内空间剖切轴测图，分别为北侧与南侧墙面

虫漏时光·闭门深山

杭州小洞天记

王欣

设计团队	造园工作室
	中国美术学院建筑艺术学院
	王欣 孙昱
	林文健 李欣怡 顾玮璐
建设地点	杭州良渚文化村
建成时间	2019年1月
建筑面积	60平方米

CONTEMPLATION
&
CONSTRUCTION

151

作品·Works
虫漏时光
闭门
深山
杭州
小洞天
记洞天

之一

王蒙的
内形

fig...01《具区林屋图》，元王蒙绘／收藏于台北故宫博物院

较之从前，《具区林屋图》的取景是奇怪的。山林没有"峰"，没有"头"，没有至高处。山的上部被齐刷刷地"切"掉了，山的外形被抛弃了，山所代言的政治图景荡然无存。而这样的截取却又不同于宋人的"小品"画法，这并非表达局部的意义，还依旧是满满当当的繁盛乾坤。自宋人始，绘画出现了半边半角之截取，这样的截取是一种带着凭借的指看：指向山外，指向楼外，指向天外……但总也不过是一边与两边之截断。《具区林屋图》是上下左右之四边截断，与外界没有丝毫的暗示与关联，只有内向深度的无尽纠缠与猜想，自足的，涨得满满的 fig...01。

除却左下角之缺口，整幅画充斥着难以言表的揉卷谜团。宋人的清晰、准确、干练等一概不存在

了，山石之前后、深浅、远近等皆不明了。但不是不可阅读，总还有几个茅舍院子悬浮嵌合于这团云坞之中，作为山之"深意空隙"的建筑弥补，让人有喘息的地方。有不甚明显的路转、峡谷、溪岸等隐隐约约可见，也是为了迷团之寻迹之可能。在建筑课程上，我常常将此画形容为一块"陈年的抹布"，王蒙兴许开创了一种新的空间表达以及相应的笔法：弥漫的、含混的、矛盾的，似他的一团如麻心思。一个缺口，通向一个谜团。然而，并没有出口，不需要出去，自成天地。

王蒙的创造，是用的非外形。以无形的方式，作内化的描述。山可以不如黄钟牌位之巍峨仁立，不如腰鞍马肚之荡气绵长。山可以以无外形的方式存在，那么，他就是"洞天"，一个内在的世界。

ARCADIA
VOLUME IV
2020

洞天的
课程
之二

有关山水的建筑课程进行了快十年，虽都建立在感知与经验的讨论上，但都难以脱离对"外形"的执著。我们习惯于将山以"外形"的方式来观想，这是危险的。于是我又提出专事"内形"的讨论，去年做的即是"洞天"，一个学生一个"洞天"。洞天，是山之"内表"，是内观的表达。洞，当然有其本体的价值，但主要还是作为研究山水与建筑的另外一个角度。

在洞天的角度下，山不是远远地观看对象，而是你的周遭，如一件巨大褶袍，将你包裹着。你画不出它来，没有所谓完整意义上的形，有的只是无尽的粘连的层次与多向的指向，有的是深陷其中的气氛。形的由外转内，导致原本以视觉为主导的形象结构与叙事体系几近崩塌，物与我难再分离。所谓的山水皆付诸肢体感受、亲密接触以及遥想，皆化于读书饮食、坐望起居中。山水变成了日常起居，山水被身体化了。

fig...02 宋代的文人草庐

fig...03 洞天的一种：萧云从《学洪谷子法册页》

洞天的课程，即是一次山水自人身周遭的出发。山水不在远方，在尔周身。

洞天的讨论，有着类型学的意义。洞，是最早的"山水建筑"，我们对"洞天福地""琅嬛福地"总也念念不忘。那是人的起源地，所以也成为后世避世的原点，至少是思想上的原点，一如文人心中的"草庐"。草庐并不是茅屋。草庐催生了对最小状态建筑的发问，催生了容膝斋，也催生了日本的茶室系统。那么洞天会引发什么 *fig...02* ？

当然，还有价值观的讨论。道家所言洞天，是其所建构的近似人体的有机化的宇宙结构，同时也是对平行世界的多极性、多样性、平等性与相对性的认同与向往。这是一套特殊的天观、地观、人观以及物观。大中有小，小中有大，有中存无，无中可生有。《紫阳真人内传》中言："不仅山中洞是天地，人脑中空间亦为一天地。"即承认脑中可以独立一个世界。洞是各天之间的通道，亦可独立成为一个天。无论大小，虽洞但依然是天，有着自己独立的时间节奏、尺度、言说方式，以及独立的价值 *fig...03,04*。

我记得当时开题的第一堂课叫"寻找传统中国的极小世界"。

课程的后来，除了收获了十八个洞天之外，更是让参与者产生了对"小中观大""无中生有"的习好：竹木的虫漏 *fig...05*、袖峰 *fig...06*、壶中林屋洞 *fig...07*、随处路遇的残损与孔洞 *fig...08*……

fig...04 《五百罗汉图》之喫茶，南宋周季常、林庭圭绘 / 收藏于波士顿美术博物馆

fig...05 釜盖摘子上的虫漏

fig...06a 虫假山

fig...06b 漏便面

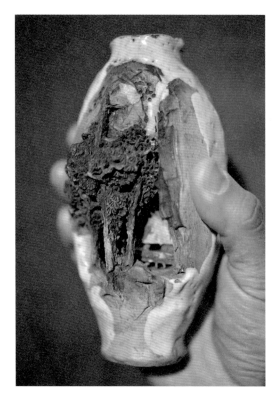

fig...07 壶中林屋洞

fig...08 文村，溪中小湖石被当作普通石头无差别地砌补入墙

CONTEMPLATION
&
CONSTRUCTION

155

作品 · Works
记 小 杭 深 闭 时 虫
洞 州 山 门 光 漏
天

之二

一个洞房

很巧的是，洞天课程结束后不久，有一位资深的赏石藏家马平川找到我，请我将他现有的工作室改造为园林。老马是安徽灵璧人，灵璧县自古产灵璧石。他从十几岁时就开始研究石头，收藏的赏石大大小小加起来有十万块之多。我问老马："地方有多大？"他说："室内60平方米，室外露台20平方米。"我从来不怕地方小，就说："你玩石头三十多年了，工作室即是你的林泉之心。要跟山石有关，基于工作室的小以及不外显，那么我们就做个洞天吧？"于是我们把名字就定好了，叫作"小洞天"。无中生有，一个小小的世界藏在良渚文化村的一个酒店式公寓里，外界完全无法想象有这样一种"时空"嵌套在这里。这使我想起了《鸿雪因缘图记》中江边悬于高空之石洞 *fig...09*。

老马说设计完全自由，但我还是希望他提出他的要求。他熬了一个晚上，写了一篇文章给我。我一看，要求很多，近乎大宅功能。不过"洞天"本身自成世界，也当是无所不包的。要求的多，便是促成了"山水日常化"的一种形成机制：自设计成形一直到施工结束，老马对每一处形式，每一处高差，每个洞口大小几乎都提出了疑问。这当然也不奇怪，因为这是在建立一个洞的世界，这个世界谁也不熟悉，需要重新讨论。

起初，老马问：小洞天要匹配什么样的家具？

fig...09《鸿雪因缘图记》中江边的石洞 / 出自：麟庆，汪春泉. 鸿雪因缘图记 [M]. 北京：北京古籍出版社，1984.

a 石洞放大 b 完整图

这是个好问题，洞天是不需要匹配家具的，洞天本身具备生长家具的能力。李渔论及园林中"零星小石"："使其斜而可倚，则与栏杆并力。使其肩背稍平，可置香炉茗具，则又可代几案。花前月下有此待人，又不妨于露处，则省他物运动之劳，使得久而不坏，名虽石也，而实则器也"。地形即是家具的母体，最初我们对家具的认定，即是面对地表的高差寻找。传统中国文人的山野茶会，亦常常不侍桌椅。偶遇一片林泉，便各自寻找能坐卧凭靠的凸洼起伏，一块卧石，一截残碑，一个树桩，一段山阶，一根斜枝，便可以借此安排自己的姿态，并划定交流的范围。正是如此随物赋形的群体弹性，在雅集之后因追念而制作的高士图，亦是依据地形而不拘姿态，自然而然的，不似如今的集体照，整齐划一如商品般陈列 *fig...10-13*。

小洞天的家具一方面由高差来抽象喻示，另一方面将特殊设定的家具如浇铸般熔化于地形中，留出一头一角，作为地形跌宕之犄角势眼，不至于混沌一团。同时，也暗示着时间的积淀，是消磨风化的遗迹表达。小洞天的整个地面，就是一件超大的家具，没有确定的属性，在仪轨的暗示之下，保持着误读误用的开放。

fig...10《娄东十老图》，作于清康熙九年(1670)，作者不详

fig...11 民国旧照，苏州图书馆员工可园集体照

CONTEMPLATION
&
CONSTRUCTION

157

作品 Works

记 小 杭 深 闭 时 虫
  洞 州 山 门 光 漏
  洞   ·
  天

fig...12《文苑图》，五代周文矩绘 / 收藏于北京故宫博物院

fig...13 洞对雅集的组织

之三
十屏八远，园林结构进驻房间

六十平方米的室内，纵横编织了十道层次，行经五道序列，我谓之"十屏"，就是十道屏风。屏风的建立是层次的建立，但最终他们以物化景化的方式被隐去。屏风的引入，是让一面墙具有了景观的意义，将边界空间化与景致化，当人以为到了一个空间的尽头，实际上又是另一个空间的开始。老马一直担心这个空间会极度繁密拥塞，直到地形施工建立起大概，他说："现在我不担心了，竟然还有一种辽旷。"我说："辽旷之后，还有各向深远，这是洞能称为天的必备条件。" fig...14-16

洞之"深远"，大家都明白。洞之"广密"，恐怕知之者甚少。洞天中央是一个盆地，洞在人居化之后，便有了一个围坐的中心。这个中心是靠火来凝聚的，远古的时候是取暖和烧烤，如今是煮水煎茶

fig...14a 小洞天图纸，四向立面

CONTEMPLATION
&
CONSTRUCTION

159

记 小 杭 深 闭 时 虫 作
　 洞 州 山 门 光 漏 品
小 天 　 　 ｜ · 　 Works
洞 　 　 　 　 　 　
天

fig...14b 小洞天图纸，平面

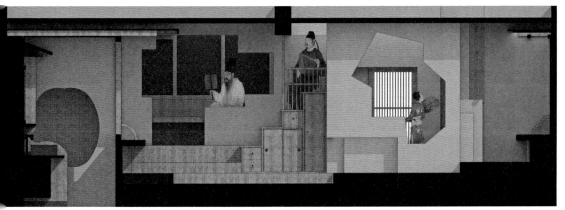

*fig...*15 以火炉桌为中心的盆地

的炉桌。盆地汇总了各向深远于中央，四野望去各有出路，空间的划分主要依赖高差，于是视线可以翻飞跳跃。如坐废墟中央，残缺化地围合了一种微微的辽阔，是四围的"奥"建立了中央之"旷"，广在中，密在四围。

中央的盆地，一种极坐标似的环顾山水自来亲人的"卧游"台。由中央的盆地放眼八方，是八远。这八远，糅合了视觉与想象的指向，迎接了日月与光阴。不仅是距离上的远，也是时间之远，维度之远。

fig...16 中央盆地的微微辽阔

fig...17 眠山之远

眠山之远：

山台上的卧殿，钻入橱柜睡去，将自己包裹起来，是藏起来的温柔乡里 *fig...17*。

穿墙遁远：

破墙入画，遁入砖雕而去，是被神仙与臆想所带走 *fig...18*。

埋书之远：

将自己围在书山里，形成山坑以埋头读书，书中是一个世界。屏风是书页，八扇屏风打开了书中的瑰丽世界：檐下巨大的四分之一圆月，是月亮对书房的闯入，也是登临后的山中月下夜读 *fig...19*。

CONTEMPLATION
&
CONSTRUCTION

163

记 小 杭 深 闭 时 虫 作
　 洞 州 山 门 光 漏 品
　 天 　 　 　 · 　 Works

穿墙遁遠

fig...18 穿墙遁远

埋書之遠

fig...19 埋书之远

fig...20 来路待远，梯云路远

来路待远：

对于雅集中心的穴位来说，要能观到来之山路，看到山路上的"待合"，带着迎接的眼神。

梯云路远：

言张生云中取月，梯云而登天，这是冲顶之远。在此可俯瞰盆地，亦可招呼山口雅集的迟到者，守着山口，望着山里 *fig...20*。

天宫照远：

制造了天眼，仿仙人拨云下察人间，一种被全景俯瞰的想象之关照。那是一个午睡之地，"云帐"内的小憩，可以想象侧翻醒来之后的所见，不知今夕何夕 *fig...21*。

隔山呼远：

茶室与盆地隔着书房与山路，经横裂洞口邻座遥望，左此右彼，仿佛隔世之裂观，脑洞之拼贴妄想 *fig...22*。

fig...21 天宫照远

fig...22 隔山呼远

叠透洞远

fig...23 叠透洞远

叠透洞远：

　　洞是打开天的方式，洞本身并不是终点空间，洞是窥看，亦是对神秘的指向，是对深处的迷恋 fig...23。

　　洞之广密，即是内部的广袤包容了视觉的各向维度，在一个洞里呈现了与各平行世界之间的联通与关照。

之四

时空的异度

小洞天就是一块巨大的内部化的山石，建设过程中，老马几乎日日驻场，他要看着这块石头是怎么生出来的。多少次的讨论，老马大致理解了我的想法。但这样的设计对于建筑工人来说，都是平生第一次，这些都不符合他们对一个正常房子的理解，半年的周期，日日有质疑。质疑多了，老马亦会动摇。譬如，那些不规则的洞口是不是有杀伐之气，那些近人高的墙角会不会碰伤人，上上下下的许多高差不方便也不安全，等等诸些。

洞天，是对远古的追念寄托之地，是带着想象成分的神秘异域，不是日常红尘。园林中的假山，就是想象中远方的异化存在。因此它极尽妖娆的形态表现，即是要凸显世界的两极存在，此与彼，现实与幻梦，那么的不一样。多窍的太湖石之所以被选中作为叠山的主要石料，也是因为其难以把握的异化形态，假山是一场对梦境的砌筑营造。

问题是，进了洞天之后，我们是否还要做原来的我？我的时间、尺度、观看、行为、习惯……是不是要发生改变？进入洞天，我们就应该是那个被异化了的人，就是仙，就是臆想中的人，就是画中人了。

小洞天是骨感的，嶙峋的，这是对日渐疏远自然的警醒。蒆晓榕老师评价道："小洞天，就是赤身裸体穿铠甲。"被一个紧密的山水包裹，时时都在提示着你身体对周遭的反应。磕一次头是好的，是"棒喝"；跌一跤也不错，是"石头路滑"。舒适让人迷醉昏沉，小洞天就是陶渊明大醉之后常卧眠的"醒石"，保持着锋利。锋利不是伤害，而是对仪态的塑造以及耽于日常的警示。我们穿上了"山水"这件衣服，在它的要求之下，至少要想一想自己的姿态问题吧，不可以随随便便的。山中是山人，园林中是园林人，姿态眼神都要对。*fig...24*

fig...24 将要磕头的瞬间

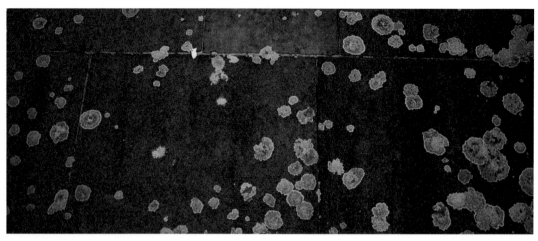

fig...25 石上苔痕

fig...26 廊下松月

　　但小洞天依然有它独特的舒适感。洞是一个层层包裹的穴位，形成了人造的风水场域，异常地安定静谧，来人常说："仿佛回到子宫里面，特别有安全感。"洞天是隔世的，是"闭门深山"。因为空间的异化、反常的日常，也是"遗世"的，来人也常说："这里使我失去了对时间的感知。"被遗忘在这个小世界里，是"虫漏里的时光"，可谓之"洞隐"。

　　在墙面施工前的最后时刻，我们为洞壁确定了材料与颜色：草筋石绿（石绿是传统中国绘画中常用的一种颜料色）。绿色的洞壁，让老马欣喜不已，

也许这与他多年爱山石有关，但还是让很多人不解。我说，这叫"历久弥新"，洞天首先要表达"历久"，中国人习惯用绿来表达时间感：铜沾水氧化而起绿点，我们谓之开出"铜花"。山石斑花，苔痕阶绿，皆是时间的痕迹。故石柱石匾之刻字也多用绿来描填，仿佛历久天成。草筋石绿，是时间之色，开门见绿，是洞开一个被遗忘的古时空。同时，绿是青春颜色，所谓"壶天自春"，洞中一片春意盎然，是"弥新"。亦老亦新，洞天是超越时间的。*fig...25-29*

CONTEMPLATION
&
CONSTRUCTION

169

作品 Works
记 小 杭 深 闭 时 虫
洞 州 山 门 光 漏
天 ·

fig...27 密阁绰影

fig...28 云窟插花

ARCADIA
VOLUME IV
2020

fig...29 春风如厕

CONTEMPLATION
&
CONSTRUCTION

171

作品 Works·
虫漏时光
闭门
深山
杭州
小洞天
记洞天

之五

繁密的
空境

fig...30 狮子林卧云室

王澍老师曾对小洞天评价道："这个空间完全不需要其他艺术品了。"我明白王老师所言之深意。我亦深知园林是一个精妙的"松动结构"。松动，即是自然的结构，因为其松动，才有自然的发生。在洞天的课程中，大家一直会有疑问："文人如此向往洞天，但现存的园林的假山洞，都是不可居的，是没有勇气，还是没有条件？"广义来说，园林本身就是洞天的存在。狭义的洞天，才会联系到山洞。明代叠山家周时臣仿太湖洞庭西山林屋洞，在苏州惠荫园筑小林屋洞。清代文人韩是升之《小林屋记》对此洞如是描述："洞故仿包山林屋，石床、神钲、玉柱、金庭，无不毕具。历二百年，苔藓若封，烟云自吐。"描述近乎妖精的洞府，精雅得让人向往，但

事实上内部质量与自然山洞无异。山洞的条件可想而知，若要可居，还得做转化：房子还是正经的房子，洞是一种异化的围合，或者是异化的进入方式。譬如狮子林的"卧云室"，常常是以"山中陷房"的方式转化洞天以及洞房，这样的做法是常见的，也是现实的。但洞与房如何能彻底媾和？是我想尝试的。其意义在于：以人的起居作为核心来重新讨论"山意"，即山水意思皆落实于日常起居。人的生活山水化，山水经验起居化。在小洞天里，一切都是模山范水的。六十平方米，实在太小了，它要撑起一个世界，并产生与其他平行世界的关联想象。那么，每一角落，每一平方米都要呈现意义或者成为意义间的关联，如一个小剧场，寸土寸金。寸土寸

fig...31 进入"卧云室"的一种门

fig...32 小洞天入口

fig...33 仅容一人的洞口

金，不是言贵，也不是说要刻意装入繁密，而是要求高度的敏感，随处的敏感。但剧场是依赖人的表演的，我的要求是"无人亦能叙事叙情"。这是对空间本身的要求。我们常说：睹物思人；也说：人去楼空。楼虽空，但它是带着故人的情与事的。空楼，是人的周遭，有周遭在，人犹在。此处的空，并非没有，而是"缺席"，是一种空间的缺席性叙事。我谓之：空间的自觉，情境的自持。我说，小洞天里隐着八张《高士图》，便是此意 fig...30,31。

明代有一句小诗：
一琴几上闲，
数竹窗外碧。
帘户寂无人，
春风自吹入。

这多么像小津安二郎的"空镜头"。这是一种无人之境遇，是不受干扰的自然运行与生发，但总带着人离去的痕迹以及对人的邀请，伴着画外远远的

CONTEMPLATION
&
CONSTRUCTION

173

记 小 杭 深 闭 时 虫 作
洞 州 山 门 光 漏 品
天 ┃ · Works

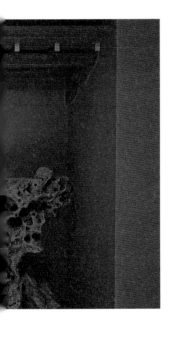

fig...34 洞现无尽深远

声音，他随时可能踏入画面。

　　小洞天所有的高差与片段形式，皆包涵了人的印迹。我希望建筑以"言尽"来催生人之"意足"。六十平方米，用建筑铺叙了一本小说，把话说完了，确实不需要其他事物的介入。除了人，只有石头可以进入，而石头亦是一种等待和伫望的存在。在设计之初，我都给他们留好了位置。

　　小洞天，是空的，同时它也是满满的。空，是并不需要外置物，这是零的状态。满，是因为空间

本身可以自足叙事。造园，不是一种似乎悠游的随性随意之事。其虽为自然形态，但也是一个高度精密的构造，如钟表一般 fig...32-43 。

（本文未注明来源的图片，均由王欣提供）

fig...35 窥见山中雅集

fig...36 转而见山道中待合

fig...37 洞府顿显

CONTEMPLATION
&
CONSTRUCTION

175

记 小 杭 深 闭 时 虫 作
　 洞 州 山 门 光 漏 品
　 天 　 　 　 · Works

fig...38 中央盆地如怀抱般打开

fig...39 庭院对洞天的回望

ARCADIA
VOLUME IV
2020

fig...40 华灯夜点石

fig...41 瓢灯照射下的艮岳遗石

CONTEMPLATION
&
CONSTRUCTION

177

记 小 杭 深 闭 时 虫 作
　 洞 州 山 门 光 漏 品
　 天 　 　 ┃ · 　 Works

fig...42 山道间石探首

fig...43 云窟中石浪

赏玩

APPRECIATION

山中何所有

七十二袖峰序

王欣

袖峰，袖中云峰，一块特殊的压袖石，大小不越拳头。袖，一言其小，一言其随身，一言其秘藏惊艳。袖中之神巧，其实为人心之窍也。

之一

自然
形式的
受训场

每次去苏州，一定会去云林山房张毅兄那里选石头。山房的屋顶，是一个巨大的天台，那里有几万块石头等着我。骄阳天、雨天、大风天……我都曾蹲着弓着，半匍匐着，在浩瀚的"峰群"中寻找出乎意

fig...01 山水地景缂丝红袍（清代）

之二

自然 叙事的 最小 载体

料的形式。深陷高密度高相似度的庞大阵列中的寻找，是一种烧脑的扫描，常常坚持不了二十分钟就要休息一下。我把这比作一种密集数据化的现象学训练，如今回忆起来，每次的感受总是恍恍惚惚的，近乎半昏厥，坠入茫茫无尽的自然形式的迷幻丛林。那里的尺度、色质、手感、形象、轻重、向背……都是各自独立的，叫你的眼脑不得不进进退退，缩缩放放，兜兜转转的。也许在常人看来，那不过是一堆石头。但之于我来说，这些石头就是那件"山水地景缂丝红袍"*fig...01*。每一块石头，就是这件袍子上的一座园林，或言园林的碎片。但那些又何止是园林以及园林的碎片啊，分明是一群各自独立的平行世界，一群卓然于浩渺宇宙中的星球。云林山房的天台，就是一个宇宙，我漫游于万千个星球之间，拣选着属于我的小世界。

每次下了天台，张毅兄总说我的脸发黑。我想，那是耗尽了心思，挑一块石头，也是狮子搏象，全力以赴的。虽然选中的刹那间是"著手成春""如逢花开"，但过程是迷林茫茫。

对那个天台总是念念不忘，不仅是我对形式的迷恋和贪渴。天台是个训练之地，面对几万之石，我并未创造什么，只是选择。这种选择是一种瞬时的"观想之道"的赋予，每一次选择，都是一次自然形式与自然叙事的受训。

"醉道士石"为杨康功所有，苏轼为此作赋：

楚山固多猿，青者黠而寿。
化为狂道士，山谷恣腾踔。
误入华阳洞，窃饮茅君酒。
君命囚岩间，岩石为械杻。
松根络其足，藤蔓缚其肘。
苍苔眯其目，丛棘哽其口。
三年化为石，坚瘦敌琼玖。
无复号云声，空余舞杯手。
樵夫见之笑，抱卖易升斗。
……

这是对一团潜伏能量的细微感知与描述，居然杜撰出一段前缘后果，似真真确确的。一块石，竟然能够诱发这多的联想，引出了一篇小说*fig...02*。

日本学者武田雅哉在《构造另一个宇宙》一书中说道："自然景观如不带有能引发联想的人文故事，也就不属于可供中国人享受的文化，只能像个幽灵似的四处徘徊。"恐怕只有中国人，能把任何形态都做"山水之想"。

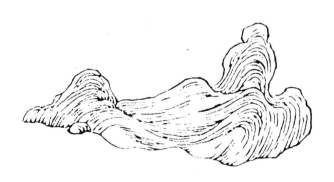

fig...02 醉道士石

ARCADIA
VOLUME IV
2020

之三

对 平 的 不
行 断
世 渴
界 求

袖峰山子，来源广巨，水冲、风砺、泥蚀、火熔……天上、地下、河床、戈壁、海底。每一块袖峰，都是时间的记忆体，它们的表情代表了自然亿万年运化培造之经历。那些沉积痕迹，被我们解读为有关人世间的叙事，褶皱与肌理被观作笔墨，洞、凹、台、沟、尖……等被译作诗意的居所、路径以及指看。袖峰，是一段高密度的诗画代码。

对于我们而言，山水可以附着在任何事物上面，而任何事物都可以叙述山水。山水成为一种随物赋形的赋予灵魂的方式。一种是改造，诸如建筑的房梁、门额、牛腿、门扇，或者枕头、茶杯、砚台、笔筒，甚至是栓钱包的根付，生活中一切事物，都可能被作为自然叙事的载体。另一种是读取，大到采石场被读为山水园林，譬如绍兴的吼山和东湖，小到一颗兽牙也被视作山子，一个虫噬的种子被看作小小的洞天。这是有意的误读，是文化对自然的解构与归纳，以及不断的自我衍生。

中国园林中的掇山叫"假山"，不叫作"小山"。之所以叫作"假"，缘由很多，其中最重要的一条是：假山是心中想象的山，是他处之山，是假想的山，是飞来峰，是脱离于现实的另一种维度，是仙山，是洞天。因此，我们就好理解，为何江南造园独钟情于奇巧诡变之太湖石？也好理解，狮子林之奇诡结构与纷乱景象，本来就不是对真山的学习和模拟，那又何来要有真山的标准呢？

袖峰，就是一种假山，是假想世界的偶得印证，是脑洞心像与现实的一次巧遇。袖峰，满足了我们对反复构造的多样世界的渴求。我以为，对袖峰的选择，是与绘画、与造园平行对等的工作。这个工作，我叫它"拾英"，捡拾那些个世界留下来的碎片。这些碎片，使我们能够不困囿于现实，常常保持了与那些个世界的远远近近、断断续续的联系。

在传统中国，绘画作为与造园平行互动的线索，成为造园的评判性与补偿性的一种持续存在，而袖峰也是这样的价值存在，并非只是闲情偶寄与玩物丧志。但与绘画不同的是，袖峰是一种选择与偶遇，是刹那间的撞见所做出的判断，"似曾相识并意料之外"，首先是印证了你的所思所想："居然还真有这样的世界？"然后是突破你的想象与习惯："居然还可以这样构造世界？"

每个中国人都希望拥有一个私有的小宇宙，能掌握一个微缩的世界。在藏石的朋友之间，我会问对方："你有多少世界？"答曰："三千世界。"

之四

命名 生命的

给自然物命名，是一种收录，将之归纳到我们的文化架构中来。

《素园石谱》对石之命名，大概有以下种类：

1）对人的追拟，譬如"醉道士石""石丈"等。

2）对交换价值的追拟，譬如"海岳庵研山"等。

3）对名山胜景的追拟，譬如"壶中九华""小钓台""海峤"等。

4）对神物的追拟，譬如"怒猊""鲸甲""伏犀"等。

5）对动态的追拟，譬如"曳烟""大行云""螭蹲"等。

6）对笔墨及手段的追拟，譬如"堆青""削玉"等。

7）对气势的描绘，譬如"冲斗""雷门""吐月""衔日"等。

8）对状态的描绘，譬如"醒石""醉石"等。

传统命名对石头的观想，不会局限在与山水的关联上，而是万事万物，联类无穷，也毫不避讳与动物的关联。由此可知，在我们的文化中，石是世间万物的具体而微者，是世界动态的凝缩与摘要，是宇宙运行的模型。石成为对绵绵不绝的生命迹象的颂词，承担了人对万物生生不息之爱的中介。

命名，并非一味像什么。命名可能代表了一种想象的指向，并不指向具体实物，可能是帮助建立一种体验的过程，或是提出一个问题，或是感叹来源之不易，或是引发对前人境遇的共情，或是直接诠释了传统古诗那种混合了所见所思所触的共时，那种灵活语法与不定观看。我根本不认为袖峰的赏玩是具象的，只是我们要对"抽象"有一个重新的定义。那些石头，太多的时候什么都不像，那难以描述的形态意趣总是让人觉得充斥着一股能量，这是一种生命的迹象。

所以，我们还能认为传统庭院里那块飞升而起的太湖石是山水？那是对一种太古能量的追崇。庭园围假山石而建，不如说围着一个神兽般的"生命能量"而建。

宋徽宗为石封了侯，因为在他看来，关于承载生命之奥义，物却常常超越了人。

中国人逐渐地建立起一种使人与万物对话的中间物，赏石是至关重要的一项。它是中国的抽象意识与方法，它的意义一如书法的存在。只是说，一个是手工创作，一个是寻找与选择*fig...03*。

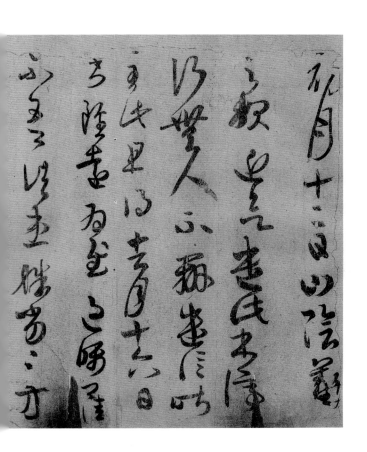

fig...03 初月帖（王羲之）

之五

建筑学的把玩

"海岳庵研山"为米芾所藏南唐遗留研山两座中的一座，相传为南唐李后主传世，广不盈尺，合掌托大小，三十六峰环抱一池，实为砚台山子。后米芾以此研山易得一名胜古宅，后称之为"海岳庵"。虽为平等相易，原宅主宋仲容以庭园换山子，显然更无视大小贵贱，直意所爱。后世对这研山的称谓足见其价值不分大小，以交换价值定研山名。一座园林等于一个山子，园林可以真实地居游，一个山子足以归隐心想目游 *fig...04*。

无论将山水缩至庭院中，还是绘之册页之上，那总还是带着自然不能掌握的焦虑与不安。袖峰是随身携带的缩小的"大假山"，是治愈"林泉痼疾"的一枚"芙蓉膏"。手握一个微型的宇宙，我的世界，我终于攥在了手心。

在传统中国的世界里，从一片砚台能见到浩瀚星辰、江流汹涌；在一个笔筒里，结庐耕读与放眼千里可以并存；一片山子中，能观到万仞太华、平川落照……在我们的文化里，很早就打通了小与大之间的区别隔阂，打通了事物类型之间的观想障碍。小从来不是真的小，小是世界的一角，小是大的凝视小是通往大的前序，小是走向内观的临界处，小是思考世界的模型，小是观想大世界可以秉持的角度。

大与小打通之后，把玩的意义就呈现了。文人的玩具，叫作清玩。"清"字给了玩具以高级的正名，那是一种日常化的滋养性的训练。袖峰，不同于一般山子。它几乎不呈供案头，而重在掌玩。于是便没有一定的上下关系与观看角度——袖峰是没有底座的，这是为了保持一种观看与想象方式的开放性。袖峰的恣意，是文人的构造能力的精怪对手，是永远保持着对"自然几何"敏感洞察的玩具。观想目游，辗转翻覆，颠倒乾坤，不仅是一种对山水思恋的杯水解渴，更是"换看"与"联类"的日课。袖峰，是一个迷你的思想舞伴，是手边的园林诗学。

袖峰的把玩，既是一种一目了然的意义，又是不断被发现的意义。因为它并不是在一种观念下、用一种简单的逻辑生成的构造。它是一个意义的复合体，这一点不同于现代观念下的建筑设计。它是多重意义与指向的相互叠加与共生，有隐有显，有过去有未来，有"秘响旁通"，有"伏采潜发"。它的复杂性近乎一个园林，一个村镇。

我们不仅要直面世界，更是需要一种理解世界的模型。这种模型就是"假"。假，就是借，就是借这个理解那个。这个"假"，便是"大假山"之所以称为"假"的另一条缘由。假，但引渡向真，是我们理解并建构以自然叙事作为基础的诗画世界的中介模型。虽然尺度是"失真"的，姿态是"畸变"的，但正是这种奇怪的尺度与变形，让我们以夸张的方式深刻认识了自然世界以及人的世界。

山中何所有，岭上多白云。

不忍自怡悦，捉袖持赠君。[1]

袖峰所呈现出来的自然之法与观看之道，将为建筑学注入新的动力、方法与情趣。我们看向园林，看向绘画，看向器玩……为的是建筑学不终于自我封闭的讨论，而是能重返自然万物的无穷联类中去。

（本文图片均由王欣提供）

fig...04 海岳庵研山

----

[1] 南朝梁陶弘景所写《诏问山中何所有赋诗以答》原诗为："山中何所有，岭上多白云。只可自怡悦，不堪持赠君。"

SLEEVE PEAK
&
CAVE UNIVERSE

185

赏玩 Appreciation

山中何所有

七十二袖峰

序

风砺石

繁花脚下兀自孤立

ARCADIA
VOLUME IV
2020

广西英石

岭小自戴云雨冠 正面

广西英石

岭小自戴云雨冠 背面

SLEEVE PEAK
&
CAVE UNIVERSE

187

赏玩 Appreciation

山中何所有

七十二袖峰

序

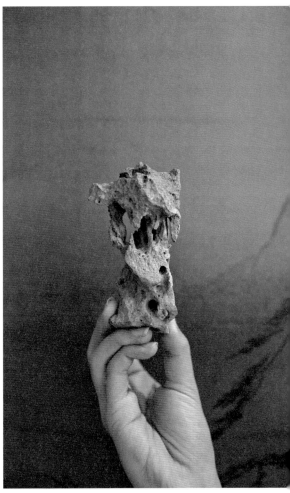

广西太湖石

峰辗转而升高阁 正面

广西太湖石

峰辗转而升高阁 背面

ARCADIA
VOLUME IV
2020

风砺石

泥牛耕湖

SLEEVE PEAK
&
CAVE UNIVERSE

189

赏玩
Appreciation

山中
何所有

七十二
袖峰

序

风砺石

风雷号呼

乌有园

第四辑

袖峰与洞天

190

ARCADIA
VOLUME IV
2020

灵璧石

海噬博山 正面

灵璧石

海噬博山 背面

SLEEVE PEAK
&
CAVE UNIVERSE

191

赏玩 Appreciation

山中何所有

七十二｜袖峰

序

广西太湖石

漏风砚屏风 正面

广西太湖石

漏风砚屏风 背面

ARCADIA
VOLUME IV
2020

灵璧皖螺

卯酒醒还困，

仙材梦不成 正面

SLEEVE PEAK
&
CAVE UNIVERSE

193

赏玩 Appreciation

山中何所有

七十二袖峰

序

灵璧皖螺

卯酒醒还困，

仙材梦不成 背面

广西太湖石

中流砥柱百年后 正面

广西太湖石

中流砥柱百年后 背面

SLEEVE PEAK
&
CAVE UNIVERSE

195

赏玩
Appreciation
山中
何所有
七十二
袖峰
序

广西太湖石

捉跳烟

正面

广西太湖石

捉跳烟

背面

风砺石

袍纹迴夺岩芝色，
山中饱谈三百年 正面

SLEEVE PEAK
&
CAVE UNIVERSE

197

赏玩 Appreciation

山中何所有

七十二袖峰

序

风砺石

袍纹迴夺岩芝色，

山中饱谈三百年 背面

乌有园

第四辑

袖峰与洞天

198

ARCADIA
VOLUME IV
2020

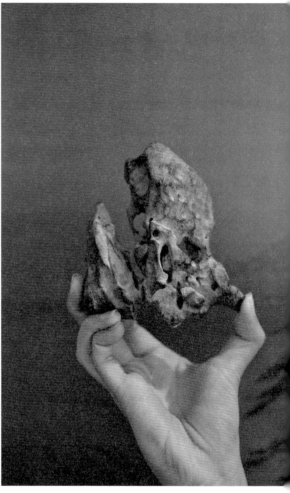

广西太湖石

幽都烟阙

正面

广西太湖石

幽都烟阙

背面

SLEEVE PEAK
&
CAVE UNIVERSE

199

赏玩 Appreciation

山中何所有

七十二袖峰

序

臞仙猴岭

风砺石

正面

臞仙猴岭

风砺石

背面

明代，灵璧石，手琢

望穿秋水，石化足跟

正面

SLEEVE PEAK
&
CAVE UNIVERSE

201

赏玩
Appreciation

山中何所有

七十二袖峰

序

明代，灵璧石，手琢

望穿秋水，石化足跟 背面

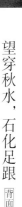

风砺石

雪浪 正面

风砺石

雪浪 背面

SLEEVE PEAK
&
CAVE UNIVERSE

203

賞玩
Appreciation
山中
何所有
七十二
袖峰
序

风砺石

坝远立秋

正面

风砺石

坝远立秋

背面

灵璧石

夜山火云 正面

SLEEVE PEAK
&
CAVE UNIVERSE

205

赏玩 Appreciation

山中何所有

七十二袖峰序

灵璧石

夜山火云 背面

乌有园
第四辑
袖峰与洞天

风砺石

云涌月宫 正面

SLEEVE PEAK
&
CAVE UNIVERSE

207

赏玩 | Appreciation

山中何所有

七十二袖峰

序

风砺石

云涌月宫 背面

乌有园
第四辑
袖峰与洞天

208

ARCADIA
VOLUME IV
2020

风砺石

振空破地，争喷吟笛 正面

SLEEVE PEAK
&
CAVE UNIVERSE

209

赏玩
Appreciation

山中何所有

七十二袖峰

序

风砺石

振空破地，争喷吟笛 背面

风砺石

惊云处何患无蜃阙

正画

SLEEVE PEAK
&
CAVE UNIVERSE

211

赏玩
Appreciation

山中
何所有

七十二
袖峰

序

风砺石

被云挟持

广西英石

虫仙座驾

广西太湖石

峨峨夏云初

灵璧石

方丈潮退

灵璧石

夹山傀儡走一线

结核风砺石

米糕山

风砺石

皮筏船运花石纲

SLEEVE PEAK
&
CAVE UNIVERSE

217

赏玩 Appreciation
山中何所有
七十二袖峰
序

广西英石

漏便面

风砺石

千匝万周学胡旋

乌有园
第四辑
袖峰与洞天

218

ARCADIA
VOLUME IV
2020

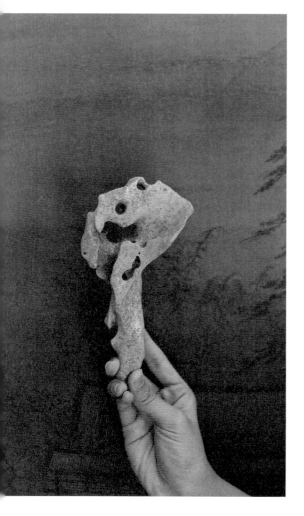

广西太湖石

防风死后骨我

灵璧石

风镂山殿

SLEEVE PEAK
&
CAVE UNIVERSE

219

赏玩　Appreciation

山中何所有

七十二袖峰

序

风砺石

富岳匝云

风砺石

孤悬天地，来去无寄

乌有园
第四辑
袖峰与洞天

220

ARCADIA
VOLUME IV
2020

灵璧石

裙带滩涂

勺海惊涛寻三山

乌有园

第四辑

袖峰与洞天

222

ARCADIA
VOLUME IV
2020

广西太湖石

恍惊天柱落樽前

风砺石

惊溅起

SLEEVE PEAK
&
CAVE UNIVERSE

223

赏玩
Appreciation
山中何所有

七十二袖峰

序

灵璧石

雷劈皴

灵璧石

瞰千嶂雨念万壑雷

224

乌有园
第四辑
袖峰与洞天

ARCADIA
VOLUME IV
2020

戈壁缠丝玛瑙

似可掬而握手违

风砺石

书房前滚滚行云

风砺石

踏鲸鳍待炸浪

风砺石

天寒夜漱云牙净

凤砺石

神奈川冲浪里

苏州太湖石

世事空花，赏心泥絮 宋代

SLEEVE PEAK
&
CAVE UNIVERSE

229

赏玩
Appreciation

山中何所有

七十二袖峰

序

广西太湖石

搜山剔骨去山阴

风砺石

太华外孙

ARCADIA
VOLUME IV
2020

一叶嵯峨

灵璧石

SLEEVE PEAK
&
CAVE UNIVERSE

231

赏玩 Appreciation

山中何所有

七十二袖峰

序

乌有园
第四辑
袖峰与洞天

232

ARCADIA
VOLUME IV
2020

风砺石

探洞求丹粟，
挑云觅白芝

陨石溅落物

天宫锈迹

SLEEVE PEAK
&
CAVE UNIVERSE

233

赏玩
Appreciation
山中何所有
七十二袖峰
序

广西太湖石

仙班散去，坠落一片

风砺石

信手拈云

ARCADIA
VOLUME IV
2020

乌有园

第四辑

袖峰与洞天

戈壁缠丝玛瑙

烟霞已是膏肓脉

SLEEVE PEAK
&
CAVE UNIVERSE

235

赏玩
Appreciation
山中
何所有
七十二
袖峰
序

广西太湖石

云天勾带

乌有园
第四辑
袖峰与洞天

236

ARCADIA
VOLUME IV
2020

广西太湖石

指端觑石花渐开

广西太湖石

缀之罗缨，太湖璧人

SLEEVE PEAK
&
CAVE UNIVERSE

237

赏玩
Appreciation

山中
何所有

七十二
袖峰

序

风砺石

组石架浮梁

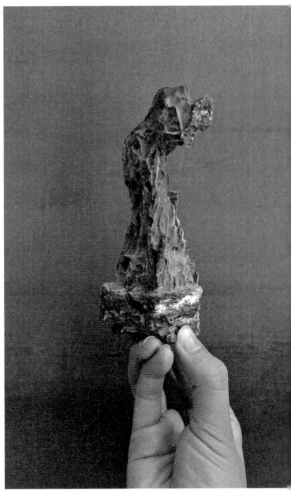

风砺石

员峤看座

灵璧石

展子虔游春于此

SLEEVE PEAK
&
CAVE UNIVERSE

239

賞玩
Appreciation

山中何所有

七十二袖峰

序

广西太湖石

长恐忽然生白浪

风砺石

呀然剑门深

广西太湖石

一枚虫国

SLEEVE PEAK
&
CAVE UNIVERSE

241

赏玩 Appreciation

山中何所有

七十二 袖峰

序

铜山子

忧愤气不散，
结化为精灵

乌有园

第四辑

袖峰与洞天

242

ARCADIA
VOLUME IV
2020

风砺石

着云袍知卷舒

灵璧皖螺

皱裹一眠

供石方：

杭州造园工作室、苏州云林山房、杭州小洞天、苏州良石轩

教学

EDUCA-
TION

园林之事，

理壁掇山

钱晓冬

有感

"兴游闲于园林之时，感受于生活之事，总会有山水的寄情化作一些自我的共鸣。同时也给你的内心留存一份念想。风火冷清之园林亦如你我心中之山水，一梦浮生其实也能显现于半刻闲情。

耦园的故事有你喜羡的佳偶天成，更有世人喜羡的至情佳缘，但置身细想的你也许能感同身受那个人的用情。我更臆断少蓝的用情至园不仅存现于亭台的点缀，更寄托于山水的情愫。枕波双隐，吾爱亭念，听橹楼思，望月亭忆，山水间淡笑山水，双照楼双双明道。筠廊应入竹林，樨廊却入山林。然而黄石假山少了掇技，远不及燕园燕谷，简单的迂回更注重彼此的内心与对周遭的关照。遂谷之间平

铺直叙，更不如寄畅八音，悉心的携手只为你量身而定设。还有那一起园外出的城曲泛水城。

艺圃的小而巧是极其生活的、内敛的。延光阁的四季立面可以以更多变化来容观那房山华盖，逼近那浴鸥池水。惜掇山入水不及瞻园北山，固以为水面逼近仍在空间探讨，总觉牵强附会，遂想生活情调明白个中情愫。虽房山掇叠琐碎，然其高叠之后所庇护的平冈小坂才具野林之趣。高叠之下的三折板桥的立面不平之平、三弯板桥的拱势不曲之曲之力，才能承托房山之重，散解其臃肿之态。你一见钟情的乳鱼并非空间叙事的开始。园中园虽妙，如没有乳鱼的闲乐对视，神迷的想与往又何曾涌动。

沧浪亭的山林之意是蕴有林泉之趣的，而这林泉之趣亦是臆想中的风流所至。三白之妙在于土山

SLEEVE PEAK
&
CAVE UNIVERSE

247

教学 Education
园林
之事，
山水生情——
理壁
掇山
课程
实录

山　水　生　情

课　　　　程　　　　实　　　　录

fig...01 环秀山庄东北角及耦园西花园陶泥假山模型

颠意，子美之情在于鱼鸟共乐，或许承佑之始才为山水人本情趣之使然。即使再修葺，初心却仍见。亭台馆阁会有杂情异志，山石林泉却可拨除烟岚。

环秀的灵动在于山水意真，行望居游的山意，坐雨观泉的水意。这些也许你都能看到，早有贴水廊轩以观山，补有问泉亭台以赏水。如若恢复形制，清淤半潭秋水，补种紫薇华盖，古制入山板桥，那环秀的山水情怀、尺度画意已然超越空间构形。春色园林的闲情可入浮生所梦之向往。

……

耦园的浪漫情缘，艺圃的生活情调，沧浪的人本情趣，环秀的山水情怀……惜落于文字却并不酣畅淋漓。

起因

2017年夏某日相约中国美院王欣老师同游苏州张毅兄的云林山房，酷日挑石的感动萌发了叠石掇山对于建筑学叙事的一种全新尝试。一拍即合后便赠了云林山房的英石，拿来开展一场"硬几何"与"软几何"的教学实验——理壁掇山。

其实在2016年的一次"假之假山"的选修课程实践中，已稍做了些问题的探讨铺垫。对几处典型湖石假山进行测绘并用陶泥捏造，真实比例还原假山形态。*fig...01* 通过比例模型感受假山空间，并对其所形成的空间进行几何转译，转译的空间语言形态再进行归纳整理，最后利用这些语言重组相关语境下的可能性空间体系。*fig...02,03* 虽然是比较直白的

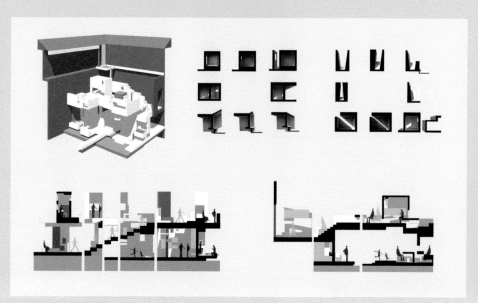

*fig...*02 环秀山庄东北角假山几何转译

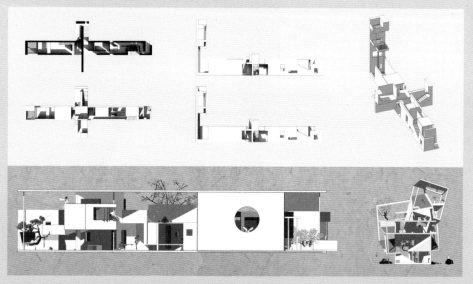

*fig...*03 环秀山庄东北角及耦园西花园假山转译后再设计

临摹刻画，但对掇山的意趣有了一种理解方式。对假山这种建筑学视野下的自然几何有了一种探讨途径。

所以这次云林山房的探讨中，王欣老师建议并非只是纯粹的掇山，需要一种介质介入并进行互动来展开这个话题。脑中最先浮现的便是耦园西花园的湖石假山*fig...*04,05。虽云墙并非掇山初始所作，但其偶然的结果（分家）给生活赋予了情趣。山石撞入两厅之间的庭院，模糊了庭院的真实范围，云墙曲折高低亦可模糊山石庭院的尺度参照，又难界定空间的退让。在这种双重尺度感的虚无隐显的交错下，便给划分界限增添了一份人情味。

这一壁墙的嵌入所产生的不论是在生活居园还是在建筑营造上的意趣，都是极其有意义的。因而便取了《园冶》掇山篇中的"理壁"作为掇山的介质来开展这次课题。

SLEEVE PEAK
&
CAVE UNIVERSE

249

教学
Education

园林
之事，
山水生情——
理壁
掇山
课程实录

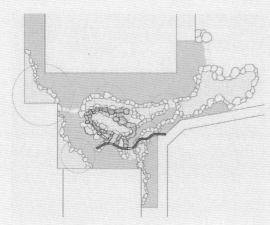

fig...04 耦园西花园湖石假山平面

fig...05 耦园西花园太湖假山立面

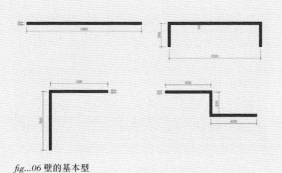

fig...06 壁的基本型

拟题（一）

理壁 空间意趣的虚幻与空间尺度的真实。一壁墙的尺度是真实而具象的，而其潜在诉说的意趣却是虚幻内敛的。

掇山 山水意趣的真实与山水尺度的虚幻。一山石的尺度是虚幻而不定的，而其强烈幻化的意趣却是真实直接的。

理壁掇山 硬几何与软几何相互改造下的园林情境空间的可能性。

情境 "墙里秋千墙外道，墙外行人，墙里佳人笑，笑渐不闻声渐悄，多情却被无情恼。"课前某日拜访叶放老师的南石皮记园中，探讨园事之余谈及课程的建议。叶老师建议园林的营造还需关乎情境的意趣。亭台楼阁的点缀是为山水花木的愉悦。纯几何的空间似乎生硬，缺乏情境的驱使，仿佛总少了点原因。所以最终在课程的情境设置上拟选了这首苏轼《蝶恋花》的一句作为情境的驱使。有直白的时间、空间的转换，也有委婉含蓄的情愫的使然。

壁的载体："一"字形、U形、L形、"之"字形 *fig...06*。载体的尺度形态上的限定，在于探讨一种类型学模式的可能。

环境 刘松年《四景山水图》 *fig...07*。给定环境是在课中补充的，也许对几何空间的设计会产生更多刺激，情境的初定则很难直接与建筑学思维的逻辑相衔接。作为空间叙事的依据，场景化的情感是比较容易把握的，晦涩的文人诗词性情却实难把控。

fig...07 刘松年《四景山水图》a 春景 b 夏景 c 秋景 d 冬景

fig...08 陶泥打样、云林选石、掇叠制作

开课（一）

具象固定的自然几何山石在掇叠时需要的是匠艺，而在这之前的整体情境则需文人的山水意想或是花园子的"模型"来指导。传统的绘画是本土建筑学缺失的部分，或许也只有用煤渣来雕塑山水形态，才能更贴切建筑学的逻辑语言。课程的起初使用陶泥及塑泥来代替煤渣（太难觅得），来整体探究其情境和两种几何的相互改造。待到初定，便开始理壁掇山 *fig...08*。

①

山水图窗

刘松年《四景山水图》的春景堤岸是可以被改造的，u形墙的内外极具分明。舟以外，院以内，山石远，峰石近，壁与山同时在发生相互的改造。旱舟之外的意趣在于由院出洞而入舟，便可坐客观山。则窗外之外廊为画，画之内廊为山，山与画连，无分彼此。不特以舟外无穷之景色摄入舟中，舟上游人灯火，亦可入画。内外相望，趣味无穷。亭院以内的意趣在于盘石而上，罅隙窥望，盘阶入亭，凭栏远眺。院内的峰石山隅穿透壁墙的圆洞幻化出一座洞山以归休，入水溪岸以便笠翁息钓，凉亭浮白终可尽日坐观。

借春景之野外而弱化了墙里墙外以及佳人、行人的相互情境。如若置于城市山林之中，佳人由壁出洞而入山，或佳人由壁出洞而入舟，则墙里墙外的意境可能更浓一些。设凉亭来庇护山石虽显得极其弱小，但可借春景之图中的花木来给予洞山尺度上的庇护 *fig...09-12*。

②

循山缘水

刘松年《四景山水图》的夏景中，从四面厅甩至湖中的水榭总觉得太过直接，其过渡的月台在形式及情绪上是可以被改造的。故设这一壁墙与山同时对月台进行园林化改造，但"一"字形墙的内外却是极其模糊的。行人在包裹的山石与壁之间穿行往复，似游于山水长卷，情绪的波动婉转是对最后到达水榭的一种向往和铺垫，视线的游离含蓄是对周遭的一种关照。

佳人在榭，而行人从厅遁入循山缘水。

若即若离的山水往复是为情绪的不定而定。山石的掇叠更像是耦园黄石假山的盘旋缠绕。少了些掇技，多了些关照 *fig...13-16*。

fig...09 山水图窗——春景

fig...13 循山缘水——夏景

fig...10 山水图窗模型全景

fig...14 循山缘水模型全景

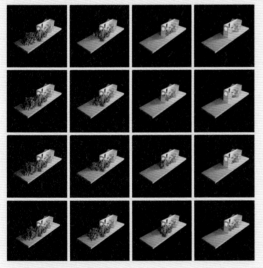

fig...11 山水图窗掇山生成

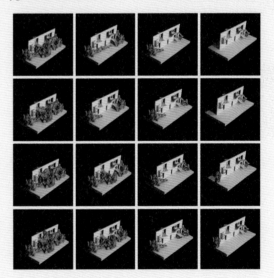

fig...15 循山缘水掇山生成

fig...12 山水图窗模型局部

fig...16 a,b 循山缘水模型局部

fig...17 轻云出岫——秋景

fig...18 轻云出岫模型全景

轻云出岫

刘松年《四景山水图》的秋景庭院边界如若以壁墙来分界，内外界定模糊的"之"字形墙加上以云墙形态呈现的壁，尺度的迷离与内外的模糊便使得庭院更让人神往。不同于耦园西花园湖石假山，此墙的设定在先，山石携廊房后入云，故而寄情于云仙之境。既去间壁，是以去隔，去障，去界也。既有壁的自身改造是用来营造界限的意趣，而掇山的自然几何又再次改造壁的几何形态。破壁、裹壁、贴壁、入壁……掇山以理壁。

佳人现茶寮一柱倚石，凭栏海棠南窗寄傲，行人往复板桥流谷，窈窕寻壑，崎岖经丘。涉山石云林以成趣 fig...17-20。

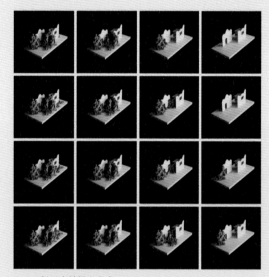

fig...19 轻云出岫掇山生成

fig...20 轻云出岫模型局部

SLEEVE PEAK
&
CAVE UNIVERSE

253

教学
Education

园林
之事，
山水生情——
理壁
掇山
课程实录

fig...21 无路蓬山——冬景

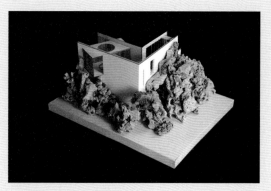

fig...22 无路蓬山模型全景

④

无路蓬山

刘松年《四景山水图》的冬景庭院一隅的石台斜倚、巨松庇护是具有山林意趣的。如若在现实营建中则可以用角空间的理壁掇山来进行实现转化。L 形墙的内外同样极具分明，角空间看似无路，却通过掇山的软化，让生硬的几何即使再堆砌利用也会有自然通往之意。这里的自然几何所营造的空间类型的丰富性，是源于把两壁一角的建筑几何揉在一起共同改造，并非类似网师园以壁为纸的峭壁山，可能更类似于何园船厅边的贴壁假山。山石自然的烘托凸显了壁由内而外改造展露的意义，而山石自然由外而内的破入让壁墙几何少了些堆砌的矫揉造作。

两种几何在庭院一角的相互焦灼，让园林中的男女之事与自然之意多了一份山水情趣 fig...21-24。

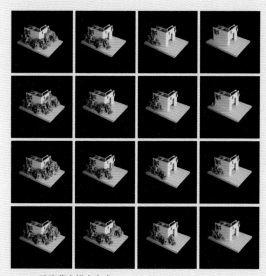

fig...23 无路蓬山掇山生成

fig...24 无路蓬山模型局部

问题

通过这个课程抛出的问题很多，要解决的问题也很多。园林的起始是诗情画意的引导，还是空间体验的探索？有了如画活法的情趣便有了如画观法的意趣，然而情趣的使然是山水理想还是空间造化？还是所有的起始应该指向一个东西，所有的呈现也是一个东西？

即使没有花木，它仍成为园林？

对谈

王欣　叶放老师是当代的造园家，真的叠山，直接的。而我是以造园作为一个态度与角度，期以改造当下的建筑学及其教育，这是我的命题。我谈谈我的看法。

有关主课和次课的问题。我今天听说钱晓冬老师的这次课程是《模型选修课》，着实让我吃了一惊。一个学做模型的短期选修课，居然以讨论设计为核心，而且充满了实验性。这样的课程本是主课、大设计课应该做的。不仅现在的建筑专业应该有这样的课程，山水画专业更应该有。

有关作为图解主体"墙"的问题。这样的课程，是纯粹仿叠山吗？肯定不是，实质上是有关二元互动的讨论，建筑与自然在这里是被两种几何所指代，一硬一软。其中的硬几何，即墙体；软几何，是假山。四种墙体平面，各自有寓意，有预埋，但似乎过于克制了，无论是图解层面的形式操作，还是对具体情境的生发，对同学们的几何刺激还是不够的。别看是一道墙，一个拐弯，一个角隅，都是情境起始的依据，甚至作为叙事的抽象结构。

关于独立片段的问题。2004年我和王澍老师在苏州园林上课的时候，我出了一个题叫"坐壁上观"，意思是壁上生活的人跟壁下平地生活的人，所形成两个界面的观游转换关系。这是一个时空的片段，虽然小，不完整，带着假想的，但却是一个自足体。

钱老师主持的这个练习就是这样的自足体，是有关"园林单词"的讨论，当然也可能是园林的种种最小状态。

叶放　这是一个有趣的话题。当初钱晓冬老师和我探讨课程的时候，我正好在做元园的泥模，一个关于峭壁假山的造型想象。峭壁假山在中国园林乃至建筑历史上是一种非常特殊的形态，一种独到的营造技艺，然而在当下并没有被重视和传承。于是有了这样的课程，也有了由此引出的话题，很有意思。

刚才王欣老师说我是造园家。我想当代已经没有造园家了，对我来说，只是把纸上的水墨转化成了地上的林泉。在这里，我想首先谈一下个人的感觉。中国人理解建筑的时候，常常会从土木工程的角度去理解。但在欧洲人看来，建筑不仅是土木工程的内容，往往还包括了社会人文的学科。所以这个建筑，其实是建设、构筑的意思。我强调这个狭义和广义的概念，并不是说我们的建筑学科发生了什么，而是指我们今天在理壁掇山这个命题上的理解和展开时，出现一个看似简单却又值得大家去思考的问题：什么是园林？什么是建筑？园林是怎样的建筑？

也许大家都会发现，园林用营造来说似乎比建造更适合一点，因为这是包括叠山理水、莳花艺术、建亭筑台以及装潢陈设的总合。毫无疑问，亭台是建筑，然而不能用亭台来代表或者涵盖园林，因为那样的话建筑就成为园林的主角。其实有史以来，园林都是以山水为主角，花木为次角，亭台为配角的，所谓不出城郭能获林泉之怡，就是说寄情山水的快乐，才是营造园林的目的。所以才有了所谓以儒学思想营造礼乐起居空间，以道学思想营造园林游玩空间的观念。

按这样的思路，课程通过对园林营造中重要艺术技法的教学，诉求的是探讨园林对建筑的影响，或者说建筑与园林的互为影响。

SLEEVE PEAK
& CAVE UNIVERSE

255

教学
Education
园林
之事，
山水生情——
理壁
掇山
课程
实录

我再说一下对各位同学作业的感受，我想就恕我不说什么称赞和鼓励的客套话了。王老师刚刚才说到几何构成的教学理念，也提了硬几何和软几何，我觉得同学们在展开课题的时候，似乎都太注重硬空间，而忽略了软空间。明代利玛窦和徐光启在翻译希腊欧几里得的名著《几何原本》时，用量化概念上的几何来译解数学概念上的空间，有时候会觉得形学的译法也许更有意思。英国人则把平面几何、立体几何看成了自然的原理和宇宙的规律。显然几何这个词的概念，不只是物理空间，也是人文空间。

在我看来，几何空间的设计务必要与诗画空间的设计相结合，一则有关观念的形态意境，二则有关方法的形体意象。

这不，钱老师给大家提供了一个充满诗情画意的词曲题目。有趣的是看到诸位同学模型的展现，又听到创作的阐述后，我很想问一句，在解题的时候有没有出现过人的画面？或者说词曲中内外人物的角色关系在哪里？我们的工作是一个把诗词曲赋物理化的过程，而人物关系恰恰是物化词曲中特别重要的软空间线索，所谓浪漫情境的结构想象，也就是我们要营造的到底是什么。

其实这个题目，你可以把它当成一个完整的结构体，也可以把它当成一个开放的结构体，实一半，虚一半，露一半，遮一半，欲言又止，欲说还休，留有想象的空间，让观众去发挥。所以当我们把空间做实做满之后，墙内外的关系就没有了，人物间的关系也没有了。对于墙来说，内外是微妙的，主要依据人物间关系的线索。当你把自己设在墙的这侧，这侧就是墙内，墙的另一侧就是墙外。也就是说你在山水中，墙外有书斋；反之，你在书斋里，则墙外有山水。墙内与墙外的景物可以瞬间转换变化，可以互为呼应观照。

显然，我们的目的并不是营造物的本身，而是营造物带来的情境。这一座座墙所构成的空间就像一个个舞台，山水模型就像是舞台上的山水戏剧，而各位要做的就是编导出能够打动人的舞台情节。

或者说，这一座座墙所构成的形态也像一张张白纸，山水模型也像是白纸上的绘画，那么各位要做的就是表现出能够打动人的绘画形象。

现在的情况是，大家似乎都在努力地填和塞，无论是作为舞台还是作为白纸，都显得很满很实，试图什么语言都想说，什么形象都想画，但这样就几乎看不到留白了。舞台上的情节一览无余，就没有了悬念，白纸上的形象密不透风，也就没有了想象。所以各位在尽情把玩这些石头的时候，请千万注意虚实变化，不能光顾了挥洒而忘了节制。

同时，当把这些石头作为塑造山的素材，各位有没有考虑过山的形态脉络、肌理皴法？所谓"虽由人作，宛自天开"，假山真做的原则就是表现出山的脉络和肌理。优秀的叠山是虽然只看到了墙内的小山，却能让人感觉到墙外还有大山，绵延不绝。墙内外的大小山水脉络相通，而墙内的山体无论峰峦还是峭壁，都只是从墙外延伸进来的一部分。

这是一种园林营造艺术的道法和技巧。然而看似物理关系的背后，其实也是一种生命关系的理念。

另外一点就是，不知是刻意的要求还是无意的忽略，所有的作业都没有考虑花木。显然加入花木，会增加理壁掇山作为教学内容的复杂，但是花木对山水意境所起到的影响作用却无可替代。各位同学可以留意一下现实生活中的园林，常常用花木来作为点景命名的主题，花木无疑是园林中最容易打动情感的自然因素。相对山水象征天地的永恒，花木则是代表生命的造化。所以自然界中的山水是无法摆脱花木的。风也好，鸟也好，可以让花粉、种籽几乎无处不在。春去秋来，让山水变色的绝不是山水本身，正是那些今年青苔、明年花草、几年后就是树木的植物生命。一岁一枯荣，轮回永恒，我们人类的观照又何尝不是如此呢？

王欣　　园林是个高度复杂体，想要一下子在总体上把握是不可能的，需要一层一层地剥解来看。这个课程的虽然是设计练习，但同时又是对园林很好的认识方式，将极其复杂的麻团，化约为两种几何的游戏。

钱老师让我和叶老师聊，其实是有目的的。我是建筑师出身，叶老师生于文人世家。我和叶老师，就是一硬一软。听叶老师的声音特别温和，他从事的专业和他看待事物的方式都是柔软的，因为他是从园林生活里活出来的。而建筑师的教育，第一口奶即是空降式的形式语言和方法。因此，我前面所说的专业的改造，同时也是一种自我的手术与重启。

刚才叶老师谈到花木的问题，是基于人的感情，从经营世界的格局方面来看的，因此天地万物人事皆要全，我非常认同。园林是一个时空的全信息凝缩场，不能缺东西。从钱老师的课程作业来看，是"缺"了不少东西。抛开课程的时间周期等问题不谈，我以为"花木"被暂时地屏蔽掉，之于新形式的探讨是有利的。虽然缺了元素，但元素的功能与意义却没有被完全忽视，而是转移到两种几何中去了，也对二者提出了新的要求。花木的"蔽荫"，转而求之假山，而假山虽为自然形，本质上还是建筑化的。林泉之"深藏"，转而求之墙或者建筑。不自觉地，就对建筑提出了自然的要求。

叶老师肯定是不同意"没有花木依然成为园林"的。这是我从童寯先生的话中断章取义来的。不要花木并非我的真实目的，不要花木还能让建筑拥有自然意趣，是我追求的。也就是说：假如不依赖花木，建筑能完成有关自然的叙事吗？这是我对建筑专业提出的一句改造发问。

叶放　哈哈，这其实是另一个概念的问题，关于园林和艺术。记得我上次注解过，也就是所谓的艺术园林与园林艺术。艺术园林是指园林作为一种艺术中的表达形式，就像国油版雕一样。如果以艺术形式来看待园林的话，那么什么样的园林都是可以表现和探讨的。而园林艺术则是指生活中园林如何营造的艺术，也就是由山水、花木、亭台构成的生活场所。

因此，关于理壁掇山的探讨，并非是只有山水没有花木能不能成为园林的问题，而是一个探讨营造艺术的话题。那么，从一个创作理论的角度来说，我完全认同，园林就可以是一块石头、一座假山，这没有问题。所以，作为一个建筑系或景观系学生去探讨理壁掇山的时候，是否需要了解艺术园林与园林艺术的分别，换句话说，是探讨山水艺术与建筑的关系，还是探讨山水生活与建筑的关系。

我觉得这种在模型制作中完成课题讨论的方式，好似游戏中的学术，增加了各位掌握造型、材质以及空间关系的体验和趣味。然而，对于这个探讨艺术关系的命题，有同学说哪怕是在生活中我也可以只要假山而不要花木。那么我告诉你，这就成为伪命题了，因为用不了三年，你这个假山上就有青苔杂草了，花粉、种籽和风、鸟作为自然界的生命，是无处不在的。其实独峰、枯山为园，或者孤草、单树为园，都是纯粹的假设性探讨。对于学生而言，把单纯的元素设计得丰富，把繁杂的元素设计得简约，才是上道。

王欣　虽然我赞成可以没有花木的介入，但不赞成不存花木的意义。

比如你们的作业中，为什么没有忘记放一个亭子在山顶上，而忘记了要种一棵巨大如伞盖的乔木上去呢？历史一路下来，亭子变成了一个符号性的东西，是习惯性的。亭子搁在山头上，亭子是什么意义？园林假山一般叠不了太高，尤其对于远观而言。亭子的第一个意义是"增高势"，即结顶，有一个结束。这个结束一方面是视觉的，也同样是行为的，显示了目的地。亭子还有一个作用是"增虚势"，因为它有盖，几根柱子一撑，制造了一片阴影。假山本身是不太容易叠出虚的感觉来的，亭的意思和巨大的伞盖乔木有着丝丝缕缕的联系，所以我们也可以理解小山配以大亭的意思了。

我们看艺圃的延光阁对岸的那座大假山，假如没有那一片高大乔木和背后那一围如屏风之高墙的

SLEEVE PEAK
&
CAVE UNIVERSE

257

教学
Education

园林
之事，
山水生情——

理壁
掇山
课程
实录

话，那个所谓的假山，其实就是一个非常平的褶皱山脚。高墙给了假山一个背景与形胜，乔木给了假山一个巨大的阴影以及视觉深洞。显然，假山是一个复合体，背墙、林泉都是来帮忙的，哪有单讨论纯假山这个事情？所以千万不能把假山那些附属物，简单地看成它的符号与装点，他们是假山至关重要的部分，甚至是决定性的。

关于"假山林荫"的问题，我们可以反观一下日本园林。京都智积院有一个坟冢般的山，如富士山的圆锥形。这种山形是山的符号性表达，也是神性高台的表达，早期的中国园林里也是有的，到后世便被化解掉了。智积院的这座圆锥山，是没有林木蔽荫的，是秃的，是一个纯阳体积。因此，它是一目了然的，也是无法上人的，隐藏不了人，没有容量，一上人就如同上了模型。这座山不可游，只是作为彼岸的观想，如纪念物般的存在。我们再回来看艺圃的假山，简直就是一个巨大的宽幅怀抱。

"假山林荫"这件事情，如果说你们不想以做模型树的方式进行表达的话，当然这样的做法我也不赞成，因为这不是建筑学的语言。那么是否可以用钱老师给你们的那片墙，为假山制造阴影与深洞呢？这样的话，我们对墙便提出了新的自然意味的要求。

叶放　　这就是阴与阳、繁与简、藏与露的话题了。

理壁掇山作为山水与建筑关系的探讨，同学们都以一个极致的方式来展开，也就是探讨一个在没有花木影响下山水与建筑的关系，基本只有墙、山水和亭台三种元素。

这样的探讨，比较能激发对山石造型的理解，也就是在以石为山，以石叠山的过程中体验山石与墙、与亭台的关系。这里的阴阳可以是山与水的属性、日与月的影响、受光与投影的光线变化等，晨昏昼夜春夏秋冬，季时变化都是可以探讨的内容。当把这些哲学或美学意义上的话题融进来讨论的话，那么我们的脑洞还可以也更需要再打开一些。当然，

把这种极致作为学理的话题，在中国历史上不乏类似的经典和故事，所以我觉得这对当下的教学来说，是一种非常难得的内容与方式。

著名的公案，从"见山就是山"到"见山不是山"再到"见山乃是山"，山始终没有变，变的是我们自己。说明我们特别强调"玄览"，所谓以心来看。我们不只是要营造假山，还要欣赏假山。我们万般巧妙地去营造，就是为了万般陶醉地去欣赏。那么欣赏之道极大影响着营造之法。

大家可以思考一下，一种假山，自成一体的山，以石头前后左右上下堆栈，你能够看到山峰、山峦、山坡、山道的形象，也能看到峡谷、洞窟、桥梁、泉瀑的变化。还有一种假山，峭壁悬崖的山，以石头在墙边堆栈，像是山体从墙中出来，又像是山体入墙而去。那些较薄的石头侧看成了片，犹如嵌在墙上，老远看像书法，粉墙作纸，是墙上的山体书法。

众所周知，因地制宜是叠山理水自始以来的最高法则。所谓寻山借脉，就是以石头由外而内堆栈出山体，好像穿过墙壁延展到了园中，而且断断续续似穿非穿，或者说园墙就是盖在了山体上。因此，这种粉墙作纸的峭壁假山，显然是针对有限空间，重新架构空间关系的一个策略和方法。

"山领人古，水领人远"，貌似在说人的感受，其实是说时空观。所以这有没有泥土，考虑不考虑花木，等等，已然不重要了。因为壁山对建筑的介入已经打破了我们以建筑来构筑空间的有形和无形这个范畴，使设计语言变得更多元、更有能量。

所以从这一点上来看，我们给予建筑的作用，是诗情画意化的架构，可以有形也可以无形。当人们感受到的是顺着山水脉络扑面而来的岩石和瀑布，它自然不同于钢筋水泥的建筑空间，完全是诗情和画意，而且更重要的是欣赏者的存在和观照。所以我们在构思这些白墙和灰石头的时候，特别是在破题的时候，可以多一些角度和方法。

而且我觉得这个课题方式非常值得延续，并且在延续的过程中，可以有更丰富更深入以及更趣味性的指向和设置。

王欣　对，叶老师刚才说的这段话使我想到，在经历这样的课程训练若干年之后，你们真正自己盖建筑的时候，曾经的那个假山会是什么？

我不认为未来一定有可能，或者有必要一定要去叠假山。但不叠假山的话，这个课程的意义在哪里呢？

假山的意义其一在于：体会一种迥异于一般建筑的"自然建造"，他完全是另外一套逻辑和标准，结构、构造、审美等。会不会有一种"自然建造"的建筑存在呢？假山的意义其二在于：让建筑永远要有所指，使得建筑的动作皆有因有果，当然反过来也是一样，这是互塑互成的。

中国美院象山校园中，王澍老师在15号楼二楼院子里做了一个仿太湖石的假山建筑。我每次上课直上15号楼二楼院子，都能迎面遇上这个硕大的"太湖房"。太湖房如今基本上不用了，我们把他看作一种自然物，一种废墟般的远，代表着时空上的一种异度。我常常想，如果把这个异化物从这个建筑里拿掉的话，那么这个院子的意义就荡然无存了。在此，一个建筑扮演着建筑，另一个建筑扮演着自然，一个建筑看着另一个作为风景的建筑。

还是刚才那个问题，那个假山是什么？也许现在我们分了假山与建筑，一个硬几何，一个软几何，未来就不分了。这是两种取向、两种状态的建筑，一种代表自然，一种代表建筑，但都是人工物，或者他们从来就是一体的。

这个课程还有一个重要的特点，就是没有地形，也没有边界，是横空出世的。从一片墙、一块石头开始，不知道世界的终点在哪里，悄无声息地开始了，然后忽然在哪个地方就戛然而止了。

清代宫廷里有一件袍子——山水地纹缂丝袍。这件袍子通体大概被上百个独立的小园林所包裹。这些小园林都是独立成世界的，与周遭没有任何联系，整个袍子如同一个浩渺的宇宙，那些园林就是悬浮在当中的星球。每个星球有自己的大小尺度、坐标、向背风景……我想，这是袍子的主人对多元世界想象的并陈吧。

一如这个课题的作业呈现，一座座跟外界无关的独立小天地，仅是一墙之左右，一山之上下，一门之内外。一个个的词语，一个个的类型。这个时代，是重建当代园林与建筑语言的时代。那么重新讨论类型就是至关重要的，类型讨论的标准与方式可以是自设的，这个课程最重要的意义即是类型学上的意义。

假如明确了类型学的意义，那么初始的各墙体的叙事设定就会更加明确，譬如："一"字形墙，作为一种初级形制，区别于其他三种，它的意义弹性就会比较大。可以着重讨论墙的左右穿梭经验，以及对假山的画意截断性观读。它是一段屏风？还是一个巨大的门？这是一个基础类型。U形墙，也许讨论的是一种半包含的关系，浅度空间的出现，内外开始区分，正与背开始区分。L形墙，讨论的是视角的限制，一种从外角进入内角的顿然的经验变化，或者索性是一种垂直方向的经验，向上发展。"之"字形的墙，可能是有关游走的经验，以曲折来制造距离感与层次。在建筑学的视野里，极简的几何，都是意义的载体与触发点。一角含情，一折生意，一转即是风景重设。

总之，这是极好的开门训练课程。

叶放　我与王老师刚才聊到了这个话题，关于类同化、同质化。虽然这是现在艺术院校常容易出现的情况，但毕竟是个问题。分组后四组同学设计创作的作业，看起来确实差不太多，原因在于作业构成的思考方法都有点相同。虽然说造型各有不同，但是构成思路和处理方式都很接近，有时候讨论多了会变成趋同，也许就成了分组的弊端。

以几何构成园林是一种观念和方法，以诗画构成园林也是一种观念和方法，以诗画为构成观念、以几何为构成方法，更是一种观念与方法的结合。

苏州的古典园林也好，中国历史上的古代园林也罢，无论观念风格还是方法形式，其多样性远超越我们的想象。相信大家如果平时常阅读各种笔记杂文书的话，就会有这样的感受和积累。虽然我们未必都有过园林生活这样的体验和经验，但当我们讨论纯粹的园林与建筑的空间关系时，是完全可以打破这种生活惯性的束缚，也就是所谓对可行性的理解。其实目前大家为这些作品所赋予的生活性设想，似乎是以一种比较戏剧化或者类似舞台的感觉在展开。如果说它表现诗意，它跟我们古代文人士大夫的生活境界有距离，如果说它表达生活，它跟我们实际园林中的状态也并不一样，对未来生活的想象也不够发挥和展开。

感觉上想象力被写实的墙和写实的假山石局限住了，而作为一种探讨，本应该是没有什么不可以的。比方说其中一件作业，墙的两侧都有假山，于是假山在穿过一个门洞后与另一侧的假山连了起来。你有没有想过直接用假山与墙结合作门洞，假山从门洞上相连接，一块自然形的石梁就可以，如天桥一般，山下走走山洞兼门洞，而山上则走石梁式天桥。天桥看起来好像有一点险，但恰恰就是要这点险，才有如入云中漫步的感觉。

这就是写实的手法与写意的理念。面对这样的元素，如何在构造硬空间的同时构造软空间？如何在思考几何营造的同时思考诗画营造？都是值得我们去探讨的，而作业的创作则务必要以多角度多层次去展开。

说到阴阳，实则因光照而产生阴阳。有趣的是，作为光源本身的太阳和月亮就是代表阴阳的典型。这是外在影响的阴阳关系，晨昏昼夜，阴晴圆缺，随时随地都在变化。但是就万物本体的阴阳来说，我想我们离不开天地的概念，也就离不开以山水为代表的天地乾坤自然造化。其实中国人的山几乎是离不开水的，有山必有水，就像有阳必有阴，没有阴阳，这境界就失去平衡了，包括假山真水或真山假水的形意结合。日本园林中常见的枯山水，以岩石象征海岛，以砂砾象征海水，也就是采用了形意结合的理法。

其实中国人说山，自然就包括了水，"山中一夜雨，树杪百重泉"，更何况山不在高，有泉则仙，有仙则名。因此，在这样的人文背景之下思考山的营造，怎么能缺了水呢？有的同学想到了水，虽然只是在阐述的时候提到了，亦然很难得了。但是具体的水面在哪里？水源在哪里？也就是泉瀑的位置和池塘的位置在哪里呢？对于山静水动、池静瀑动等多重动态与静态的关系，能有所思考就完整了。

我始终认为，园林是一种世界观，也是一种方法论。自古以来，对那些寄情山水的文人士大夫来说，园林不只是通过叠座山，理个水，种点花木，建个亭子等，来营造一个美好的生活环境，这里还托付着主人的乘物游心的情怀和载道于器的思想，所谓园林是主人的精神家园。

哪怕这个园林仅仅是一块石头、一座假山，或者一个"盆池"、一件盆景，同样都代表了主人的世界观。小中见大，以少胜多，这也正是中国园林最基本的哲学概念。而如何以一块石头、一座假山，或者一个"盆池"、一件盆景来表达主人的心愿，展现营造的艺术，从而传递天地乾坤和自然造化的意象？这便是"哲匠"的方法论了。

对于山与非山和园与非园的话题，我想钱老师以后也可以专门做一个探讨。因为无论是对于建筑专业还是景观专业，都是非常有价值的一个题目。从这个角度来做一些从古到今，由中至西的研究，在有史以来的论述和园林实例中都可以看到，是如何把园林作为一种世界观和方法论来展开的。

实际上，在我们继承传统中国道法和学习现代西方技术的过程中，会发现一个基本的规则，那就是对于所有的营造，人才是根本与核心。由人来造建筑是为人而造，同样，由人来造园林也是为人而造，建筑与园林自始至终都是以人为关照的。从过去走向未来，对于当下物质空间的精神和精神空间的物质之间的关系，其实也是全世界建筑师们都会面临的话题。

再感

"理壁掇山一"的结束给了"理壁掇山二"几种暗示的方向，如果在命题上进行改进，可以在"理壁掇山一"的类型学研究基础上继续深入，并尝试将其穷尽。就像王欣老师说的那样，有点像鱼山饭宽的《幻园》系列。但总觉得关于掇山本身的问题，提出的疑虑以及多元化的探索还不够，所以"理壁掇山二"的方向便是冒险尝试再次提出问题并探讨。

"壁"的形式开始重新定义，"山"的类型不再拘泥传统，"情境"的开始若为造园的初衷？

网师园梯云室庭院中的湖石梯云，掇叠而入五峰书屋的山墙是带有云仙意境的，庭院内所有的湖石掇叠软化了边界，从而铺垫了其作为梯云入仙楼的情境寄托。不论五峰楼阁的登入或踏出，心境总会被这氛围给牵绕。如若山石携这一份惊梦破壁而入室，情境的初衷是否更添纯粹？

寄畅土山远借惠山，视感惠山一角，掇叠八音只为入山寻径。显与露的古拙树桥极具平远之画意，掩与藏的廊亭池水暗示深远之意图。而这份远意却无关掇叠，更在时间营造。那么空间情境如何依托自然山水的时间来存现？

个园的宣石掇山是带有季节性的，春夏秋冬的情境布局是为造园初心？若无因借与周遭，造园之初的情感涌动又何以凭借？诗词作为向往？山石作为地形？

留园园山如若恢复其原有的入园墙院，其园山被看的尺度则更具山林野趣。五峰仙馆前的厅山关照了厅堂长窗的山水观法，矗立于园之东北角庭院的冠云峰又具赏石机制，然而不同尺度之间的衔接是依靠园林空间蒙太奇效应的间隔揉搓才不感尺度巨变？好似《环翠堂园景图》长卷缓缓打开的叙事描述。如若揉搓一下五峰园假山，是否也能成为系列叙事而不感炉烛花瓶？

fig...25 云林山房的石头

拟题（二）

理壁掇山二	情境第一，理掇辅之。
壁的形式	不限。
山的材质	根据情境选择恰当的石材。

fig...25

开课（二）

屏山造梦　探讨一种山石破壁入室的情境营造法的可能性

情境　何处几叶萧萧雨。湿尽檐花，花底人无语。掩屏山，玉炉寒。谁见两眉愁聚倚阑干。

——清·纳兰性德《玉连环影·何处》

载体　玉化红色风凌石

旧苑深闺，佳人蹙眉，倚愁阑干。蓦见山石破壁，分屏入室，折萦曲回，嵌理壁岩，镂空邻外。侧葺洞圆，纳容细景，宛然镜游。拾阶入境，欠身周游，腾挪躲闪，罅隙窥望，又见窗棂明透，栏杆玲珑。斋外驳石流泉，自成蹊径，流转邅迤，含情多致，却已销释眉愁 fig...26,27。

山石只为梯云式，不够情趣。若能破壁入室，空间的转换便可赋予山石双重的角色：入室为屏中山水，屏洞幻化出一梦浮生；出室则为墙座梯云，破壁延续着云仙意境。

玉化的石质更易成为女性生活情绪的寄托。礼制空间的不变则可用山石自然来改造传承。

SLEEVE PEAK
&
CAVE UNIVERSE

261

教学
Education

园林
之事，
山水生情——
课程实录

理
壁
拨
山

fig...26 屏山造梦模型全景

fig...28 须弥山听雨模型全景

须弥山听雨　探讨既有自然大山水之下的空间情境营造方式

情境　少年听雨歌楼上，红烛昏罗帐；壮年听雨客舟中，江阔云低、断雁叫西风；而今听雨僧庐下，鬓已星星也；悲欢离合总无情，一任阶前、点滴到天明。

——宋·蒋捷《虞美人·听雨》

载体　独峰英德石

　　云墙倚壁，亭榭蟠山。坐客正观，一石三境，一境三转。少时娱欢，曲折廊幽，影壁遮栏，红烛昏帐，旦夕晏然，中年涉还，崎岖经丘，镶壁台宇，嵌空玲珑，如若浮沉；迟暮临巅，身远熙攘，屏窗藏诗，徕沐晨阳，临阶晚风，侧视如浅引流水，漱鸣而下，盈虚浮游，御风仙境，造化登临；窃窕视背，室庐朴雅，山石形廓，透窗竟览，尺度之异然，亦百态之尽观 fig...28,29。

　　自然山水是自带空间及时间的，空间的营造极易多余，时间的解读方式又很难拿捏恰当。

　　云墙的尺度虚化在于模糊空间界限以及隐藏空间的尺度参照，入山的复杂多变营造对自然的向往，亭台的点缀增添对自然的体验，出山的迅疾只为最后的尽观自然。

fig...27 屏山造梦模型局部

fig...30 冬园模型全景

fig...29 须弥山听雨模型局部

冬园　探讨造园之初，若无因借时，情境营造的起因方式。

情境　冬园。

载体　宣石。

　　初拾方畦，寥无因借。临渊傍池，则思围水造园。理石为墙，细裁一角，透迤孤岛，矮涉半亭，对偶出形。立中架木，敞为戏台，舍壁当空，俯视林湖，收受自如；书斋委麓，山石中来，气藏致敛，径梯蜿蜒，书窗梦醒，卧影遥吟；茶寮清靓，雅木生墙，笑言飙举，席座观山，竟日合欢；禅室折椽，藉石倚山，欹枕曳光，畅寄幽怀。又以半榭连桥，滩涂驳岸，构设坞码，水陆连旅。是为八景一园，而孕蕴无穷矣。*fig...30,31*

　　没有了周遭，云林山房飞来之峰便成为因借的情境。打开一个角，置完一座山，便有了造园的势，自我解势与自我再造势便掇了一个园。

洞壑氤氲　探讨掇山尺度在园林情境营造中的影响及匹配方式

情境　不知转入此中来。

载体　广西太湖石及小英德石。

　　苑墙摹云，理石为山。初拟自然，循山缘水，引游周转，悬岩峻壁，瘦漏生奇；忽而横石斜出，幽然境转，但见栈台悬挑，皴纹加复，山石依附嘉木，木影沁浸清流，聚散而理，囿园一室，蔚然成观；怅恍一梦，却入环屏山岫，巉岩透空，理壁山湖，遥寄心目。山门臻至，反观来径，氤氲涵虚，丘壑怡情，终以阖牖入此中，怅然释负*fig...32,33*。

　　不同尺度的掇山应对应不同尺度选石皴理的掇叠，即使是一种尺度下的掇叠仍需不同尺度选石皴理的掇叠。大石掇叠觉山小，小石掇叠觉山大，近而石有皴，远而石无皴……如若有类似壁的间隔转换而给予人心理过度的暗示准备，或许掇山便可以在一个空间内，利用不同尺度皴理的山石掇叠不同尺度的山。好比给狮子林的园山置入一缠绵壁后，各种尺度的掇叠便有了其相应的空间尺度的匹配及观法。

结语与展望

"理壁掇山一"更多的是利用形态来构成空间，从而探讨类型学的可能性。"理壁掇山二"则主要用情境来构成空间，从而提出掇山造园起因的多元性。但造园终需把梦幻变为现实，而这些式样与探讨的延续终将会给造园的合理性提供参考。那如果有理壁掇山三，我希望能够承接一和二，最终和生活衔接而进行理壁掇山。

（本文图片均由钱晓冬提供）

SLEEVE PEAK
&
CAVE UNIVERSE

263

教学
Education

园林
之事，
山水生情——
理壁
掇山
课程实录

fig...31 冬园模型局部

fig...32 洞壑氤氲模型全景

以器玩开端的造园教学，是

王欣

去年，中国美术学院建筑艺术学院十年展开幕那天，我陪几位建筑师前辈观看"如画"厅。走到"器房录"那九块挂屏前，王辉老师让我导览，但没等我开口，他就忍不住说："这就是当代新文人清玩啊！"真是一语中的，也不用我介绍了。

清玩是什么？清玩是传统中国文人的高级玩具。不能小看了玩具，每个人都需要自己的玩具，玩具是一个人认识世界的开始与凭借。每个人一生的各个阶段都需要不同的玩具。"清玩"是"清雅的器玩"的简语，它是情思的载体，是生活意趣的凝集。

器玩，常常概括了一个世界，或者映射出一个世界。器玩，是在山水自然哲学背景与生活美学关照下的，一个文化群体想象与构造的世界的"模型"，亦是日常化的形式训练工具。器玩虽小，但与绘画、造园平行，本质上等同于绘画与造园，是一种因循于具体实物几何的另一种维度的绘画。与绘画一样，器玩是作为传统造园活动的一种批判性与补偿性的存在。它是一种浓缩的，特殊视角和构造方式的时空奇想。

当代的文人缺少当代的器玩，当代的建筑师也缺少当代的器玩。器玩的缺乏，正反映了日常玩味思考的贫乏，实验与脑洞的不足。手边缺少想象与观游，那么设计就会在很高、很遥远的地方，设计就会是正襟危坐，如临大敌。

没有日常之小和手上之小，何来建筑之大？

这句话直接点出了中国美院本土建筑学设计入门教育的两个核心问题：

一、重启以情感和情趣的培育与转化作为核心的建筑教育。

二、建筑设计的形式来源与扩展向日常生活及文人艺术开放。

这两个问题，弄清楚了设计首先源自于人的情思这件事。这是永远的动源和推力，也大大放宽了评价设计的标准，不再设立一种建筑学自我循环式的专业壁垒，并指向全面的设计与审美的觉醒。

如果不能在一个碗里窥到一个貌美的仙子，如何能想象一个建筑里住着有神明？

我们所实验的本土建筑学入门教学，是从造园开始的。而造园是从一个碗，一个汤勺，一块石头……开始讨论的。园林不是风格，不是样式。造园教学以器玩作为开端，为的是：

一、直接撇开园林作为一种风格、样式、符号来进行传承的陈腐障碍。

对 一 个 " 中 国 人 " 的 重 启

二、回到最小，回到最基本的诗意形式生成与叙事想象。

园林的带入，是为了本土建筑学的改造与重建。因此，园林是作为意趣与方法。园林，是要我们重新回到或者找到一种中国人自己的生活态度与思想方法。那么，首先需要完成日常的重启，完成一个"中国人"的重启。我们曾经怎么看？怎么想？怎么生活？传统造园的繁荣，是生活艺术系统全面繁荣的自然表现。生活艺术是养育造园的土壤与环境，种花之前，先弄土壤，学设计之前要建立一种生发设计的生态，有因而后有果。

我所主持的建筑学入门教学，是以山水园林入手的，可以叫"造园教学"。而以"器玩空间"开端的造园教学，是对一个"中国人"的重启。

（本文图片均由王欣提供）

课程信息

课程名称　器房录（AN ARCHITECTURE HIDDEN IN ARTIFACTS）

课程对象　中国美术学院建筑艺术学院本科二年级

课程周期　八周

课程学期　第一学期

参与学生　李欣怡、夏一帆、李佳枫、宋雨琦、杨苏涵、王思楠、叶彤、李沁璇、陈若怡

指导教师　王欣

助教　李图、季湘志

视觉设计与摄影　孙昱

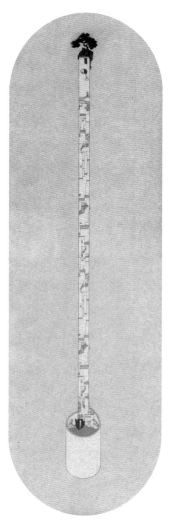

道士下山勺

由长柄汤勺之几何属性所引发的叙事构造，住在柄颠的道士，每日顺延柄之绵长下山，行至勺池中汲水回山。

教学
Education

以器玩
开端的
造园
教学，
是对一个
「中国人」
的
重启

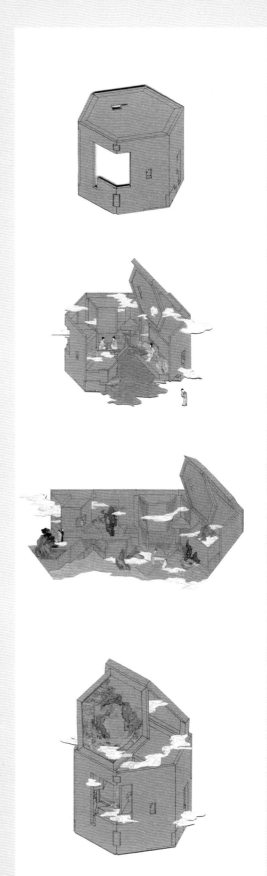

观游镜匣

镜匣可以渐次打开，每个打开的阶段都是一种园林的姿态，都是
一种特定的观看方式，储物结构的形态多暗合人物事件的观游设
想。梳妆的过程，许是两个尺度的世界对照的过程。

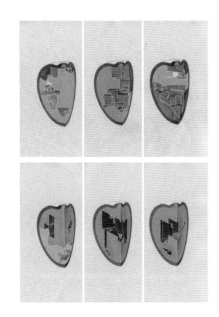

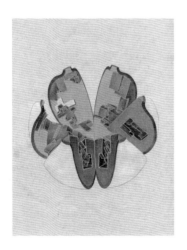

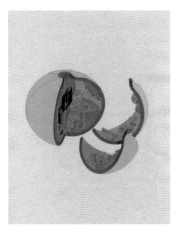

六瓣瓜国

瓜国，没有真正意义上的微小，一个纯内部的世界，一个藏得最深的世界。包藏之后需要乍泄，一瓣的剥离，即打开两个世界的对视关口，是人好奇的洞观。

教学
Education

以器玩
开端的
造园
教学，
是对一个
「中国人」
的
重启

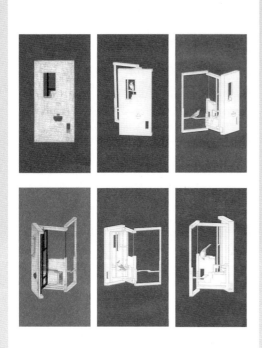

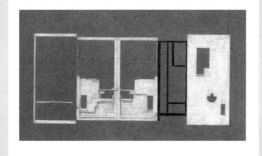

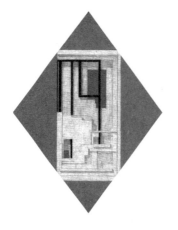

鸟折屏

一个屏风般的鸟架子，渐次通透度的曲折叠合，是对起居纵深旷奥的表述，也是对鸟框景的无数次展示。

教学
Education

以器玩
开端的
造园
教学，
是对一个
「中国人」
的
重启

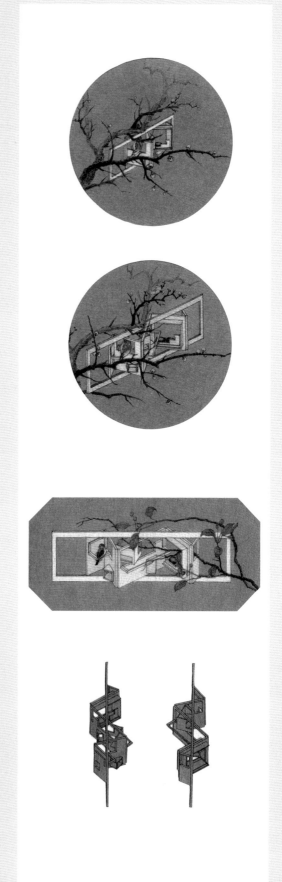

鸟挂屏

挂屏源自一块平板，经裁镂翻转后，将自然折叠到了鸟的世界
中。随着鸟的跳跃，折芯是随机移动开合的，一切收之大框，出
入图画。

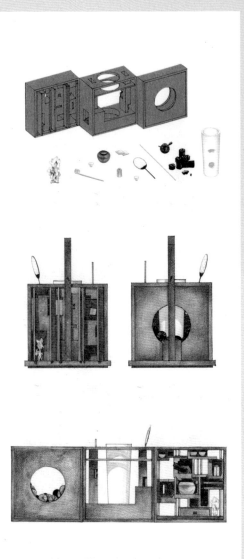

茶卅

这是茶事物的建筑，燃料、炉子、茶与茶具三部分，每一类器物
被设定了位置，并赋予相应的观看之道。三个建筑可分可合，可
以一把提起来，奔向山林。

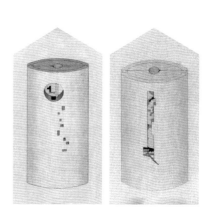

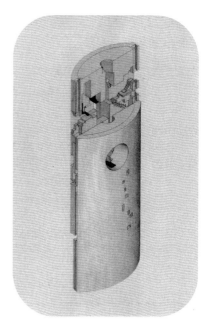

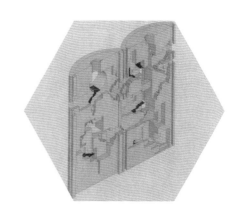

山月臂搁

臂搁一般有明显的向背内外，总是让我觉得他们本来就该是一对，
这组臂搁今日终得抱对，一起完成了"山中寻月"的剧本。

乌有园
第四辑
袖峰与洞天

274

ARCADIA
VOLUME IV
2020

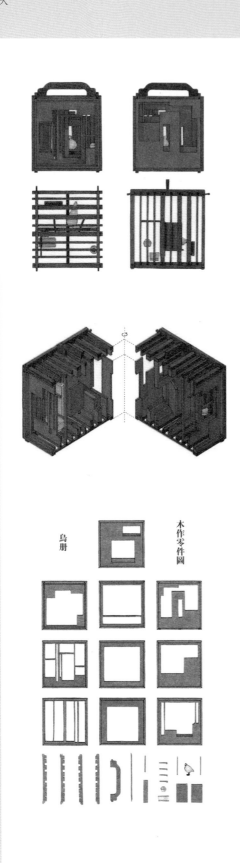

鸟册

木作零件图

鸟册子

也许可以叫作"鸟之书",一个有关于鸟的故事,以一种洞穴般的
书页层层道来。

教学
Education

以器玩
开端的
造园
教学，
是对一个
「中国人」
的
重启

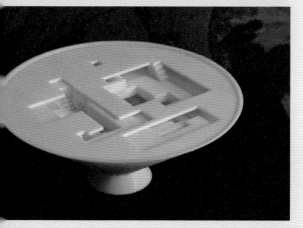

碗山与碗渊

喝的是清汤，餐到是风景。汤尽山脚乃出，汤尽洞渊乃现，是谓碗中的山水。

专题

TOPICS

SPECIAL

《繁花》、町家与佛光寺

李兴钢

fig...01a《繁花》插图 / 出自参考文献 [1]:11, 219.

记忆中的生活地图

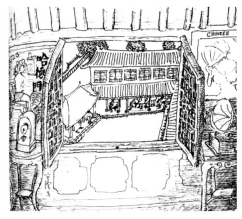

fig...01b 日常空间中领略"市井胜景"

之一

平常胜景

《繁花》:

金宇澄的小说《繁花》中有两处描写:

> 沪生经过静安寺菜市场,听见有人招呼,沪生一
> 看,是陶陶……陶陶说,进来嘛,进来看风景。
> 沪生勉强走进摊位……两个人坐进躺椅,看芳
> 妹的背影,婷婷离开……陶陶说,此地风景多好,
> 外面亮,棚里暗,躺椅比较低,以逸待劳,我有
> 依靠,笃定。……此刻,斜对面有一个女子,低
> 眉而来,三十多岁,施施然,轻摇莲步……女子
> 不响,靠近了摊前。此刻,沪生像是坐进包厢,
> 面前灯光十足,女人的头发,每一根发亮,一双
> 似醒非醒丹凤目,落定蟹桶上面。……fig...01 [1]
>
> 阿宝十岁,邻居蓓蒂六岁。两个人从假三层爬

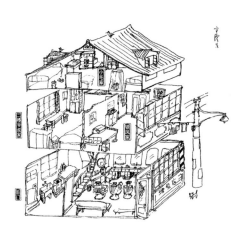

fig...02a《繁花》插图 / 出自参考文献 [1]:283, 395.
上海老弄堂民居生活空间剖视

fig...02b "瓦片温热，黄浦江船鸣"，屋顶的"上海胜景"

之二

町家：日常诗意

人们在现实的日常生活中，则需要一种"日常诗意"。

代田的町家，是日本建筑师坂本一成"家型"时期的重要作品。窄长的两层体量占据两条街道之间竖长条的用地，双坡屋顶形式，两个山墙面端部临街，是典型的日本町家式住宅，近乎封闭的灰色钛锌板横纹错缝外墙，朴素的开窗和钢网卷帘车库门，外观看去，几乎隐身于周围的民居之中，毫不起眼 fig...03。由车库进入住宅，迎面是一个庭院，视线越过一片一米多高的矮墙，穿过庭院和通长落地窗，隐约看到起居室内，但外亮内暗看不清楚。由左手凹龛处的户门进入，转右前行，通过走廊一样的空间，沿墙一长溜木台，空间半明半暗。走道尽头，空间略放宽，再右转一门，进入空间高耸的起居室。对门的木质台面可由墙面翻下，由圆钢挑出支撑，结构简约精巧，是著名家具设计师大桥晃朗的作品。打开起居室落地长窗一侧的推拉玻璃门，才发现长

上屋顶，瓦片温热，眼里是半个卢湾区，前面香山路，东面复兴公园，东面偏北，看见祖父独栋洋房一角，西面后方，皋兰路尼古拉斯东正教堂，三十年代俄侨建立，据说是几年苏维埃处决的沙皇，尼古拉二世，打雷闪电阶段，阴森可惧，太阳底下，比较养眼。蓓蒂拉紧阿宝，小身体靠紧，头发飞舞。东南风一劲，听见黄浦江船鸣，圆号宽广的嗡嗡声，抚慰少年人胸怀。......fig...02 [1]

这两段文字生动地描绘出，现实的日常市井生活中，在经历某种过程之后，人在特定空间体验到的一种"平常胜景"。

fig...03 代田的町家，露在一条街道的端部山墙

fig...04a 代田的町家，由车库进入住宅

fig...04b 代车库迎面的矮墙、庭院和后面的起居室

fig...04c 穿过庭院和通长落地窗隐约看到起居室内

fig...04d 由左手凹龛处的入户门进入

fig...04e 通过走廊一样的空间和沿墙的木台

窗被压在一个几乎与人等高的水平挑檐之下。对面是那道隔邻车库的矮墙，却在庭院一侧形成一处室外长椅。靠背（即矮墙）两端与邻接的墙体各脱开约十公分的缝隙，使得长椅的形体在庭院中独立突显出来。宁静庭院中的长椅沐浴在阳光中，背对街道而坐，透过压低的长窗，面向起居室的幽深处。起居室是一个非常深长的空间，加上两层通高的高度，可以说是这套住宅中的中心和王者，与一层的厨房比邻，二层的三个居室也通过门洞上方的窗洞与此通联，在此可感知家中所有家庭成员的存在和交流。竖向排列木板条的涂白墙面和水平的白色吊顶加强了这个公共空间的抽象感，仿佛是另一个庭院。起居室的最深处，一墙之隔就是町家另一端的外面街道了，又有一处被水平挑檐压低的墙，其下方悬挑出一片与庭院长椅差不多同高的通长混凝土板，作为长椅座位，上铺舒适的座垫和靠垫 fig...04。

在这条室内长椅上坐下，目光越过仿佛漂浮在

SLEEVE PEAK
& CAVE UNIVERSE

281

专题
Special Topics
《繁花》、
町家
与
佛光寺

fig...05 代田的町家，坐在室内长
椅，目光依次看到桌面、长窗、
庭院、长椅、车库、街道行人、
邻居住宅，制造最为极致的静谧
深远之景

半空中的薄薄的大桥晃朗木桌面，穿过整个幽深高大的起居室，透过压低的通长落地窗，看到阳光明亮的庭院和其中的室外长椅，再越过长椅矮墙和被压低压暗的车库，最后空间再次明亮起来，那便是来时一端的街道了，可以看到不时走过的行人，听到邻居偶尔的断续的说话声音，使得身在此端的空间，感受格外幽深、静谧，仿佛世间的所有一切，均在主人的眼中 fig...05。此座上方有一通长大窗，逆光之下，愈发显得下面的座位空间幽暗神秘——闭门即深山，隔岸坐观戏。桌面、长窗、庭院、长椅、车库、街道行人、邻居住宅，"隔了又隔"，近景、中景、远景，内观家中平常生活，外借都市日常情景，坂本先生在这个町家的此处，制造了最为极致的静谧深远之景。而在日常起居中，提供这一可凝视景象的此处室内长椅，可称得上是这个家中的"王座"，整个家乃至整个世界，都在他的眼前和心中。访者们惊奇地发现，可以由二层和室一角的一扇小推拉门，下到"王座"上方那片水平的挑檐，并透过挑檐上面邻街的大窗，看到街道的行人，甚至可以和走过的邻居攀谈几句。这样的场景，既有莫名的仪式感，又是如此的居家生活感 fig...06。

fig...06 代田的町家，起居室的最深处一墙之隔是町家另一端的外面街道，"王座"上方的水平挑檐上面的邻街的大窗，甚至可以和走过的邻居攀谈几句

对应平常所说的起居室、主人房、走廊、庭院，这个住宅分别以主室、室、间室、外室作为房间的命名，并且这些房间以"并列串联"的方式组合在一起，以消除"等级感"。庭院即应是"外室"，有三根连梁暴露于庭院一层的高度，通过显示结构作用而表明其乃"室"而非"院"，与打开的车库之"室"一起，带来对城市和自然的"开放性"，并因被串联于轴线之上，大大增加了空间的变化和景深，极显匠心。犹如"日常剧场"一样的空间，"代田的町家"是以"家型"为概念的"回避特殊性表现"的普通建筑[2]，诚然它是如此朴素而节制，但普通建筑中家居生活的日常都

fig...07 代田的町家，"日常的诗学"

fig...08 吉岛家住宅，框架木梁与格子纸障——宏大高拔的象征性空间与平易深远的日常性空间暧昧并置

fig...10 日下部家住宅，"街巷"或者"广场"一样的空间和宅居、园庭既融合又分隔

fig...09 下部家住宅，出乎意料的叙事——开门见山、惊心动魄，而后温语绵绵、层叠不尽

市风景，却因他匠心的经营，给人如此动人的体验和印象，这大概就是他所说"日常的诗学"fig...07。[3]

　　同样是日本传统"町家"住宅，在被筱原一男称之为"这才是建筑"的建筑——吉岛家住宅和日下部家住宅（都位于岐阜县高山市）中：框架木梁与格子纸障——宏大高拔的象征性空间与平易深远的日常性空间暧昧并置fig...08；出乎意料的叙事——开门见山、惊心动魄，而后温语绵绵、层叠不尽fig...09；喧嚣与静谧共存——像是一个极小的城市，有"街巷"或者"广场"一样的空间和宅居、园庭既融合，又分隔fig...10。

fig...11 佛光寺在佛光山中的位置 / 侯新觉绘

之三

现 佛
实 光
胜 寺
境 ：
：

对比奉国寺、独乐寺、龙门石窟等诸种"人间的仙
境再现"，佛光寺呈现出一种可现实体验的"空间胜
景"，带给我以下五点空间范式性启示。

fig...12 佛光寺全景（卢绳先生绘水彩画，1970年代）

一、选址和方位决定胜境

五台东北30公里佛光山中的佛光寺，"东南北三面
峰峦环抱，唯西向朗阔"[4]，西面地势低下开阔，寺
宇因势而建，高低层叠，座东向西，院落三重，分
建于梯田式台基之上 *fig...11-13*。1380年前，初唐台山
最具盛名的解脱和尚，选择此地栖止，斩山堆培高
台（"广台"）①，长坐习定，向西面对远山夕阳云
雾雨雪冥想禅修，四十余年间追随者慕名而来，后
来的佛光寺东大殿内群像佛坛应即建在禅师坐定之
处 *fig...14*。此为人野外修行的场地，加入者先有中唐

法兴禅师建造三基七间95尺（约31.7米）高之弥勒
大阁，毁后又借原基施建东大殿②[5]及整个山林禅寺
fig...15。虽并非如奉国寺那样典型的"净土世界"之
完整营造，但这一独特的风水形势造就无可比拟的
人间胜景——背靠青山，立于高台，两翼山林地形
夹持，坐东面西，遥观落日远山——"山如佛光"③[6]，

----

② 本文从梁思成之见，以大殿为利用佛阁旧基建立。见参考文
献 [4]。但关于旧时佛阁与今日大殿的位置关系，傅熹年的观点
是，"大阁三层七间，必然是位于寺内中轴线上的主题建筑物，
就寺内地形判断，其位置很可能是在中层台地的中央，阁的背
后即是上层台地的挡土墙"。见参考文献 [5]。

③ "山如佛光"，出自《续高僧传》二十一卷对高僧释解脱的记载，
"释解脱。姓邢。台山夹川人。……隐五台南佛光山寺四十余年，
今犹故堂十余见在。山如佛光华彩甚盛，至夏大发昱人眼口。"
见参考文献 [6]。

----

① "广台"的说法出自梁思成在《记五台山佛光寺建筑》"佛光
寺概略——现状与寺史"中对正殿之基的描述："窑后地势陡起，
依山筑墙成广台，高约十二三公尺，即为正殿之基。……广台
甚高，殿之立面，惟在台上可得全貌"。见参考文献 [4]。

第乌
四有
辑园

袖峰与洞天

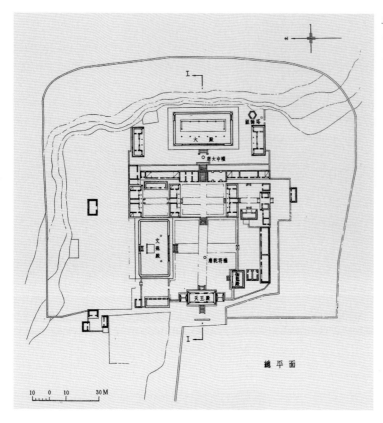

fig...13 佛光寺总平面图 / 出自：刘敦
桢 . 中国古代建筑史 [M]. 2版 . 北京 : 中国
建筑工业出版社 , 2005: 135.

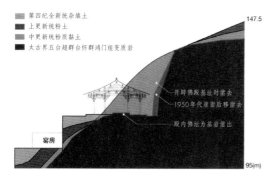

fig...14 佛光寺东大殿基础之地质状况，解脱和尚选择此地栖止并
斩山堆培高台 / 出自参考文献 [8]: 26.

fig...15 敦煌莫高窟第61窟西壁五代五台山图大佛光之寺，其间有
三基七间95尺高之弥勒大阁 / 出自：张映莹，李彦 . 五台山佛光寺
[M]. 北京 : 文物出版社 , 2010: 56.

其神圣诗意犹应胜于抽象的净土 " 法界 "fig...16。" 座
位 " 的重要性毋庸置疑，不仅指代人的座位面向，
也指空间的坐落与方位，乃 " 风水形势 "[7] 之最要义
者 fig...17,18。

二、由全凭人力转为交互自然

义县奉国寺辽构大殿中佛像与其所在空间象征的
净土世界，是整个空间体验的高潮和终点；蓟县
独乐寺空间体验的高潮和终点则是观音阁的 " 主
人 " ——观音巨像的双眼视线延伸，向着平铺而深
远的 " 众生 " 所在的城市生活空间景观；而对照之
下，五台佛光寺经由前序空间的过程酝酿和积累，
抵达广台之上的东大殿及其内部空间，众塑像所代
表的弥漫无限时间与空间的视觉化 " 法界 "[8]，是类
似奉国寺大殿和观音阁中的 " 人工胜景 "，然而不

SLEEVE PEAK
&
CAVE UNIVERSE

285

专题
Special Topics

《繁花》、
町家
与
佛光寺

fig...17 佛光寺建筑组群 / 出自：张映莹，李彦. 五台山佛光寺 [M].
北京：文物出版社，2010: 60.

fig...16 佛光寺背靠青山，立于高台，两翼山林地形夹持，坐东面
西，遥观落日远山遥观落日远山

fig...18 佛光寺组群剖面，空间的坐落与方位乃"风水形势"之最
要义者

fig...19 人工与自然一体的交互胜景

止于此，这一人工胜景与西方远山夕阳所代表的
"自然胜景"延伸结合，因由平闇天花及"消失的
前廊"回所形成的界面衬托、强化、引导，获得真正
的时空深远、无尽延伸的"神圣"诗意，我称之为
人工与自然一体的"交互胜景"fig...19，并且此刻的
体验主体已由"佛"转而为"人"——人与宇宙时
空合为一体。正如丁垚所言，"斩断的绿崖：中国
最古老的大建筑，就坐落在太古宙的岩石上，人造
物千年的时间尺度，与十亿量级的地质年代相比，
几乎可以忽略不计。但建筑却因为承载与见证了
无数有名与无名的人的生命，而对每个前来感受的
新生命具有无限的感染力。更以其斩断绿崖的坐

落，将这种生命的呼应导向建筑所在的五台山南陲
的造化胜景，想象不朽。"回

梁林1937年发现并记载于《记五台山佛光寺建
筑》（分两期发表在《中国营造学社汇刊》）的，乃是
其《中国建筑史》绪论所述之建筑中"实物结构技术
之取法及发展者"回，对应的应是上述之"人工胜景"，
而上述之"交互胜景"，则应对应于梁思成《中国建筑
史》绪论之谓建筑中"缘于环境思想之趋向者"回，因
为真正的"环境思想"，是将实物结构技术与自然环
境高度交互结合之结果，此乃古已有之的思想和营造
模式，仍需转化于当代人类生活空间的营造。深受西
方建筑教育影响的梁思成先生，意识中或许是两者独
立且两分的。当年在佛光寺考察第六天，众人围坐，

回 2014年6月21日，丁垚于有方空间讲座《佛光寺五点》，以"远
视的女建筑家""没有穹顶""七朱八白""消失的前廊""斩断绿
崖"等五点概括其对佛光寺的认识与思考。

回 同注释4。

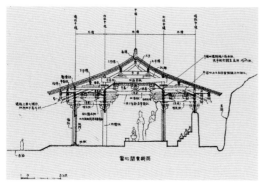

fig...20 东大殿横剖面图，前后两跨的平闇天花及下方梁枋各自对称但低于中央，改变了空间的格局感受——似乎大殿由一个整体的大空间转而为由高起的中央佛坛空间与环绕四周的廊道两组独立空间组合而成 / 出自参考文献 [4]: 50.

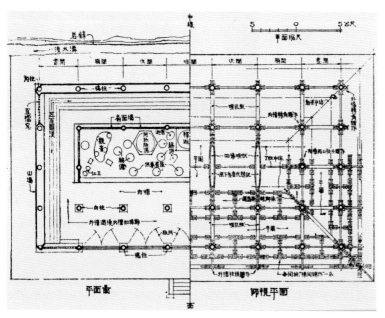

fig...21 东大殿平面图 / 出自参考文献 [4]: 51.

fig...22 佛光寺东大殿内西望，佛坛面前的廊式空间形成空间的前景、界面和过白，框景入画，高度强化了深远之胜景、空间之诗意

庆祝东大殿之发现而在殿前高台晚餐，应该也会领略到此处夕阳胜景。然而晚饭仅是晚饭，夕阳亦仅为夕阳，此景此情，并未记载于考察报告乃至其中"记游"一节。也许是艰苦匆忙中的疏漏，又或许是希望突出主要的惊世发现，总之在文献写作中几乎是与"缘于环境思想之趋向者"擦身而过了。

三、建筑意匠强化深远空间

东大殿中央一跨对应的佛坛的平闇天花及下方露明的梁枋是对称而抬升的，佛坛前后方（西东）两跨和左右两侧的平闇天花及下方梁枋亦是各自对称但低于中央，天花遮挡了上部以中脊对称的大殿整体屋顶结构，其设置和做法的重要意义是：不仅凸显了塑像，而且改变了空间的格局感受——似乎大殿由一个整体的大空间转为由高起的中央佛坛空间与环绕四周的两组独立廊道空间组合而成 *fig...20*；同时由于佛坛南北狭长而具有明确的方向性，佛坛东侧为佛像背侧，而左右后（东）三侧台阶式分布如林的像群，使空间收窄，更加突出了朝西的面向 *fig...21*。如此当我们想象主尊或修佛者座位于主跨空间内的佛坛之上，视线首先越过面前（西）一跨空间，随之打开的殿门，随之门前高台，随之双松，随之经幢，随之高台下方两重庭院、建筑、树木，随之山门，随之门前影壁及其之下河谷平原、村庄，随之重重远山和云雾夕阳——如此层层愈深愈远的不尽空间。这深远不尽的空间之始，是佛坛面前的廊式空间，形成空间的前景、界面和过白，框景入画，这一处建筑意匠至为重要，因为

SLEEVE PEAK
& CAVE UNIVERSE

287

专题
Special Topics

《繁花》、
町家
与
佛光寺

fig...24 沉浸之一：寺庙内的参访体验

fig...23 漫游之一：穿山越岭抵达寺庙，穿越的过程

它高度强化了深远之胜景、空间之诗意 fig...22。建筑意匠可以"几何"代表，空间深远则可以"胜景"形容，"几何"的要义在于营造庇护空间的同时，强化"胜景"。借用造园的语汇，前者是为"体宜"，后者则籍"因借"。

四、漫游与沉浸并重之空间叙事

游者穿山越岭抵达寺庙，穿越的过程是"漫游" fig...23，寺庙内的参访体验是"沉浸" fig...24；游者由山门经过树丛、经幢，穿越庭院、窑洞，登上层层平

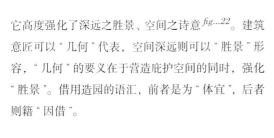

fig...25 漫游之二：由山门经过树丛、经幢，穿越庭院、窑洞，登上层层平台，抵达高台的经历

fig...26 沉浸之二：在东大殿内的参拜瞻仰 / 出自：刘敦桢. 中国古代建筑史 [M]. 2版. 北京：中国建筑工业出版社, 2005: 137.

fig...29 佛光真容禅寺匾, "全息的诗题"

fig...27 在高台之上、松涛之下，聆听耳畔诵读，观想西山夕阳胜景

fig...28 "山如佛光"：最高等级的"沉浸"，是无可比拟、难以描述的空间诗意

台，抵达高台上的东大殿，高台之前的经历是"漫游"fig...25，而在东大殿内的参拜瞻仰是"沉浸"fig...26；特别是经历上述一切之后，众人在高台之上、松涛之下，聆听耳畔诵读，观想西山夕阳胜景fig...27，通感千年历史浮沉，岁月变迁而山河依然——由深远空间转为长久时间继而领悟生命之道，是"出神入化"[10]，是最高等级的"沉浸"，是无可比拟、难以描述的空间诗意fig...28。漫游与沉浸，都需要人身心一体的投入，都需要对周围景物、环境的敏锐感知与抵达体验。漫游是沉浸的前序和后序，沉浸是漫游的停顿和节点，最后的沉浸是整个漫游的高潮和终点。因此，在整体的空间叙事中，漫游和沉浸相互依赖、彼此互成，漫游与沉浸并重，才能构成层次递进、生动而完整的空间叙事。人在这一特定情境的时刻和状态，包含了空间和时

SLEEVE PEAK
&
CAVE UNIVERSE

289

专题
Special Topics

《繁花》、
町家
与
佛光寺

fig...30 佛光寺自然场地与建筑组群剖面的历史变迁想象示意草图

间、物质与诗意、自然与情感，可以通过"全息的诗题（品题）"向他者和后人传递，是在通常的建筑语言、图像语言之外，一种人工营造与表达的可能性 *fig...29*。⑥

五、由竖向崇高转为平向深远

"法兴禅师'七岁出家……来寻圣迹，乐止林泉，隶名佛光寺……即修功德，建三层七间弥勒大阁，高九十五尺。尊像七十二位，圣贤大龙王，罄从严饰。台山海众，请充山门都焉。大和二年（828年）……入灭。'以师入寂年代推测，其建阁当在元和（806—820年）长庆（821—824年）间"[4]，东大殿建成（857年）之前30余年，法兴禅师建阁于同一斩山岩台，"所谓'已从荒顿，发心次第新成'，则今日之单层七间佛殿，必为师就弥勒大阁旧址建立者。就全寺而言，惟今日佛殿所在适于建阁，且间数均为七间，其利用旧基，更属可能。"[4]，想象台上之阁为独乐寺观音阁，可得逼近现实之印象（因观音阁虽三层五间，形制上则与敦煌壁画净土图中"所见建筑之相似也……

fig...31 敦煌莫高窟第148窟壁画净土经变（局部），东大殿与敦煌壁画净土变相中殿宇极为相似，形象及空间已转向平缓深远之感 / 出自：萧默 . 敦煌建筑研究 [M]. 北京：机械工业出版社，2002: 67.

乃结构制度，仍属唐式之自然结果"，而佛光寺之阁同在敦煌壁画之中——"敦煌石室壁画五台山图中有'大佛光之寺'。寺当时即得描影于数千里沙漠之外，其为唐代五台名刹，于此亦可征矣。"[4]因此用独乐观音阁想象佛光弥勒大阁，并非虚妄。）法兴之阁立山岩，人需登高拜谒佛祖，无论形象抑或空间给人如观音大阁一样竖向崇高之感 *fig...30*，而后世愿诚之东大殿，则"踞于高台之上，俯临庭院……屋顶坡度缓和，广檐翼出，全部庞大豪迈之象，与敦

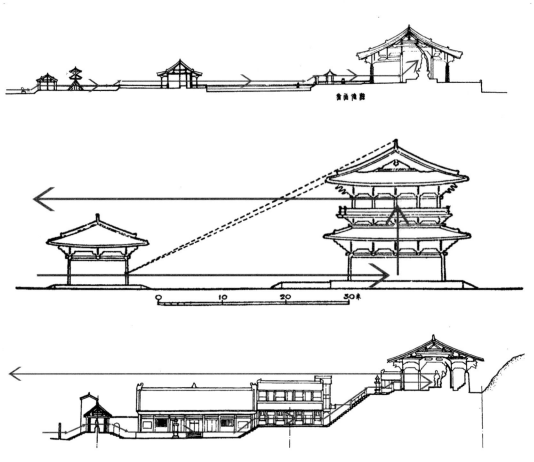

fig...32 奉国寺、独乐寺及佛光寺(由上至下)的建筑群体空间体验
中的竖向崇高与平向深远

煌壁画净土变相中殿宇极为相似"[4],形象及空间已转向平缓深远之感*fig...31*。

奉国寺的空间是水平渐高延伸,到大雄殿佛像而止,象征净土世界的进入和体验流程;独乐寺的空间是先水平延伸,至观音阁垂直向上,由"俗世"转为"圣域",再由观音的目光水平俯瞰城市"众生";佛光寺的空间则一路向东,先经两重庭院渐高延伸之深远,转而陡然上升至广台之高远,再由佛坛回转向西原野远山之平远——由竖向崇高转为平向深远,使众生不止于佛界理想天国的意象,而且于现实自然之中获得了更为深刻而诗意的生命体验*fig...32*。

对比辽构奉国寺大殿内塑像上方的"彻上露明

造",佛光寺东大殿塑像群上方的平闇天花进一步阻止空间向上升腾之态,而转向水平延伸之势。后来的独乐寺观音阁观音上方周围亦是与佛光寺相似的平闇天花,但正中凸起一个藻井小穹顶(被梁思成疑为后加)[7][11],强调了偶像,却损失了真正的"高级"——平闇引导下向自然胜景的延伸。而佛光寺核心空间"如林塑像"的横长展开、面西排列的布局方式,加强了视线和空间的水平延伸之感*fig...33*。

"七朱八白"是载于北宋官修《营造法式》的建筑彩画形式,丁垚团队在佛光寺大殿发现的标准"帝国

----

[7] 梁思成认为,独乐寺观音阁"当心间像顶之上,做'斗八藻井',其'椽'尤小,交作三角小格,与他部颇不调谐。是否原形尚待考"。见参考文献[11]。

SLEEVE PEAK
&
CAVE UNIVERSE

291

专题
Special Topics

《繁花》、
町家
与
佛光寺

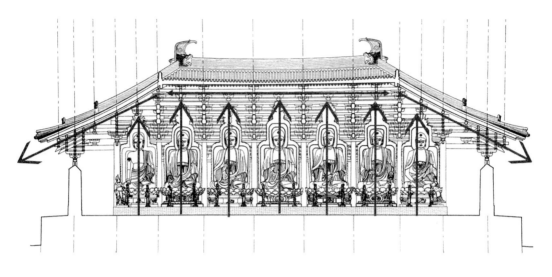

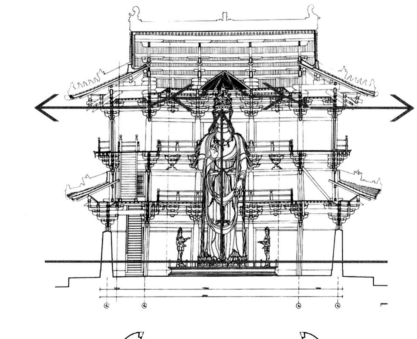

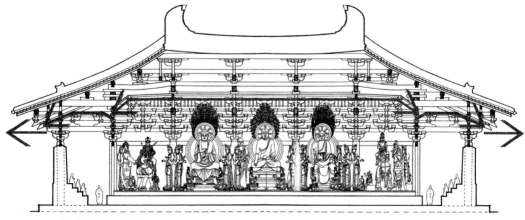

LONGITUDINAL SECTION

fig...33 奉国寺大殿、独乐寺观音阁与佛光寺东大殿（由上至下）的
佛像空间塑造，由竖向崇高转为平向深远

一种「现实理想空间营造范式」

样式"——"七朱八白"，是间断线，无始终而具横向感，强化了一种水平向无限延伸的效果。

"工作之初，因木料新饰土朱，未见梁底有字，颇急于确知其建造年代……徽因素病远视，独见'女弟子宁公遇'之名……殿之年代于此得征。"[4] 在1937年盛夏偕与梁思成等人考察佛光寺的过程中，林徽因站在佛坛上识别出大殿梁底淡淡墨迹的女子名字，这是将佛殿定位到唐代的关键——由近视、仰视而平视、远视，才有了更大价值的发现。此固为笑谈，但佛光寺的空间叙事和体验确如前所述，先由深远、高远，而后转为无限延伸的平远胜景。打开起居室落地长窗一侧的推拉玻璃门，才发现长窗被压在一个几乎与人等高的水平挑檐之下。对面是那道隔邻车库的矮墙，却在庭院一侧形成一处室外长椅。靠背（即矮墙）两端与邻接的墙体各脱开约十公分的缝隙，使得长椅的形体在庭院中独立突显出来。宁静庭院中的长椅沐浴在阳光中，背对街道而坐，透过压低的长窗，面向起居室的幽深处。起居室是一个非常深长的空间，加上两层通高的高度，可以说是这套住宅中的中心和王者，与一层的厨房比邻，二层的三个居室也通过门洞上方的窗洞与此通联，在此可感知家中所有家庭成员的存在和交流。竖向排列木板条的涂白墙面和水平的白色吊顶加强了这个公共空间的抽象感，仿佛是另一个庭院。起居室的最深处，一墙之隔就是町家另一端的外面街道了，又有一处被水平挑檐压低的墙，其下方悬挑出一片与庭院长椅差不多同高的通长混凝土板，作为长椅座位，上铺舒适的座垫和靠垫*fig...04*。

在从佛光寺回京后的某个凌晨，我豁然感知到一种领悟：唐代五台山区域的古佛光寺、日本传统京都与当代东京町家住宅、当代上海小说《繁花》这三组不同领域、地域和时代的作品在我内心呈现出相似的共鸣：空间的场所感、格局安排、叙事性、人的身体和心灵的安放所产生的愉悦和诗意，我称之为一种空间性的诗意，因为源自一种系统性的空间营造范式，即"现实理想空间营造范式"——通过空间的筹划布局和位置经营、结构／空间单元的组合与叠加，以叙事的方式引人入胜，以人工性及物质性的建筑匠意，营造自然性及精神性的诗意生活空间，从而实现适应当代现实中人之生存和生活的理想空间。这一范式可推而广之，无论古今，无论地域，无论人的行、居、作、乐，无论城市、建筑、园林、聚落，无论宏大叙事抑或日常生活，广泛地作用于人类空间的营造之中。

在我心目中，这一"现实理想空间营造范式"，强调建筑的空间营造对于当下人类"严峻现实"和"多样现实"中的介入和针对性；并特别强调人作为空间体验的主体，可以更为形象而具体地概括为："身临其境"。身者，身心一体也；临者，漫游而接近登临也；境，沉浸于情景胜境也——强调人的身体经历时间和空间的变化，而抵达现场、获得特定情境并沉浸其中的时刻和状态。"身临其境"，并非只是让建筑和空间成为一种人们可以视看和体验的诗意画面及景象，更为强调的是，由人工的营造和"自然"的状态交互而成的情境，给现实中的人们带来具有当代性的诗意生存和生活。这里的"自然"，应该既是山川树木天空大海的那个"自然"，也是风云雨雾阴晴圆缺的那个"自然"，也是废墟遗迹村庄城市的那个"自然"，还是得体合宜自然而然的那个"自然"。与"自然"交互的建筑，并不仅是物化的建筑本身，更是作为人与自然交互的媒介，使人这一核心主体突破物质时空的限制，获得"身临其境"的诗意情境，实现人类对现实和未来中理想生活空间的向往和可能性。

SLEEVE PEAK
&
CAVE UNIVERSE

293

专题
Special Topics

佛 与 町 《
光 家 繁
寺 花
》

这一"现实理想空间营造范式",可说是自古有之,弥古而新。在中国的文化艺术创作传统中,有"形、象、意"之论⑦:使用 / 观看于建筑之形,漫游感受建筑 / 空间之象,起兴诗意于自然 / 空间之意。真正具备文明高度的空间必然是人与物、人工与自然互动相成而创造出来的,人对于时间、空间之感源自对造物和自然的领悟,诗意的通感是人直接感受自然并起兴的结果,来自人与大自然的一体之感。由此可见理想空间中人对于物象、意境的使用、体验和诗意兴起的重要性,更可见理想空间中人工与自然交互的重要性——生命(人)与时空(宇宙)一体之感由此生发。当然,"自然"在空间营造、使用体验、精神兴发的整个过程中的关键性作用,在"身临其境"的理想空间营造范式中,是如此重要而不可或缺。在所有那些现实中理想空间和诗意胜景的营造中,人工与自然交互圆融的关系都是最为重要与关键的主题。"自然"并非天然存在的一种全然美好,需要人工即时即地的合理介入。对于"丰饶自然",可"因借与经营";对于"空白自然",则需要构建"人工自然"并发掘"特殊自然";对于"历史自然",重在回归起源,复现与再生;对于"乏味的城市自然",则要通过人工的引导与框界加以激活与赋能;对于"布景自然",则可通过人工的"反介入",达成与自我的交互,这同样也是消弭虚假自然,缔造新的自然可能性的一种方式与途径。

我们由此可以看到一种可能连接悠久之传统、当代之现实与不可见之未来的建筑学图景。两千多年前古罗马建筑师维特鲁威在《建筑十书》中提出了经典建筑学三原则:坚固、适用、愉悦(Solidity、Utility、Delight)。如果可以斗胆尝试对于传统建筑学的范畴进行当代的修正扩展,那么我愿意将"自然"(Naturality)纳入,并强化为与空间、结构、形式、建造等同等重要的建筑学本体要素,如此或将可以提出一种同时面向现实和未来的当代建筑学,助力我们进入人类生活空间营造的新境界。如此一来,新的"建筑学四原则"将是:坚固、适用、自然、愉悦(Solidity、Utility、Naturality、Delight)。

(本文未注明来源的图片,均由李兴钢拍摄或绘制)

参考文献

[1] 金宇澄 . 繁花 [M]. 上海:上海文艺出版社,2015: 1-2, 13.

[2] 郭屹民 . 建筑的诗学:对话・坂本一成的思考 [M]. 南京:东南大学出版社,2011: 136.

[3] 李兴钢 . 闭门即深山:代田的町家参观记 // 坂本一成、郭屹民 . 反高潮的诗学:坂本一成的建筑 [M]. 上海:同济大学出版社,2015: 48-53.

[4] 梁思成 . 记五台山佛光寺建筑 [J]. 中国营造学社汇刊,1944,7(01):17-21.

[5] 傅熹年 . 中国古代建筑史 [M]. 北京:中国建筑工业出版社,2001(02):495-496.

[6] 释道宣 . 续高僧传 [M]. 上海:上海书店出版社,1989.

[7] 王其亨 . 风水形势说和古代中国建筑外部空间设计探析 // 风水理论研究 [M]. 天津:天津大学出版社,2005: 141.

[8] 任思捷 . 唐初五台山佛光寺的政治空间与宗教构建 [J]. 建筑学报,2017(06):25.

[9] 梁思成 . 中国建筑史 [M]. 北京:生活・读书・新知三联书店,2011: 2.

[10] 董豫赣 . 出神入化 化境八章(一)[J]. 时代建筑,2008(04):101-105.

[11] 梁思成 . 独乐寺专号 . 中国营造学社汇刊,1944,3(02):71.

[12] 胡兰成 . 中国的礼乐风景 [M]. 北京:中国长安出版社,2013: 120-134.

---

⑦ 形、象、意是物之三德。凡自然界之物皆有此三德……资于物之形以为用,游于物之象,兴于物之意。……而感则可人与大自然是一体之感,大自然有兴,人亦有兴。""一切日常人事与器具诸艺亦莫不依于大自然之意志与息,资于物之形而游于物之象,兴于物之意,故可以之为礼,而有人世。""宇宙万物与人,是大自然的意志与息所创造。""物有形、有象、有意,乐通于大自然的意志,物之形以为用(观),游(群)于物之象,兴于物之意。""文明之造型必是人与物为一体而创造出来的。""不是物生于时空,而是时空生于物。""而感则可人与大自然是一体之感,大自然有兴,人亦有兴。"见参考文献 [12]。

ARCADIA
VOLUME IV
2020

一方池鉴

简述方池兴衰兼谈山、池、台、岛在造园中的演变

郑巧雁　张翼

引子

明代的宋懋晋画了一套《寄畅园五十景图》，绘制的是寄畅园在明代初建时的风貌。由于历经变迁，今天可见的寄畅园所呈现的气质与组图中大为不同，多数景致片段已很难考证追溯。其中有一幅 *fig...01*，以巉岩凌方池成华盖峰势，峰下园居者闲坐石矶上，悠然自得——这样的景致清雅简练，且以方池嵌入自然之态的山水环境中，用今天的视角看，甚至有点"现代"。可惜像这样的园景，如今已很难得见了。对中国传统造园的研究，在实例上，是以清代江南诸园林为基础的，而且这些园子多数在20世纪70年代经历过大规模的重建，其中带有方池的佳例非常罕见；在系统理论上，是以晚明计成的《园冶》为核心，计成的理论，与清代园林遗存正可互相印证，但提及方池者，仅表达对"池凿四方"的批评[1]；在美学标准上，则依宋以来的文人山水画的画意和画论为纲，山水画并不表现园居生活，所以很少涉及造园中的池形表达。在这样的研究环境下，中国造园传统中的方池很少被提及，更难得专门的研究。

本文对方池的研究：①以内容涉及方池的历史典籍、文人笔记、诗文以及带有园林场景的绘画作品为基础资料；②将方池重新代入中国造园的历史进程，观察方池伴随着山、池、台、岛在园林中的演变，探究它的兴衰沿革；③试图粗略地重塑方池在造园传统中的地位，并梳理其在不同时代、不同语境及不同情境下的评价标准和操作方法。

在中国的园林研究和造园实践中，理应有方池的一席之地。

fig...01 宋懋晋：《寄畅园五十景图》中的灌足处 / 出自：秦志豪. 锡山秦氏寄畅园文献资料长编 [M]. 上海：上海辞书出版社，2009:69.

之一
灵台与真山

先秦时期最有名的造园理水，莫过于周文王的灵沼。《诗经·大雅》中勾画了一幅非常生动的画面：

王在灵囿，麀鹿攸伏。麀鹿濯濯，白鸟翯翯。王在灵沼，于牣鱼跃。

商、周两代在谈及供王室游玩的户外场所时，很少用"园"，而是用"囿"，即所谓"苑囿"者。《说文解字》将"园"训作"所以树果也"，"苑"作"所以养禽兽也"，"囿"则作"苑有垣也……一曰禽兽曰囿"[2]。两者的显著区别在于园本是果园，而囿则用于养动物，这导致园和囿不止从内容上，在规模上也存在极大不同。苑囿固有游赏的价值，但当时的王室在苑囿中最主要的活动是畋猎，其关注点远不在山水而在动物，所以《大雅》中的文王并不流连山水，而是以"麀鹿""白鸟"和"鱼"为乐。灵沼并不是后来园林意义上"山水"之"水"，而是一个供渔乐的人工鱼池。可惜各类文献都没有提及灵沼的形式。

在更早的商代，也出现过类似的鱼池。在偃师的商代城址中发现了一个矩形方池 _fig...02_，这个方池位于宫殿区的东北，南面紧临祭祀区——这也许是现在已知的最早的园池。水池东西长近130米，南北长约20米，最深处1.4米，东西两端分别有笔直的水渠作为引水道和排水道，将西护城河的水引进方池，再流入东护城河，以此循环不止。方池的功能近乎水库，可以蓄水并维持宫殿附近水井的水位。值得关注的一点是：在池底出土了汉白玉渔网坠，这不止说明方池中有捕鱼之类的活动，精美考究的网坠意味着那应该远不止于取鱼为食，王室贵胄很可能以此作乐。因此，考古上将方池所在的区域精准地称作"池苑"[3]。

稍晚于灵沼的园池，出现在春秋时吴王阖闾为

女儿滕玉建的墓园里，那也是个方池。相关文献都来自东汉，袁康的《越绝书》中比较详细地记载了方池的大小："广四十八步，水深二丈五尺"[4]，折算下来边长约68米，水深近6米，这个规模跟偃师商城中的方池亦相仿佛。如果认为偃师的方池池形尚有可能受制于蓄水池的功能以及城中的地形限制，那么墓园中的池形则更能证明：方池是先秦园林中人工理水的理想形式。

回到文王的灵沼，偃师商城方池中的渔乐画面当与《大雅》所咏的别无二致，而阖闾满怀愧疚地安葬他的爱女[1]，自然会将现世的欢乐之所荟萃于墓

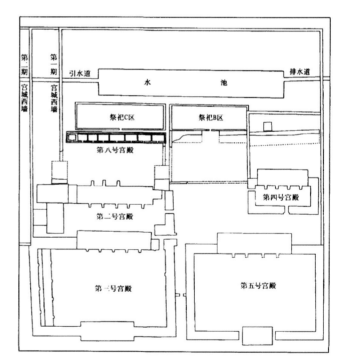

fig...02 偃师商城平面图 / 出自：杜金鹏.试论商代早期王宫池苑考古发现 [J]. 考古 ,2006,(11):55-65.

[1]《吴越春秋·阖闾内传》：吴王有女滕玉。因谋伐楚，与夫人及女会，食蒸鱼，王前尝半而与女。女怨曰："王食我残鱼辱我，我不忍久生。"乃自杀。阖闾痛之甚，葬于国西阊门外。凿池为池，积土为山，文石为椁，题凑为中，金鼎、玉杯、银樽、珠襦之宝，皆以送女。乃舞白鹤于吴市中，令万民随斋观之，遂使男女与鹤俱入羡门，因发机以掩之，杀生以送死，国人非之。

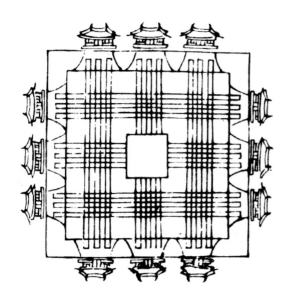

fig...03《三礼图》中的周王城图 / 出自：聂崇义集注. 新定三礼图
第1册 [M]. 上海：上海古籍出版社，1985:59.

园之中，那塘方池就绝应是冥界中的灵沼。那么，
灵沼又该是什么样子呢？

灵沼的尺度可以推测：刘向在《新序》里说
"文王作灵台，及为池沼"[5]，说明灵沼是为筑灵台
挖土而成的；《三辅黄图》里有载灵台"高二丈，周
回百二十步"[6]，即周长约170米左右[2]，高近5米[3]，
按土方平衡考虑，灵沼的容积当不过万。可知灵沼
在规模上略大于偃师商城及阖闾子女墓中的两塘
方池，此三池的容量在近似的数量级上；其实在郑
州商城中还发掘出了规模在100米×20米左右的方

池[3]，其尺度亦与上述三池相
近。可以认为，灵沼的尺度在
先秦常见的人工池沼区间之内。

《尔雅·释宫》对台的解释
是"四方而高曰台"[7]，所以与
灵沼相伴的灵台也应是方形的；
参考文王之前、之后的人工池
形，再结合周代王城fig...03及明
堂fig...04之类人造物普遍的四
方形制，这塘全由人工的灵沼
似乎应该是方池。

更微妙的考究还要从灵囿
出发。囿要容纳畋猎活动，
需要非常广阔的空间，因而灵
囿与商、周所有的苑囿一样，规
模都是极大的，如《孟子》载：
"文王之囿，方七十里"[8]。根据
《说文解字》中的细分，则"囿"
是有围墙的"苑"，是从自然环
境中被划归王室专用的一片禁区——囿中绝大多数
的内容并不是再造自然，而是自然本身。可以说，
囿并不是造园的产物。灵台和灵沼，是灵囿中为数
不多的人造物，在这样的大环境里仅作零星点缀，
像这样的点缀，会去再造自然吗？童寯先生在《造
园史纲》里这样分析造园心理：

在气候温和，植物繁茂的地方，人们经常同山
川草木接触而不觉其可贵[9]。

这是很雄辩的常理。先秦苑囿中的人工造池，
恐怕是缺少以人力来模拟自然山水的动机的。

有些研究提出灵台是用来模仿山岳的，这类观
点的意图，是在灵台与灵沼之间建立山—水对仗的
关系，以此为后世的造园思想埋好伏笔。但如果能
暂时抛开此类成见——姑且不论5米高的灵台是否
能从几何比例上匹配这类推测——单就常理而言：
苑囿中浑然真山真水，当在山重水复中的关键处施
以人力来为造化点睛时，怎能不极尽人事之工？所

[2]《史记》载"数以六为纪，六尺为步"，又根据《中国古建筑
名词图解辞典》附录二，汉代一尺约合今公制0.23—0.24米 (见：
李剑平. 中国古建筑名词图解辞典 [M]. 太原：山西科学技术出
版社，2011:366.)，则汉代一步约合今公制1.4米。
[3]《汉书》载"十尺为丈"，又根据《中国古建筑名词图解辞
典》附录二，汉代一尺约合今公制0.23—0.24米 (见：李剑
平. 中国古建筑名词图解辞典 [M]. 太原：山西科学技术出版社，
2011:366.)，则汉代一丈约合今公制2.4米。

之二

假山与
曲水

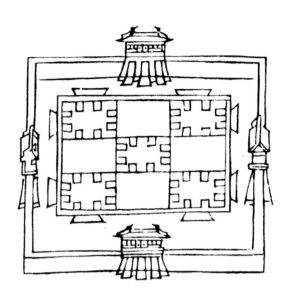

fig...04《三礼图》中的明堂 / 出自：聂崇义集注. 新定三礼图 第1册 [M]. 上海：上海古籍出版社，1985:56.

以《大雅》中描写灵台的建造时才说"经之营之"。灵台的建造，不会是造园堆山的前身；以及在偃师和郑州的两座池苑里，也都没有堆山的迹象。

因为山是苑囿地貌中本有之物，堆山当然就不在"造园"活动的范畴之中。经微缩再造的"假山"是无益于畋猎的，对于囿而言，那已经失去了山的意义；然而，经人工再造的池，不管多小却仍是"真水"，它甚至令捕鱼活动更加欢快有趣，"于牣鱼跃"的"牣"就是满的意思，这种人工鱼塘中的渔乐显然是自然水泊无法比拟的。更重要的是：苑囿中对禽兽的射猎都极其依赖原生的自然环境，惟池渔一项，可以被搬进宫城之内——商城中的方池应该就是这么来的。

综上：在商、周时期的囿囿中，除台、榭等建筑要素外，掘筑人工的水池也应在最主要的营造活动之列，且应为方池；而诸如商代城址中以及春秋吴王子女墓中的方池池苑，恰应是来自苑囿造池活动的迁移——方池是最早从苑囿中独立出来的造园要素。

在商、周两代，方池池苑是造园的主要形式，那时堆山之艺还尚未出现；明确出现堆山记载是在春秋时期，恰在吴王阖闾的那座子女墓园里。赵晔在《吴越春秋》里提到了"凿地为池，积土为山"[10]，这是第一次有文献在方池处提到人工堆山——甚至有可能是第一次在园林中出现人工的山。曹汛先生依据《论语·子罕》中"譬如为山，未成一篑，止，吾止也"[11]的比喻，推测中国造园中的人工堆山是始自春秋时代[12]，而阖闾子女墓恰可作为曹先生推测的实例佐证。《康熙字典》训"篑"作"土笼也"[13]，意味着《论语》中所指的"为山"是土山，这也与"积土为山"的描述相吻合，说明春秋时的假山以土山为主，而非叠石。

春秋时期，开始出现以人俑代替活人陪葬的风尚，同理，在墓园中出现微缩的假山以代真山来构建象征性的苑囿也是顺理成章的事。尽管阖闾安葬爱女时仍"杀生以送死"[4]，但要想以大规模的苑囿作为墓园却仍不可得——毕竟以秦统一六国之盛、兼秦二世之奢，才得以在宜春苑下葬。

然而，如这样的象征，仍然无益于生者之乐。所以当春秋、战国时的王侯贵胄欲以人工来获得自然之趣，仍是以文王之灵囿中的台—池组合为蓝本，全然无意再造山水意向。楚灵王的章华台，以及阖闾和夫差两代吴王所营建的姑苏台等都驰名当世，只是这些台远较灵台高大，并且有脱离苑囿而参与组成宫室建筑的趋势（这也是秦汉高台建筑的肇源），"高宫室"与"大苑囿"开始成为相关之事。汪菊渊先生在《中国古代园林史》[14]里通过对卜辞的分析，推测出商代宫殿与苑囿的距离最少也有几日路程，而筑台临远则可不必离开皇宫（据载姑苏台"高见三百里"[15]），"奔驰畋猎"开始向"游目骋怀"演变——这是对山的态度的一次重大转变。远眺的关注点不可能是动物，而是自然地貌的可观形式，这也是从"囿"到"园"的微妙转变。但此时观

⑷同注释1。

赏的对象仍然是真山，在关于先秦活人苑囿的文献中，如果我们把与筑台和真山相关的资料除去，剩下能用来讨论"假山"的素材几乎凤毛麟角。曹汛先生将先秦至两汉的造园倾向生动地总结为"自然主义"，如果以此为基础再作细分，那么先秦王侯们驰骋苑囿的畋猎之乐其实是"自然"的，当他们筑高台驰目于自然时，才真正能称之为"自然主义"。

回到对方池的观察，尽管假山迟迟不肯出现，但造池的做法却已经非常接近后世典型意义上的造园行为了。《华阳国志·蜀志》中在记载成都城的营建时，提及了非常有趣的掘土筑池的过程：

> 其筑城取土，去城十里，因以养鱼，今万岁池是也。城北又有龙坝池，城东有千秋池，城西有柳池，西北有天井池，津流径通，冬夏不竭，其园囿之。[16]

在这里，因"筑城取土"而掘池的动机与文王为筑灵台而掘灵沼是异曲同工的，池中同样是养鱼。这样的人工池沼遍布城周，同时，梳理景致以及造园辟囿也都是围绕着这些人工池沼展开的。理水掘池而成的"池园"，正是此时最普遍化的造园内容。这一时期关于造园的文献，除了直接提及"方池"外，很少描述水形，更值得注意的是：几乎从未谈及对池甚至是对水的欣赏。因此，尽管池园已经成为这一时期的造园主流，但是人与园林中水的关系却仍是"自然"的而非"自然主义"的。比如吴王夫差在姑苏台畔掘池理水，称作"天池"，吴地水源丰沛，故天池规模极大，夫差在池中"造青龙舟，舟中盛陈伎乐，日与西施为水嬉"[17]——先秦园主人对水的关注，似乎从未脱离灵沼"于牣鱼跃"之乐，他们关注鱼，关注舟，关注美人，关注水是不是活水，却几乎从不关注池形，更无暇分辨水是自然的还是人工的。在这样的背景下，以人工筑池来穿凿自然水形的动机是不成立的。

造园的动机本质上源自一种迁徙——将彼处所有而又不可得之物于此处再造出来。中国的园主人总是如此执着的沉浸于或者说沉迷于他们所喜爱的环境之中，因此，他们通过造园所迁徙的其实是那些能令他们沉迷的环境，如果经过再造之后无法沉迷，他们也就不会将之诉诸造园。最早沉迷于"假山"的也许是秦始皇，按《史记正义》引《三秦记》中的说法：

> 始皇都长安，引渭水为池，筑为蓬、瀛，刻石为鲸，长二百丈。[18]

这里的"蓬""瀛"是蓬莱、瀛洲、方丈三神山的略指，始皇帝对海中三座神山的向往，显然与他沉溺于上林苑中奔驰畋猎的心境完全不同——那是他数次追寻而不得的仙境，是长生不老的寄托。这使他终于可以义无反顾地在象征沧海的大池中堆叠假山，而不必介意那三座假山里是否能容纳"麀鹿攸伏"以供他猎取。这或许是活人园池中的第一座假山吧？

嬴政对神山的崇拜是中国造园心理上的一次突变，这可能是一向在苑囿中予取予求的园主人第一次从关注动物转向关注带神性的自然。中国造园中以人工再造自然应自此而始。此后，汉武帝在建章宫北的太液池也堆了三座假山，"一池三山"遂成定式。

营造假山应该是从汉代开始普及的。《三辅黄图》中记载了富民袁广汉的私园[19]，而且提到了"构石为山"的石假山。袁氏的假山并没有对神山的崇拜，因为他执着地在那座四、五里见方的园林里饲养了鹦鹉、鸳鸯、牦牛、犀牛等奇禽异兽——在这种规模下畋猎是断不可能了，袁广汉的执着，恐怕是在顽强地让自己认为拥有"囿"，而不止是一座"园"。这座大量饲养动物，同时又奋力营造假山的园，代表了一系列非常重要的转折：它远不止于从皇家到私家的转折，它是从沉浸于自然的"自然"到微缩再造自然的"自然主义"的转折。

我们为什么要在这篇写方池的文字里如此细致地关注假山？因为只要中国人还没有开始堆叠假山，他们就永远不会在意人工池沼的形状，如果没有假山，中国园林里的水池也许永远都是方的——就像西亚和欧洲那样。甚而，如果不去堆山，中国人可能都意识不到池子是方的。

SLEEVE PEAK
&
CAVE UNIVERSE

299

专题 Special Topics

的 在 台 山 兼 方 简 池 一
演 造 、 、 谈 池 述 鉴 方
变 园 岛 池 兴 衰 — —
中

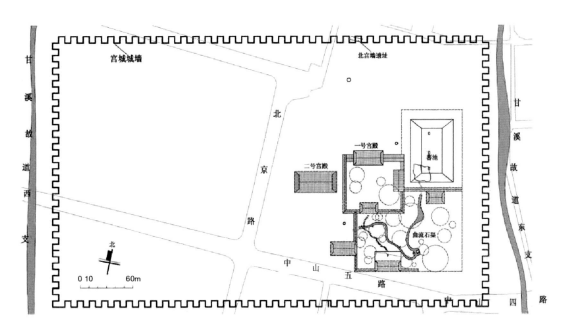

fig...05 南越国宫署平面图 / 出自：夏楠，林源 . 广州秦汉南越国御苑遗址复原想象设计探析 [J]. 中国园林 .2015,（11）：94-98.

随着假山的出现，"曲水"如期而至。在西汉南越国一座宫署中的庭院里，一湾曲水与一塘方池比邻而设 *fig...05*。方池在宫殿东北，长70米、宽50米，规模与商城方池及文王灵沼在同一数量级。池壁的砂岩砌成非常精细和平整的密缝冰裂纹，而且经过打磨，方池四壁都从池边向池底放坡，令池的体积成斗形，这样的设计使池岸边的人得以临浅水而戏——供嬉乐而非游赏。上千年了，方池自商、周之滥觞至此，仍如化石般保持着它的本色！在方池南边，与它一门之隔的另一个庭园里，一弯曲水极尽自然之态。目前并不知道，这条苦心穿凿的石渠究竟是微缩了某条河流还是再造了一条溪流，但这样的景致显然更适合观赏，以及玩味它的形式所映射着的自然。

方池与曲水在园中的邂逅，是造园史上重要的一刻——从此，造园理水开始有了选择。方池和曲水，这两种创生自不同信念且终将奔赴不同境界的水，它们各走极端，但有时竟也形影不离。南朝诗人谢朓在写给萧子隆的《奉和随王殿下》里咏颂了这样的园景：

方池含积水，明月流皎镜。规荷承日法，影鳞与风泳。上善叶渊心，止川测动性。幸是芳春来，

侧点游濠盛。[20]

方池中仍是植物（规荷）与动物（影鳞）繁盛，而作为自然江河的"川"则更关乎"心""性"，这里不仅方池与自然水体并置，而且它们的特征也都吻合于各自的造园特质。在相似的情境下，李世民跟许敬宗也为许敬宗家的一方小池应和作赋，太宗赋中提及：

引泾渭之余润，萦咫尺之方塘……叠风纹兮连复连，折回流兮曲复曲……涌菱花于岸腹，劈莲影于波心……露宿鸟之全翮，隐游鱼之半鳞。[21]

许敬宗的赋更含蓄些，但"鉴止端形""潋没萦除"的形容强化了方池跟曲水的形式差异：

爰凿小池，依于胜地。引八川之余滴，通三泾之洋沇。慕鉴止而端形，乃游智而清志尔。其潺湲绕砌，潋没萦除……游莹剑之微鸟，跃露鼎之纤鱼……喧竹凝露而全，弱荷因风而半。[21]

作为自然形式的曲水的引入，也伴随着更多的植物要素进入园庭。两汉以后关于造园池沼的文字中，方池中并不止有鱼、莲，荷已经不可或缺，许敬宗的园中更是竹全荷半。褪去了袁广汉般的对饲养异兽的执着，花木逐渐成为园庭的主体要素，中国

fig...06 仇英：仿李公麟莲社图（全图）/ 出自：陶勇清 . 庐山历代绘画精品百幅 [M]. 南昌：江西美术出版社，2012:3

人的自然之欢，已经完全从驰猎山林的"囿乐"脱胎为清游雅赏的"园趣"。

李世民提到许敬宗的理水，水源来自"泾渭"，尽管赋中不会详细铺陈造园细节，但如今看来，泾渭之水应是经曲水引入方池的。从设计逻辑上，作为"人工自然"的曲水，衔接了"自然"的泾渭与"人工"的方池。而在后世充满禅意的层出不穷的各式"莲社图"中，曲水入方池的做法几乎已成定式。在仇英仿李公麟的《莲社图》fig...06里，作为水源的河水经曲水入方池——这是南北朝文人的禅宗意境，经宋代文人描摹，又被明代文人重现的图象。既经三代顶尖文人传习，这样的场景当从未在中国的文化长河中沉没。

南宋的洪适，在饶州（今江西）鄱阳建了个盘州园，并作《盘州记》亲述园景：

……涧水剔九曲，荫以并间之屋，垒石象山，杯出岩下，九突离坐，杯来前而遇坎者浮，罚爵。

方其左为鹅池，负其右为墨沼，一咏亭临其中。水由负沼循除而西，汇于方池，两亭角力，东既醉，西可止。改席再会，则参用柳子序饮之法以"水流心不竞，云在意俱迟"为籤，坐上以序识 其一寘籤于杯而反之，随波并进，人不可私，迟顿却行，后来者或居上殿者饮，止而沉者亦饮……[22]

此中曲水引源，"剔九曲"说明曲水是人工的，在汇入方池之前还流经了圆池，这让自然形式与几何形式的对仗分外鲜明；不止方池和圆池有亭，为了曲水流觞的酒戏，还在曲水上覆屋。以及晚明王阳德在温州旸湖湖畔的别墅里，也以花圃间的曲水注入方池，根据王世贞的记述，那曲水亦可流觞[23]，所以一定不只是灌溉用的水渠。类似的园亭在各代层出不穷，这里仅举几例，曲水—方池的配置应该是极经典的手法。

专题 Special Topics

一方鉴——

简述池、兴衰

方池、台池、

山池、池岛、

在台、岛山兼谈池岛、

的演变 造园中

之三

山岛与大海

因堆假山而相应出现的曲水，让造园理水的方法开始有了选择。曲水与方池的对仗，重点并不在"曲"与"方"的形式选择，而在乎"自然"与"人工"的造园意趣。曲水是摹写自然的，中国造园中的曲水并不来自对几何曲线的癖好，而是来自对江、河、湖、溪的再现。如果说假山的出现把中国造园彻底从"自然"渡进了"自然主义"，那么，早在假山出现之前就已成为造园核心的方池，当然不会仅作为"人工"意向站在"自然"的对立面。假山的出现，对方池又意味着什么呢？

这个话题要溯回到嬴政的"一池三山"上来。三座山是假山无疑，但那池总归不是假水，那么池是什么呢？《史记·秦始皇本纪》里追溯了始皇帝掘池堆山的动机：

> 齐人徐市等上书，言海中有三神山，名曰蓬莱、方丈、瀛洲，仙人居之。请得斋戒，与童男女求之。於是遣徐市发童男女数千人，入海求仙人。[24]

尽管缺少故事情节，但徐市让秦始皇相信的仍是个神话。齐人确实擅长编织这样的神话，《汉书·地理志》里评价齐人为："齐地虚危之分野也……至今其土好经术，矜功名，舒缓阔达而足智；其失夸奢朋党，言与行谬，虚诈不情。"[25]中国有许多神话都源自这种虚诈不情的口耳相传，将神话固化下来的方式也往往是诉诸文学而非宗教，这导致神话中的场景极少被物化——造园或许是中国文化里为数不多的用物质来践行神话的领域。

机缘巧合，这次听信了神话的那个人，是在那个时代里最有气魄去践行神话的中国人。秦始皇对神话真正的践行并不是造园，他派徐市率数千人经年累月入海求仙，"费以巨万计"，甚至在徐市托辞因"常为大鲛鱼所苦，故不得至"后，真的用连弩射杀巨鱼——所谓巨鱼应该就是池中石刻的巨鲸[5]。所以，始皇帝绝不会认为他在兰池宫大池中堆的那三座土山真的就是神山；那也不会是某种神秘主义的崇拜或是企图移山搬海的巫术，始皇帝相信怪力乱神，他曾经因为在湘山祠遭遇大风，认为是舜之妻魂作梗，而"使刑徒三千人皆伐湘山树"[6]；嬴政至死都没有放弃过入东海求仙的计划，"一池三山"应该是一个用于指点江山的"沙盘"。

"一池三山"既然不是用于崇拜或巫术，它的形式应该就不是象征性的；既然它是沙盘，那么理应尽可能追求写实。但海与神山，恰恰最难写实。

秦始皇绝不会把三座神山立在鱼塘里，那池当然是茫茫东海。而大海，恰是中国人最陌生的领域。冯友兰先生在《中国哲学史》里提到"盖齐地滨海，其人多新异见闻，故齐人长于为荒诞之谈。"[26]齐人的荒诞与始皇帝的执着，都根源于对大海的陌生。他们会把那方再现大海的池做成什么样子？

后世出现的那些潆洄的曲水，其形式都源自对江、河、湖、溪形状的普遍认知——这些都是有限的形。而大海是一种近于无限的自然，作为大陆民族，中国人既无从观察大海的形，也无从通过大海的边界来推断自己所处的陆地的形。秦始皇数次亲临东海，秦人当然见过海，但秦人也一定知道海的浩瀚。所以，始皇帝的池，与其说是要再现海形，不如说是要讨论：什么样的水形才能在微缩后不像江、河、湖、溪？于是，那就一定不是曲水——因为一旦海失去了它的"大"，微缩后的曲水都必成江湖；于是，对海的再现，除了那条二百丈的石鲸外，从池形上或许就只有方池一种选择。

除了逆向的排除法，还可以借鉴一些正向的依

------

[5]《史记·秦始皇本纪》：方士徐市等入海求神药，数岁不得，费多，恐谴，乃诈曰："蓬莱药可得，然常为大鲛鱼所苦，故不得至，愿请善射与俱，见则以连弩射之。"始皇梦与海神战，如人状。问占梦，博士曰："水神不可见，以大鱼蛟龙为候。今上祷祠备谨，而有此恶神，当除去，而善神可致。"乃令入海者赍捕巨鱼具，而自以连弩候大鱼出射之。自琅邪北至荣成山，弗见。至之罘，见巨鱼，射杀一鱼。

[6]《史记·秦始皇本纪》：始皇还，过彭城，斋戒祷祠，欲出周鼎泗水。使千人没水求之，弗得。乃西南渡淮水，之衡山、南郡。浮江，至湘山祠。逢大风，几不得渡。上问博士曰："湘君神？"博士对曰："闻之，尧女，舜之妻，而葬此。"於是始皇大怒，使刑徒三千人皆伐湘山树，赭其山。上自南郡由武关归。

fig...07《当麻曼荼罗》/ 出自：印顺，星云等. 佛菩萨圣德大观 下集 [M]. 华宇出版社，1984:209.

fig...08《圆明园四十景图咏》中的方壶胜境 / 出自：沈源，汪由敦. 圆明园四十景图咏 [M]. 北京：世界图书出版公司北京公司，2005:31.

据。内陆先民表现大海形式的图式不多，然而佛教题材算是一个例外。由于印度次大陆与海洋十分亲近，所以有许多神话典故和神学场景都与大海有关。于是，这些关于大海形象的命题也随佛教传入中国内陆。佛教壁画里表现人或佛所处的场所与大海的边界，多为笔直的建筑化的边界（楼或台），以干阑式的架空来交代岸与海的交接，并以此强化大海无尽的意向。有些图式中的台从总体轮廓上会表现为由系列规则矩形复合而成的曼荼罗 fig...07：这些图式都可视作以矩形池为"底"、以向池内出挑的规则台作为"图"的图—底关系，这类挑台做法在后世并不鲜见，离我们较近的圆明园方壶胜境算是一个典型 fig...08。这些经变画多绘于晚唐及以后，那时的中国，无论从国际视野还是从对海洋的探索上，都更胜秦汉，若对大海的表现仍旧如此，或可作为秦汉以方池为海的佐证。

日本作为一个海岛民族，他们对大海的熟悉应远胜中国。枯山水中的"大海样" fig...09，从规模上反而远比"大河样"和"山河样"小，大海样中的山岛布置各有不同，但是边界却无一例外都是矩形的。作为地地道道的"假水"，大海样除其形式外绝无它用，方池的形式应该是日本人对大海形式认知的共识性的缩影。

综上，尽管曲水的出现专为摹写自然形态，但方池似乎仍是表现大海的最佳题解。不仅是作为"神水"的大海表现出极强的几何性，中国人脑海中的"神山"亦然。其实，蓬、瀛三山也称"三壶"，东晋王嘉的《拾遗记·高辛》里详细描述了方丈、蓬莱、瀛洲的形：

> 三壶，则海中三山也。一曰方壶，则方丈也；二曰蓬壶，则蓬莱也；三曰瀛壶，则瀛洲也。形如壶器。此三山上广中狭下方，皆如工制，犹华山之似削成。[27]

"方丈"原本就是一尊方壶，三座神山的形式都极值得玩味："上广中狭"的峰形后世重现于宋代山水画家们的笔下，山脚部"下方"的形式非常有趣，

SLEEVE PEAK
&
CAVE UNIVERSE

303

专题 Special Topics

的 在 台 山 兼 方 简 池 一 专
演 造 、 、 谈 池 述 鉴 方
变 园 池 池 兴 ——
中 岛 、 衰

fig...09 龙源院方丈北庭枯山水 / 出自：重森完途，石元泰博. 枯山水の庭 [M]. 日本：株式会社讲谈社，1996:32.

有若台形，有很强的人工特征，即所谓"皆如工制"。现今提起"壶"，人们总是先想到壶把和壶嘴，但对古人而言，如《说文解字》里定义的："腹方口圆曰壶。反之曰方壶。"是可以大致想见三山的形态的。这样的壶山形象应该是深入人心的，到宋代仍有如辛弃疾在《满江红·题冷泉亭》里"是当年、玉斧削方壶，无人识"之类的句子。

汉武帝刘彻在建章宫北营建的太液池与兰池宫的海池一脉相承，《史记·孝武本纪》有载：

> 其北治大池，渐台高二十余丈，名曰泰液池，中有蓬莱、方丈、瀛洲、壶梁，象海中神山龟鱼之属。[28]

这里的"壶梁"，指架在壶形神山之间的桥，这说明太液池中的"三山"诚如《拾遗记》所载，形如三壶，而结合"下方"的壶座，山间架桥的关系也就不难想象。太液池占地极大（10顷，约0.7平方公里），这样的规模需要依照地形经营池形，也许无法掘成完整的矩形，但要与渐台和方形的壶座契合，那么池岸也必然成整齐的几何形。方池、池岸的高台、方形的山脚、山间连属的桥梁……秦汉的一池三山，应该是非常几何化、甚至建筑化的。

尽管始皇帝的池畔并未记载有台，但如太液池与渐台的池—台关系在先秦已有大量先例，文王的灵台—灵沼、夫差的姑苏台—天池等不胜枚举，已成经典配置。有趣的是，《说文解字》中恰将"海"解作"天池也"[2]——夫差的天池就是海。更别忘了，秦王宫本身就是高台建筑。《拾遗记》里记载中国文化里的"第一神山"——昆仑山，也是出于海中，并与台相伴：

> ……昆仑山者，西方曰须弥山，对七星之下，出碧海之中……傍有瑶台十二，各广千步，皆五色玉为台基。最下层有流精霄阙，直上四十丈。[27]

昆仑山也出于碧海，然而它周遭的环境仍然是非常建筑化的，并且以台作为最重要的元素。东方朔在《海内十洲记》里所描述的昆仑山山形则有着更极致的几何性：

> 昆仑，号曰昆崚……上有三角，方广万里，形似偃盆，下狭上广，故名曰昆仑山三角。其一角正北，千辰之辉，名曰阆风巅；其一角正西，名曰玄圃堂；其一角正东，名曰昆仑宫……[28]

不止上大下小，而且山顶居然成一个等腰直角三角形。中国人脑海中的仙境。可能从来都不是自然主义的，无论是昆仑还是东海远处的蓬、瀛三山，应该都是超自然的几何形。如何将大海整合进高度建筑化的环境并配合几何形的玄幻山体？这应该是秦汉以来"一池三山"最重要的命题，在这样的命题下，对海的表达，方池则顺理成章，曲水却难得存身之处。

其实在后世，专以营造仙境为题的造园并不多见，不过但凡再现碧海神山者，仍然多借方池来表达意境。元末华亭的邵文博在松江有一座园亭，称"沧洲一曲"，并有诗人贝琼为之作《沧洲一曲志》；"沧洲"者，指海中仙岛，所以园中凿一亩方池，池中"错置巨石，相为经纬，类十洲三岛之状……观者以为成于造化也"[29]，即以方池摹沧海。再如明中期的王傲，因翰林院后园圃中旧有的方池而营建"小瀛洲"[30]一

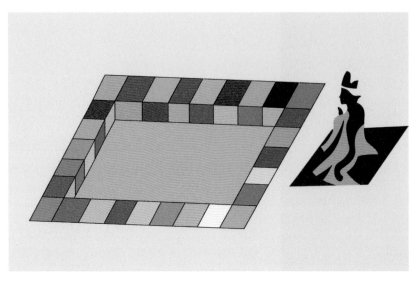

fig...10 敦煌《观无量寿经变》(局部)宝池观图 / 出自：敦煌研究院，上海人民美术出版社合编 . 敦煌壁画临本选集 [M]. 上海：上海人民美术出版社 , 1989:32.

景，其做法非常"现代"：他从江南富商处买来巨大的船帆，将帆布加工成方池边的建筑，这也许是中国最早的"膜建筑"，除大省工费外，其构形更有当时中国建筑中难得的抽象与纯粹，是以为仙境。

回到秦汉时代，方池由原本"于牣鱼跃"的渔乐池塘，因对海的表达而获得了神性。这使得方池的第一属性由"人工性"转变为"抽象性"；这也令与方池相对仗的曲水获得了"自然性"和"具象性"的双重属性。抽象的方池更适合承载神性，所以到唐代，佛教图像中仍然用方池来表达"十六观"中的"宝池观"意向*fig...10*。南北朝的谢灵运，因会高僧慧远而启佛智，除了翻经修佛外，还凿池种莲，所以后世常称文人方池作"远公莲"，历代层出"方池新种远公莲"[31]"石甃方池种白莲，庵僧欲绍远公

禅"[32]"远公未晓西归意，亲凿方池种白莲"[23]之类的佳句。

中国文人曾经对方池的几何抽象性质追求到什么程度呢？明代的张安甫在他的昆山别业凿了一个不小的方池，称"天方池"：

……轩之前为池数亩，广若干长差，而南面端视则方也。命之曰"天方池"……[33]

方池通常并不区分所谓"广"和"长"，但此池中"广"略短于"长"，池形实际上被凿成梯形，这样从南面正中望去，就实现了透视矫正，则视觉上反而呈现出更精确的方形，这与圣彼得大教堂前的雷塔广场*fig...11*用梯形来矫正透视的巴洛克手法如出一辙。

（未完待续）

SLEEVE PEAK
&
CAVE UNIVERSE

305

的 在 台 山 兼 方 简 池 一 专
演 造 、、 谈 池 述 鉴 方 题 Special Topics
变 园 岛 池 池 兴 ──
中 、 衰

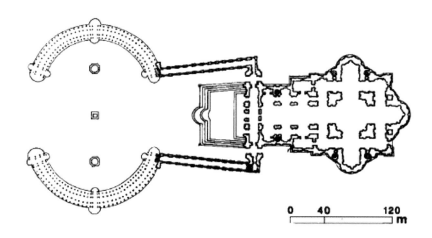

fig...11 圣彼得大教堂雷塔广场 / 出自：诺伯格 - 舒尔茨. 巴洛克
建筑 [M]. 刘念雄，译. 北京：中国建筑工业出版社，2000:25.

参考文献

[1] 计成，陈植. 园冶注释 [M]. 2版. 北京：中国建筑工业出版社，
2006: 206.

[2] 许慎. 说文解字 [M]. 杭州：浙江古籍出版社，2012: 23, 129, 229.

[3] 杜金鹏. 试论商代早期王宫池苑考古发现 [J]. 考古，2006，
（11）: 55-65.

[4] 袁康. 越绝书 [M]. 上海：商务印书馆出版，1937: 8.

[5] 刘向，石光瑛，陈新. 新序校释 [M]. 北京：中华书局，2001: 664.

[6] 陈直校证. 三辅黄图校证 [M]. 西安：陕西人民出版社，1980:
115.

[7] 郭璞. 尔雅 [M]. 上海：上海古籍出版社，2015: 81.

[8] 刘海风，米晓燕注译. 孟子 [M]. 武汉：崇文书局，2007: 41.

[9] 童寯. 造园史纲 [M]. 北京：中国建筑工业出版社，1983: 1.

[10] 赵晔. 吴越春秋 贞观政要 [M]. 长春：时代文艺出版社 .1986:
67-68.

[11] 孔丘. 论语 外二种 [M]. 北京：北京出版社，2006: 71.

[12] 曹汛. 略论我国古代园林叠山艺术的发展演变 [M]// 中国建筑
学会建筑历史学术委员会主编. 建筑历史与理论 第1辑. 南京：
江苏人民出版社，1981:74-85.

[13] 汉语大词典编纂处整理. 康熙字典 标点整理本 [M]. 上海：汉
语大词典出版社，2005: 860.

[14] 汪菊渊. 中国古代园林史 上 [M]. 2版. 北京：中国建筑工业出
版社，2012: 17.

[15] 李昉. 太平御览 [M]. 北京：中华书局，1960: 870.

[16] 常璩，唐春生. 华阳国志 [M]. 重庆：重庆出版社，2008: 313.

[17] 任昉. 述异记 [M]. 北京：中华书局，明万历：5.

[18] 刘纬毅. 汉唐方志辑佚 [M]. 北京：北京图书馆出版社，1997: 29.

[19] 孙星衍，庄逵吉. 三辅黄图 [M]. 上海：商务印书馆，1936: 29.

[20] 谢朓，曹融南. 谢宣城集校注 [M]. 上海：上海古籍出版社，
1991: 373.

[21] 陈梦雷等. 古今图书集成 经济汇编考工典 第117-130卷 [M].
上海：中华书局，1934：79-80.

[22] 洪适. 盘州文集 [M]// 景印文渊阁四库全书 第1158册. 台北：
台湾商务印书馆，1983.

[23] 王世贞. 景印文渊阁四库全书 第1282册 弇州续稿 [M]. 台北：
台湾商务印书馆，1983.

[24] 司汉迁. 史记 [M]. 北京：线装书局，2006: 76.

[25] 班固，颜师古. 汉书 [M]. 郑州：中州古籍出版社，1991: 275.

[26] 冯友兰. 中国哲学史 上 [M]. 北京：商务印书馆，2011: 179.

[27] 王嘉. 拾遗记 [M]. 北京：中华书局，1991: 23-24.

[28] 张华，王根林. 博物志 外七种 [M]. 上海：上海古籍出版社，
2012: 76, 109.

[29] 贝琼. 清江文集 [M]// 景印文渊阁四库全书 第1228册. 台北：
台湾商务印书馆，1983: 190.

[30]《中华大典》编纂委员会. 中华大典 林业典 园林与风景名胜
分典 [M]. 南京：凤凰出版社，2014: 161.

[31] 陈舜俞. 庐山记 [M]// 景印文渊阁四库全书 第585册. 台北：
台湾商务印书馆，1983.

[32] 阮阅. 郴江百咏 [M]// 景印文渊阁四库全书 第1136册. 台北：
台湾商务印书馆，1983.

[33] 钱福. 附录；纪事，遗事 // 冯时可. 钱太史鹤滩稿六卷附录一
卷纪事一卷遗事一卷 [M]. 济南：齐鲁书社，1997.

廊的空间应变

以留园之廊为例

柯云风

绪论

江南园林中的廊，不仅仅是交通上的功能，其空间呈现的诸多变化——狭阔、曲直、虚实、高下、明暗等——都无法用交通功能来解释。在前辈学者的论述中，这些变化被视作"空间应变"：

刘敦桢先生在《苏州古典园林》"景区与空间"一节中的论述，体现了"空间应变"的观点。他认为，空间的变化是适应不同要求或不同景物的结果："为了适应厅堂楼馆的不同要求和各景区的不同景物，园内空间处理也有大小、开合、高低、明暗等变化。"紧接着，书中又以一类建筑空间举例："一般说，在进入一个较大的景区前，有曲折、狭窄、晦暗的小空间作为过渡，以收敛人们的视觉和尺度感。然后转到较大的空间，可使人感到豁然开朗。"此处空间的曲折、狭窄、晦暗，正是对欲扬先抑的空间任务做出的应变。郭黛姮、张锦秋两位先生在《苏州留园的建筑空间》一文中也将留园入口的设计解读为空间应变："空间大小、空间方向、空间虚实的变化"应对的是"如何将这长五十多米且夹于高墙之间的走道处理得自然多趣"这一空间任务。[1]

空间任务，是指廊在园林的某个具体位置时，在设计上首要考虑的任务，它是必须完成的。

除了必做的空间任务，园林之廊还需与景物发生关系，这是它与住宅之廊的区别所在，即计成所言"惟园屋异乎家宅"[2]：前者"按时景为精"；后者无关景物，"循次第而造"。廊应对景物做出的变化，直接体现在空间构造上。空间构造，是指空间中的具体构件，包括屋顶梁架、墙与门窗洞口、铺地等。

一段设计精妙的廊，除了能完成必做的空间任务、能满足普遍的应景要求，还有独特的空间意象。廊内游园者看廊外时，现实的景物在视觉上呈现为经典的景象而准确表意，这就是廊的空间意象。文中每个案例的空间意象皆不相同，它们是游园者的感知，而不一定是设计者的真实意图。但是，正如朱曦在他的论文中强调的："一旦作者自认为从相关的知识中寻找到了一种意图，能合理地匹配一种设计，或者反过来，为一个精彩的设计寻找到了背后

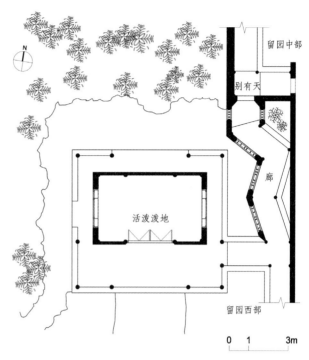

fig...01 "别有天"廊现状平面图

可能存在的意图，那么从那一刻起，作者就对这种意图的真实性失去了全部的兴趣，而把精力集中于设计表意的准确性上。"[3]

文中所选案例均为留园之廊，以求视野集中。在每个案例的写作中，分别从空间任务、空间构造、空间意象这三个方面去分析，以求准确详尽。

试以留园"别有天"廊为例。

此廊连通着留园中部景区与西部景区[4]fig...01，其空间任务是作为"序幕"衬托主景，收到欲扬先抑的效果。从中部景区进入西部景区，"别有天"洞门的后方，廊急折，一段漏明墙如照壁斜挡fig...02，其后的路径被全部遮掩，仅可透过漏窗隐约窥见西部远处的片段景物。这堵斜折的漏明墙在收敛了视觉的同时，亦阻断了廊外光线，使廊内呈现整体幽暗的氛围。从局促、幽暗的廊内转入开阔、明亮的西部景区，确使人感到豁然开朗。

"别有天"廊东侧廊柱之间设矮墙，因廊曲折而与界墙之间形成两个天井小院fig...03：北部急折形成梯形小院，内有南天竹小景；廊南部缓折，廊与界墙仅脱开一隙，三角形小院内没有种植，只见天光泄壁。东侧廊柱之间的矮墙，使廊内深灰色的人字纹铺地被其阴影笼罩，几乎看不清的铺地与黑压压的廊顶，一齐衬托出院景的明亮。除了廊东侧的小景外，廊西南还有树林、西北有竹林。在曲廊内行

fig...02 "别有天"廊入口

fig...03 "别有天"廊内

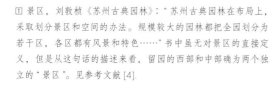

□ 景区，刘敦桢《苏州古典园林》："苏州古典园林在布局上，采取划分景区和空间的办法。规模较大的园林都把全园划分为若干区，各区都有风景和特色……"书中虽无对景区的直接定义，但是从这句话的描述来看，留园的西部和中部确为两个独立的"景区"。见参考文献[4].

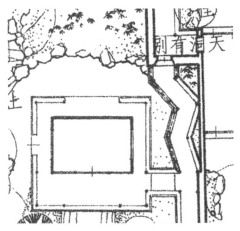

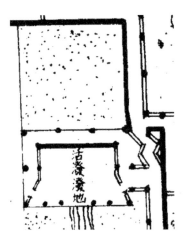

fig...04 刘敦桢《苏州古典园林》中的测绘图 / 出自参考文献 [4]　　*fig...05* 20世纪30年代的 " 别有天 " 廊平面图 / 出自参考文献 [7]

走，游园者的身体和视线随廊折而转向，在行进中自然面对前方的廊墙，透过漏窗可隐约看见竹林或树林。漏窗和矮墙的空间构造，对廊内观看景物均有帮助。

刘敦桢先生在20世纪50年代末至60年代初组织测绘的留园平面图中 *fig...04*， " 别有天 " 砖刻匾额下的洞门被命名为 " 别有洞天 "[2]，制图者对 " 洞 " 字加以强调，表明 " 别有洞天 " 可能是此处的空间意象。在刘敦桢先生的测绘图中，此处洞门宽0.9米，深0.6米，南北纵深方向呈喇叭形，南阔北窄，本就很深的洞口向南斜接至通高的廊墙。 " 别有天 " 廊的东侧柱间几乎全为高0.6米的矮墙，然而在与廊北端洞门交接的这一段变为通高的廊墙，这段廊墙，是洞口在垂直界面上的延伸，它不仅增强了洞深的感知，而且保证了游园者从 " 别有天 " 洞门进入廊内时，明亮的院景不能被立即发现，需要经过它后才能回寻而得意外之感。廊内的整体幽暗与廊外的天光乍亮，以及廊缓折与界墙微微脱开而呈现的 " 天光泄壁 "，也是 " 洞天 " 意象不可缺少的一部分。

反观童寯先生20世纪30年代步测的留园平面图 *fig...05*，图中之廊柱间空敞，在 " 别有天 " 洞门前，西部景区被一览而尽；廊内光线并不是整体幽暗的，无法衬托天光小景，亦无法使游园者感知到 " 洞天 " 意象。

" 别有天 " 廊在平面、立面上的变化是明显的：平面的曲折有急缓之变，立面有虚实之变，它们应

对的空间任务或空间意象也是明确的。然而，在一个观光客的眼中， " 别有天 " 廊是静止不动的，他无法看见 " 应变 "，当他游廊时感受到了某种说不清楚的惊奇或愉悦，往往会兴奋地留下 " 曲径通幽 " 这类评论，但是我们遗憾地发现，这类评论只是对设计结果不假思索的、模糊的赞美，它们对另一个设计的开始毫无裨益。为得到设计上的优劣判断以启发设计，本文将继续以设计者的视角考察廊在空间上的异变，甚至那些看上去是通常的做法，也将被选择性地讨论：比如， " 别有天 " 廊的东侧矮墙虽为通常做法，但是它对廊内整体幽暗氛围的影响是不可忽视的。

[2] 此处是朱曦在组课上指出来的。

SLEEVE PEAK
&
CAVE UNIVERSE

309

专题 Special Topics

为 之 以 应 空 廊
例 廊 留 变 间 的
园 的

之一

曲 静 曲 东 石 应 曲
廊 中 廊 南 林 变 直
观 与 角 小 ：
院

廊的曲折，在今日的江南园林中十分常见，它如此明显而普遍，已成为学者们乐于总结的园林特征之一。真正开始思考其曲折之由的童寯先生，在1936年的《中国园林》一文中写道："弯曲的径、廊和桥，除具有绘画美以外，没有什么别的解释……"[5] 然而，童寯先生在晚年著作《东南园墅》中，对曲折的态度发生了很大的转变："园林之曲径，以其处心积虑、刻意斟酌之不规则性，可称为'曲折有致'或'无秩序美'，成其营造特征。"[3][6]

那么，廊的曲直是如何被"处心积虑"地"刻意斟酌"的？斟酌的依据又是什么？

1937年成书的《江南园林志》中，童寯先生提出了园林"三境界"，其中之一是曲折尽致，它为园林中的曲折提供了一个评判标准：尽致。可将"致"理解为"景致"[4]，在曲折的廊内，身体和视线随之变化，需将景致穷尽——这是曲廊的空间任务。另外，书中还举出一处"斟酌"之例："回廊古多直角，计成喜用之字"[7]，即在回廊直角曲折的原型上，应变为"之字曲"。

留园的石林小院主庭院，被一圈回廊环绕，其东南角就是这类"之字曲"廊*fig...06*。主庭院东廊贴界墙而设，东廊与石林小屋前走廊"错位斜出折角相连"[8]，形成了这条折两次的"之字曲"走廊*fig...07*。它的功能是连接揖峰轩与石林小屋这两个建筑，所以在回廊中节选出这一段单独分析。"之字曲"

- - - - - - - - - - - - - - - -

[3] 这里的"曲径"英文原文为"curves"，它实际上泛指曲折的径、廊、桥。见参考文献 [6]: 93.

[4] "致"还有其它两种理解：第一种，作副词有"极其"的意思，曲折尽致就是曲折到极致的程度；第二种，作名词有"情趣"的意思，曲折尽致就是曲折使游园者感到有情趣。《园冶》中出现的"致"基本上都作"情趣"之意："斯园林而得致者""含情多致""似多野致"等。第一种解释，曲折到极致的程度，这种理解不适合作为评判标准，因为"极致的曲折"强调的仍是曲折这一形态自身，其目的是缺失的。第二种解释，曲折使游园者感到有情趣，情趣确可作为曲折的目的，但是情趣所指的范围太广了，它甚至因人而异。本文不打算将泛泛的、主观的"情趣"作为评判曲折的标准，毋宁将"致"直接取"景致"之意。实际上，使游园者感受到"情趣"的也正是园林中的"景致"。

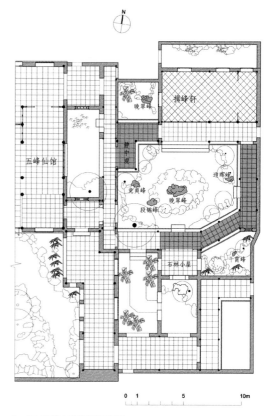

```
0   1        5              10m
```

fig...06 石林小院曲廊平面图

fig...07 留园石林小院剖视 / 出自参考文献 [4]

走廊的南北有两个大小、形状不同的庭院：石林小院主庭院的中央有石峰耸立，周围遍植小景；东南角小院平面近似梯形，内有留园十二峰之一的"干霄峰"[9]，此峰置于小院内湖石花台之上，花台内栽竹置石，构成一番小景。

- - - - - - - - - - - - - - - -

[5] 东南角小院的这块斧劈石是否为"干霄峰"存在争议，《留园志》对此石进行了考证，推测此石就是干霄峰。本文对这块斧劈石的叫法以《留园志》为准。见参考文献 [9]: 75.

　　石林小院是旧时园主为欣赏奇峰怪石而筑的一组庭院空间[6][10]，内有明确的峰石景致，用"曲折尽致"的空间任务去考察此廊是合适的。

　　首先，以设计者的视角来考察"之字曲"廊的平面错位，会发现石林小屋前走廊靠近主庭院一侧的廊柱延长线刚好延伸至东廊南端外墙，这意味着游园者在石林小屋前走廊东行时，视线能通过敞空的柱间观赏到"干霄峰"所在的小院院景 fig...08。"之字曲"的斜折使游园者在行进过程中正对这一景致成为可能。

　　其次，"之字曲"廊的曲折程度，也应对了曲折尽致这一空间任务。游园者在斜廊内走向石林小屋方向时，身体和视线都正对石林小屋西墙上的六角空窗[7]，窗后映现另一个小院的芭蕉绿叶 fig...09。"斜廊"内部空间东北高、西南低（见 fig...07），视线会被

压低的廊顶引至空窗，这一眼前对景可使游园者自然地在景物的吸引下进入石林小屋。

　　最后，"之字曲"的斜廊与东廊在转折处的交接，也应对了曲折尽致这一空间任务。当游园者的视点位于东侧直廊与斜廊交接的地方时，除了石林小屋空窗框景能吸引游园者外，另一处的空间深远不尽

┈┈┈┈┈┈┈┈┈┈┈┈┈┈┈┈┈┈┈┈┈┈┈
[6] 园主刘恕修葺"寒碧庄"之初，广收太湖石，建"石林小院"贮之。见参考文献 [10]: 243.
[7] 空窗，古时也称"窗空"，本文中的建筑术语一律按照刘敦桢《苏州古典园林》，如洞门、矮墙等，后文不再一一说明。

SLEEVE PEAK
&
CAVE UNIVERSE

311

为　之　以　应　空　廊
例　廊　留　变　间　的
　　园　　　—

专题
Special Topics

fig...11 主庭院东廊南端短墙

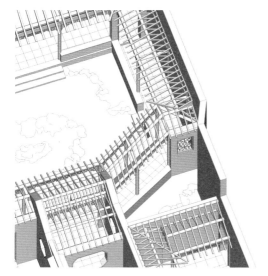

fig...12 现状"之字曲"廊轴测图

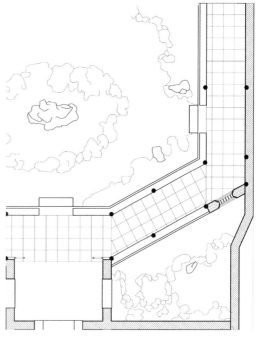

fig...13 另一种曲折的转角形式

场景也是游园过程中罕见的：此处西望，视线恰好穿过明暗交替的层层门洞空窗，可望穿近50米的景深 fig...10。观看这一场景的视角被"之字曲"廊的转角部分的形式所强调。

　　出揖峰轩檐廊，进入主庭院东廊南行，正前方是一堵短墙，墙上设漏窗 fig...11。一般地，园林中的漏窗中心距地面的高度与视高相等，但是，此短墙是漏窗下边与人视点大致平齐。在廊的转角处，此短墙屏蔽正前方（南向）的小院景物而将视线引至正西向的深远场景。

　　"之字曲"走廊的两间斜廊与石林小院主庭院东侧直廊的屋架交接关系，是斜廊"搭接"在直廊的一侧 fig...12，而不是斜廊与直廊合并为一体 fig...13，后者是园林曲廊常见的转折形式。在结构上，两种交接方式都可以满足结构交圈的要求。在对身体行进

方向的影响上，这一反常的转角形式，使处于廊内的身体被相互垂直的墙体围合，身体的行进方向有一个短暂的时刻能自然面对正西向的深远场景；若用常见的转角形式，廊内身体被斜墙引导而不是围合，游园者会立即转向石林小屋而错过深远场景。

　　以上所述的观景状态，笔者称之为"眼前对景"。它出自童寯先生在第一版《江南园林志》中提出的造园三境界："第一、疏密得宜；第二、曲折尽致 [11]；第三、眼前对景"，第二版《江南园林志》中的第三个境界改为后来被人熟知的"眼前有景"[7]。若廊内的游园者身体行进方向与视线观景方向一致，用"眼前对景"来描述这一观景状态比"眼前有景"更加准确。

　　清代园主刘蓉峰在《石林小院说》中多次描述了"石峰成林"的空间意象："不计数目而散布成

ARCADIA
VOLUME IV
2020

fig...14 从斜廊内仰视"干霄峰"

fig...15 从静中观望主庭院晚翠峰

fig...16 游园者在静中观廊内正对独秀峰

林""石与峰相杂而成林"。理想情况下，为了获得"林"的"森森"感，应选高耸的峰，但现实中高耸的峰只有少数几枚，东南角"之字曲"廊南侧的"干霄峰"就是少有的高近4米的石笋，曲廊需要将它衬托得更高，以应对石峰成林的空间意象。

"之字曲"廊转折的两间，廊顶有高低变化，西南低——廊的檐口距离廊内地坪2.8米，东北高——廊的檐口距离廊内地坪3.2米，"干霄峰"的位置靠近较高的廊檐。从石林小屋前走廊东行，在斜廊西南段观看"干霄峰"，峰石距离游园者较远，但低矮的廊檐遮住了观看峰顶的视线，"干霄峰"不能被看全；在斜廊东北段观看"干霄峰"，峰石距离游园者更近，檐口的升高减少了其对观看峰石主干的阻碍，但由于峰石以湖石花台为基，抬高了整体高度，并且峰石的位置紧逼廊檐，游园者从廊内很难看见峰顶（除非贴近矮墙，探头仰视）。变高的廊顶可使本来就很高的"干霄峰"显现更多的部分给廊内游园者，同时，廊顶的高度是被控制的，廊内视线被廊顶遮挡，刚好看不见峰顶^{fig...14}，使游园者愈觉峰石之高耸。

石林小院主庭院的一圈回廊，东南角应变为"之字曲"，西北角的静中观曲廊则是"曲尺曲"（见fig...06），它也是曲直应变的一例。

静中观曲廊与东西两侧的走廊先以墙相隔，再在墙上开设洞门，而不是与邻旁的走廊连通无阻；另外，这段曲廊设有吊顶，在空间上与东西两侧的走廊有差异。因为以上两点，从绕石林小院主庭院一圈的回廊中，将静中观曲廊节选出来单独分析。曲廊东侧与揖峰轩檐廊相接；西侧与一条南北向的走廊相通；此廊北侧为不可进入的小院，小院内"独秀峰"^[8]耸立，并有湖石花台和芭蕉一株；南侧是以"晚翠峰"^[9]为主景的庭院。

静中观曲廊东、西两侧洞门开口不对位，使廊呈现出"曲尺曲"的平面形态。如果静中观的两侧洞门在东西方向上直接对位，在交通的功能上更为便捷。所以，平面的曲折，不是工匠漫无目的的建

---

[8] 园主刘恕对此石欣赏有嘉："磊砢岩崿，错落崔巍，体昂而有俯势，形砣而有灵意。"详情参见：刘恕《石林小院记》。
[9] 是石"魂磊而嵚崎，凛乎有不可犯之意"，是院中主景。详情参见：刘恕《晚翠峰记》。

SLEEVE PEAK
&
CAVE UNIVERSE

313

专题 Special Topics
为 之 以 应 空 廊
例 廊 留 变 间 的
园 —

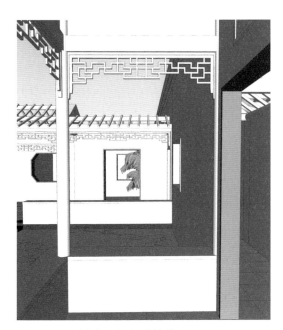

fig...17 静中观廊内南行看见的深远场景

fig...18 静中观廊内西折看见的深远场景

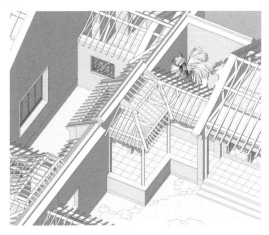

fig...19 静中观轴测图

造结果，而是造园者有意图的空间应变。

空间的曲直变化带来身体与视线的方向变化，不妨用游园者的视角进入此廊，来考察它是否完成了曲折尽致的空间任务。从曲廊西侧的走廊南行至洞门进入静中观，游园者的视线会自然朝向主庭院中的景物——"晚翠峰"，旁有"迎晖峰""竞爽峰"[10]相衬 fig...15。在此处暂停片刻便折向北，此时，身体的行进方向与视线的方向一致：皆正对北侧小院内的"独秀峰"fig...16。或者相反，从揖峰轩檐廊通过洞门进入曲廊直行后便折向南，南行的过程中，身体行进方向和视线都正对深远场景 fig...17：视线通过曲廊南侧的柱间，看到石林小院主庭院的院景，视线再通过院后走廊的矮墙、洞门，又通过走廊后

的芭蕉小院，穿过空窗延伸至室内。在折入西侧走廊时，透过洞门直面静中观西部，视线一直延伸至五峰仙馆，可见空窗层叠、明暗交替、内外错综的深远场景 fig...18。静中观周围的景致可被廊内游园者自然地看尽。

廊的平面曲折保证了游园者眼前对景的机会，曲廊的空间构造则直接影响对景的质量。曲廊的屋顶一段靠院墙、一段临空，靠院墙的屋顶为半亭做法——以解决排水问题，凌空的屋顶则为通常的双坡顶做法 fig...19。木板吊顶遮蔽了屋顶形式的不一致，廊内空间的顶面是水平的。由于廊的平面为曲尺形，木板吊顶的铺设方向就存在着取舍的问题，现状中木板南北向铺设，与眼前正对"独秀峰"的视线方向是一致的。

从揖峰轩进入静中观南行时可看到深远场景（见 fig...17）。观看这一深远场景的第一个界面，是

fig...20 由五峰仙馆东山墙窗牖通过静中观看石林小院 / 出自参
考文献 [1]

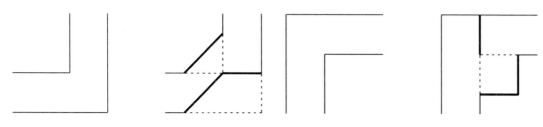

fig...21 在回廊转角的原型上，用斜廊连接两段直廊　　*fig...22* 在回廊转角的原型上，增加一间

曲廊南面的廊柱—矮墙—挂落形成的取景框，曲廊南面的柱子下部皆埋于矮墙之内，而不是园林中常见的漏出一部分在矮墙外。这一反常的"埋柱"做法，使取景框的轮廓更加完整，是应对眼前对景而作出的构造变化。

连通静中观与其西侧走廊的洞门宽度阔大，接近整个柱间的尺寸，为1.6米，大于一般的1.1米的洞门尺寸（如静中观的东侧洞门）。另外，静中观的方砖铺地与其西侧走廊的方砖铺地是一个整体，它们的纹路是连续的，异于园林中通常在洞门下方铺条石的做法（如静中观的东侧洞门）。宽度阔大的洞门与连续的空间底面，使身体从西侧走廊进入静中观的行为更连续，身体的行进不被阻断，与观看主庭院"晚翠峰"景物的视线方向保持一致。

"庭院深深深几许，杨柳堆烟，帘幕无重数。"北宋欧阳修描写的这一空间深境是园林中的经典意象。静中观曲廊附近，除了前文提及的两处在廊内行进时正对的"庭院深深"意象（见 *fig...17,18*）外，还有一处由廊的曲折带来的"庭院深深"意象：从

廊外的五峰仙馆室内东端——观望石林小院院景时 *fig...20*，视线会穿过窗框、矮墙—挂落、洞门、矮墙—挂落—立柱这四重界面，欧词中的室内层层帘幕被替换成室外重重景框，收到同样的"庭院深深"意象。这一空间意象，只有在静中观西侧的洞门开口与五峰仙馆外墙上的半窗位置对位时才有可能出现。

以设计者的视角来考察石林小院这两段廊的曲直应变，东南角曲廊是在回廊直角转折的原型上，用一段斜廊来连接两段相互垂直的直廊 *fig...21*，完成了"曲折尽致"的空间任务：使游园者在行进中能正对"干霄峰"、空窗框景和深远场景。静中观曲廊是在回廊直角转折的原型上增加一间，并使洞门错位 *fig...22*；这一应变很好地完成了"曲折尽致"的空间任务：使游园者在行进中不仅能正对石峰景致，还可以正对深远场景，相比回廊的直角转折，这里的"曲尺曲"廊多提供了四段眼前对景的机会，实为佳构。这两条转角廊，在同一个庭院内应对同样的空间任务，因位置和环境不同而做出两类曲直应变，最后都能曲折尽致，廊的空间应变是敏感而准确的。

SLEEVE PEAK
&
CAVE UNIVERSE

315

专题

为 之 以 应 空 廊
例 廊 留 变 间 的
园 — 的
Special Topics

之二

虚实应变：古木交柯一带与鹤所

《园冶》立基篇中，计成在写完廊在平面上的曲折特征后，紧接着强调了廊的虚实特征："蹱山腰，落水面，任高低曲折，自然断续蜿蜒，园林中不可少斯一断境界。""断""续"是廊的围合界面的封闭、开敞带来的，断境是虚实应变的结果。廊的虚实意味着廊与景的断续，在面临景致时，廊通常会将各个方向的景"续"入廊内，正如石林小院的两段曲廊那样。然而，在园林或景区入口的位置，廊需要应对刘敦桢先生所言的"欲扬先抑"的空间任务，廊与景的断续更加复杂，下面将从空间虚实的方面分析两段位于园林入口的廊。

fig...24 1956年的古木景象 / 出自参考文献 [12]

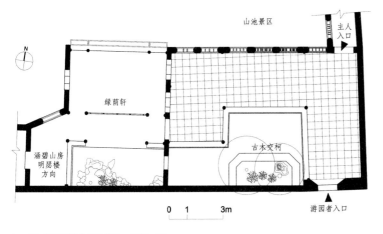

fig...23 在回廊转角的原型上，增加一间

古木交柯一带*fig...23*是入园门后的第一个景点，它位于中部景区的东南角，是游客进入中部山池景区之前的"序幕"。它的北面紧邻山池，西侧有一轩，南侧旧时有古木景象[11]*fig...24*。绕古木一周的建筑，平面上是呈"∩"形的带状空间，各段的宽度近似相等，约为3.1米，具有廊的空间特征；此外，它的功能主要是交通上的；前辈学者们在讨论它时都描

[11] 古柏、女贞。20世纪50年代，古柏枯死，现已不存。
[12] 刘敦桢《苏州古典园林》在"廊的平面实测图"中记录了这条"廊"；杨鸿勋《江南园林论》中称之为"廊轩"；潘谷西《江南理景艺术》中将其描述为"走廊的加宽"等。见参考文献 [4][12][13].

述其为"廊"[12][4][12][13]，所以将其视作廊来讨论。

20世纪60年代，前辈学者们将古木交柯一带视作江南园林的空间典范而进行了广泛而深刻的讨论[13][1][4][14][15]。其中，郭黛姮先生和张锦秋先生在《苏州留园的建筑空间》一文中，将古木交柯一带欲扬先抑的空间任务表述得十分明确："由于它是园林游览路线的起点，按照我国传统的造园手法，应该避免开门见山一览无余，但又因到此之前，游人已经穿行了一长串较封闭的过渡性空间，这里不能

[13] 1956年刘敦桢《苏州的园林》、1960年成稿的《苏州古典园林》、1963年潘谷西《苏州园林的布局问题》、1963年彭一刚《庭园建筑艺术处理手法分析》都对古木交柯进行了"游园者视角"的分析，即追忆现场所见；1963年郭黛姮与张锦秋《苏州留园的建筑空间》一文将古木交柯一带进行了"设计者视角"的分析，即还原它的设计过程。见参考文献 [1][4][14][15]. 此后，陈从周、张家骥、杨鸿勋都曾对古木交柯有过论述。
[14] "掩映"一词，以及后面的"散空""透漏"均出自郭、张两位先生的文章。见参考文献 [1].

fig...25 古木交柯的空间界面虚实：掩映—透漏—敞空 / 出自：王昀 . 中国园林 [M]. 北京：中国电力出版社，2014.

fig...26 古木交柯一带漏窗 / 出自：王昀 . 中国园林 [M]. 北京：中国电力出版社，2014.

fig...27 古木交柯空窗重叠透漏

再过分封闭，因此必须恰当地解决需要收敛又需要舒展的矛盾。"[1] 为了收敛游园者的视觉，以漏明墙"掩映"[14][1]山池景色 *fig...25*，这是"抑"。同时，绕古木庭院的空间界面作"敞空"处理——柱间仅设矮墙；临绿荫轩的空间界面作"透漏"处理——实墙上开两扇空窗。向古木庭院敞空，使廊内空间相较之前晦暗、狭窄的走廊更为舒展；古木交柯一带西侧的空窗，将视线延伸至远处楼阁，加强了视线上的舒展，这是"扬"。

　　在廊内的行进过程中，大致有三处景物会在游园者眼前：①廊北的山池；②廊西绿荫轩后的假山；③被廊环抱的古木。针对这三处景物，廊内空间构造也做出了应变。

　　古木交柯北面的六扇漏窗，被两根露出墙面的廊柱所隔，分为疏—密—疏三组 *fig...26*：最东端的一扇漏窗与最西端的两扇漏窗较为疏朗，而中间的三扇较为密实。在描述古木交柯北面的一排漏窗与山

----
[14] "掩映"一词，以及后面的"敞空""透漏"均出自郭、张两位先生的文章。见参考文献 [1].

池的关系时，郭、张两位先生使用了"掩映"一词，将这个词拆解："掩"和"映"，这两个字指代的大概是相反的意思：掩，可作"遮掩"之解；映，可作"映衬"之解。密实的漏窗可"掩"山池；疏朗的漏窗则"映"山池。疏朗的漏窗都开设在游园者行进时面对的位置——东、西两端，无论是入园时从园门方向进入古木交柯，还是出园时从绿荫轩方向折回古木交柯，在曲折的廊内面对北面时，山池透过漏窗映现，皆可使游园者眼前对景。

　　疏朗的漏窗与密实的漏窗之间以露明的廊柱相隔，使北墙在视觉上被划分为三段独立的墙体。游园者从南至北行进时，视线方向正对着北面漏窗后的景物（见 *fig...26*）。疏朗漏窗所在墙体的相对独立，使其成为视觉焦点。

　　古木交柯一带的西南角通过洞门与绿荫轩相通，结构的檩条方向也由南北向转至东西向。洞门上方的梁架贴墙，梁架之间嵌入漆成深色的山垫板（见 *fig...26*），这深色垫板和阴影笼罩下的椽与梁架混为一片，为虚；梁架下方的白粉墙，为实，其上边缘在视觉上大致平齐。从廊内西南角北望，粉墙上边缘的透视线聚焦至北面的漏窗和其后的景色。

SLEEVE PEAK
&
CAVE UNIVERSE

317

为 之 以 应 空 廊 专
例 廊 留 变 间 的 题
园 —

Special Topics

fig...28 园主进入古木交柯廊内的场景

fig...29 古木交柯庭院午后场景

由东向西行，眼前正对绿荫轩后的假山 *fig...27*。绿荫轩西墙上的空窗截取了远处假山的片段，使远处景物在视觉上贴近绿荫轩，吸引游园者前行；同时，古木交柯西墙"加长"的八边形空窗，与绿荫轩西墙正八边形空窗在视线上重叠时，由于透视错觉，又使古木交柯与景物的距离看上去更深远。八边形空窗形状的"加长"，亦是西墙虚空部分的增大，它加强了景框重叠的透视特征，是对眼前对景的强调。

廊的梁架也应对庭院内的古木做出了应变。旧时主人进入廊内的视角[13][4]*fig...28*，可见三条横梁交于立柱上的一点。按照木结构的特性，多条水平构件（梁）接在同一根垂直构件（柱子）上时，通常将它们与柱子交接在不同的高度上，现状的反常做法对构造和用料的要求更高。这一应变，使眼前对景的视线被自然延伸至立柱后古木所在的庭院。

另有一处奇特异常的地方，是廊的底面——方砖铺地：其铺设网格与廊的西侧墙体不是正交关系，现在还无法判断它对眼前对景有无帮助、是优是劣。

"从园林艺术角度要求，更重要的是意境的创造。在园林中，'入口'或是'交通枢纽'都不应该是纯功能的，应把功能的解决融于意境的创造之中。"[1] 此廊的空间意象，就是作为留园十二景之一的"古木交柯"。廊与古木所在的庭院之间的界面，是廊柱之间的矮墙和挂落，它们限定出廊外庭院近似立方的空间体量，使庭院内的古木交柯更为独立。矮墙为实、挂落为虚，游园者观看古木时，下实上虚，视线从视平线高度的古木躯干上引至古木枝叶，仰视的视角，愈彰古木之高大。矮墙在视线上并不遮挡被抬高的古木景象，且可使廊内地面变暗以衬托廊外的古木景

fig...30 古木交柯中间三扇密实漏窗 / 出自：王昀 . 中国园林 [M].
北京：中国电力出版社，2014.

fig...31 包爱兰1926年拍摄的古木交柯漏窗 / 出自参考文献 [16]

[13] 旧时主人从鹤所一带入园，经五峰仙馆、曲溪楼，通过古木交柯东北角洞门进入廊内。见参考文献 [4]: 58.

fig...32 1928年的古木交柯矮墙上的美人靠 / 来源于网络

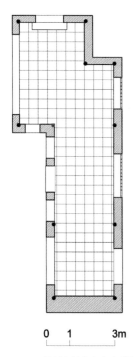

0　1　　3m

fig...33 鹤所与周边庭院平面图

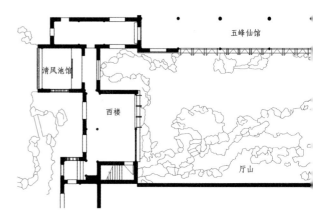

fig...34 鹤所平面图

fig...35 鹤所东墙花窗

象，更重要的是，它阻止身体进入庭院，古木之冠无法被看尽。

"横柯上蔽，在昼犹昏；疏条交映，有时见日。"南北朝吴均的诗文在古木交柯庭院得到了复现 fig...29。庭院的南界墙虽高，但仍可接纳午后的阳光，这是因为界墙向西少许偏斜。很难说界墙的位置和角度是因古木而调整的，但不可否认的是，偏斜的界墙对形成"在昼犹昏"的光影奇境是不可或缺的。

今日的古木交柯一带，以三扇花格繁密的漏窗 fig...30 作屏，廊内空间指向开敞的南面庭院和古木景象。然而，在包爱兰1926年拍摄的照片 fig...31 中，却全为花格相对稀疏的漏窗，漏窗的中心甚至有意做出"取景框"般的花格 [16]；此外，旧时漏窗对面为美人靠做法 fig...32，而不是现状的矮墙，游园者坐下时的自然状态是面向北面山池的，这意味着旧时游园者的视线方向很可能会指向北面漏窗后横斜的枫杨老树 [16][17]。现状中，古木交柯对面的三扇密实漏窗与无靠栏的矮墙，使廊内有明确的视线方向——指向古木交柯；20世纪20年代的情况中，廊内没有明确的视线方向，游园者既可侧身凭栏仰观南侧古柏，可透过北面漏窗观赏枫杨池石。

古木交柯一带为游客游园的起点，另一处游览起点是位于五峰仙馆南庭院之东的鹤所 fig...33，为旧时园主从住宅入园的"序幕"。[4]

鹤所东西向室内净宽约2.6米 fig...34，较一般的游廊稍宽，但在功能上仍是供人通行的，故将其视作廊

SLEEVE PEAK
&
CAVE UNIVERSE

319

为 之 以 应 空 廊 专
例 廊 留 变 间 的 题
园 | Special Topics

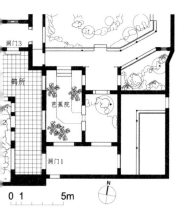

fig...36 鹤所西墙空窗逼山

fig...37 鹤所北端横幅空窗

来研究。除三个洞门外，鹤所西墙尽设空窗，东墙设砖框花窗[17][4]，两种做法都是实中留虚，只是"虚"的强弱程度不同。鹤所西面的五峰仙馆庭院，内有厅山一座，假山紧贴南院墙，占据了庭院南半部分，而留出北半空庭，庭院三面建筑，一面院墙，平面形状近似矩形，东西向纵深约20米。鹤所东面是一个小院，院内芭蕉数株，贴东、西院墙窗孔栽植，院中间留出一条路径，转向东侧的另一重小院，芭蕉院四面皆墙，东面墙上有空窗、月洞门，东西向的进深仅3.2米。

与古木交柯类似，鹤所也需应对欲扬先抑的空间任务：在平面上，从曲折处分成南北两段，南段为"抑"，北段为"扬"。

以主人的视角，从鹤所东南角洞门进入廊内北行，东墙设花窗隔开内外，小院内的芭蕉、垂藤紧贴花窗剪影，其后空间边界深浅莫辨，廊内视线止于此窗*fig...35*。西墙辟空窗收厅山之景，厅山逼近空窗，视线通过空窗所见的空间极浅*fig...36*。花窗对视线的阻断与厅山的逼近，收敛了廊内游园者的

视线，收到了"抑"的效果。左右顾盼至空间转折处，身体和视线随廊而转，空间尺度也扩宽。西墙开设长约3.3米的横幅空窗*fig...37*，通过空窗，视角被放宽至整个五峰仙馆南庭院，视线可依次穿过进深约20米的空庭、庭西西楼开敞的长窗和巨大的空窗，而终于山池之景。相较此前的视觉上的压抑，此处的视觉阔而深，收到"扬"的效果。

鹤所现在的情况，大概是1953年修复工程[18]后形成的，其私人占有的属性已经消失殆尽。20世纪30年代的留园平面图*fig...38*，可能[19]记录了园主盛氏从住宅入园时经过的鹤所情况，它和现状有很大差别：

[17] 刘敦桢将这扇窗称为"砖框花窗"。其他地方也有"隔扇窗"的叫法。见参考文献[4]: 232.

[18] 1953年的留园修复工程由苏州市政府拨款，由谢孝思主持，是一次规模较大的修复，既有复建移建，也有另行设计。年底修复竣工后，次年对外开放，后由苏州市园林管理处管理，现由留园管理处管理。

[19] 童寯先生所绘平面是20世纪30年代时的情况，而留园的所有权从辛亥革命（1911年）开始，就一直在盛氏与政府部门或军阀之间轮转。1933年10月，留园重新发还盛氏。1936年，留园曾被用作南京国民政府的将军高级教官室。1937年，为盛氏所有，直至1941年仍可游赏。1945年沦为国民党马厩，残破不堪，虽属盛家管理，亦有无法管理状态。见参考文献[9]: 371. 由于本文目的不是考古，而是分析设计，故将童寯先生所绘的鹤所平面直接视作园主盛氏旧时从住宅入园的情况。

ARCADIA
VOLUME IV
2020

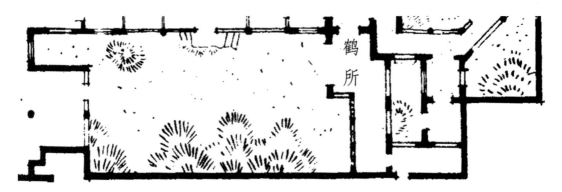

fig...38　20世纪30年代的鹤所平面 / 出自参考文献 [3]

fig...39　从北洞门进入，见条幅窗小景

fig...40　彭一刚先生所绘无柱的情况 / 出自参考文献 [19]

①西墙南段是三面漏窗而不是现在的空窗；②今日所见的东墙花窗在彼时则是空窗；③西墙上的洞门设置在今天的横幅窗的位置。可用欲扬先抑的空间任务来对比古今，以获得设计上的优劣判断：

鹤所南段需要收敛视线。古为西面漏窗、东面空窗，东面的视觉终点为近处粉墙；今为东面花窗、西面空窗，西面的视觉终点为近处石壁。笔者更倾向于现状中以厅山收敛视觉的做法，不仅有景可看，而且能逼山而高，增添山林意象。鹤所北段需要舒展视线。在转折处前方西墙，古为洞门，游园者可径穿洞门而达空庭；今为空窗，游园者虽可见纵深较长的庭院，但有矮墙、花池遮挡住前景。从舒展视线的任务上，今不如古。

今日的鹤所，已经不再是入园的"序幕"，前辈学者讨论它时，常常从对景的角度来论述。刘敦桢先生将其视作对景的佳例："这种对景以道路、走廊的前进方向和一进门、一转折等变换空间处以及门窗框内所看到的前景最为引人注意……除了正面对景之外，在走廊两侧墙上开若干窗孔和洞门作为取景框，行经期间，就有一幅幅连续的画面出现，留园鹤所一带就是这类例子。"董豫赣老师在《中国古典园林赏析》课程上，曾具体指出过鹤所的几处眼前对景：三个洞门作为出入口，分别设在鹤所的北端、东南角、西面——①从北端一进门，眼前正对"条幅窗"小景 fig...39；②从东南角一进门，眼前正对西墙窗框山洞之景（见 fig...36）；③从西面一进门，眼前正对冰裂纹花窗后芭蕉之景（见 fig...35）；④若从西洞门而出，见"半山半径"之景；⑤若由西洞门转而向北行，则面对另一扇冰裂纹花窗之景；⑥继续北行，在廊的曲折处，面对"横幅窗"后"馆山夹庭"之景（见 fig...37）。[20][18]

这六个方向的眼前对景，既有东西向的，也有南北向的，还有斜向的。鹤所的屋顶对应着平面，

SLEEVE PEAK
&
CAVE UNIVERSE

321

专题 Special Topics

廊 空 应 以 之 为
的 间 变 留 廊 例
空 园
间

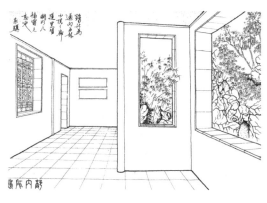

fig...41 张家骥先生所绘圆柱的情况 / 出自参考文献 [8]

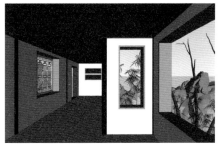

fig...42 三种转角的对比（上：无柱；中：圆柱；下：方柱）

也分为南北两段，南段为单坡屋顶，北段为歇山顶的局部。如果不设吊顶，廊内空间顶面是被梁架遮掩的、倾斜的坡面。由于廊内的对景方向是多样的，那些梁架就不能顺应对景方向的视线，成为观看景物时的障碍。漆成深色的木板吊顶（见 *fig...39*），将上部的屋顶梁架与下部的窗后景物隔开，廊内空间顶面是清晰的、实的。水平的顶面下方空间的高度固定，身体在空间中的每一处对顶面的感知都是相同的，顶面对身体的行进方向不产生影响。空间顶面的水平，使廊内的身体能在多个眼前对景的方向之间轻松转换。

从北洞门进入廊内，可见"立幅窗"框修竹小景（见 *fig...39*）。此窗左侧的柱子为方柱，而廊内其

⃞20 董豫赣老师在《装折肆态》一文中也有对鹤所框景的评论。见参考文献 [18]: 121.

他柱子均为圆柱。方柱是"立幅窗"所在墙面的边框，这根方柱，限定了墙的边界，将构造上连续的转角墙在视觉上区分为相互垂直的两段。由于方柱的区分，墙与景的关系是：通过一段墙框出窗后的景物。

在前辈学者对此场景的描绘中，此柱时而隐于墙内 [19]*fig...40*，时而显为圆柱 [8]*fig...41*，在结构和构造上，埋柱或使用圆柱都是可行的，此处为何选择方柱？

若将转角柱埋入墙内 *fig...42*，一进门看到的是墙体的一个面，墙面转折到墙后看不到的地方，相互垂直的内墙面直接相交，转角墙的体量被强调。若此处按通常做法，使用圆柱，圆柱与地面、吊顶的交接弧形轮廓会暗示其截面形状、尺寸——形状与方墙有异、尺寸则明显小于墙体厚度，圆柱的形式特征——形状和尺寸——独立于它的连接面，圆柱自身——转角墙的轮廓被强调。现状中的方柱

乌有园
第四辑
袖峰与洞天

322

ARCADIA
VOLUME IV
2020

之三

爬　北　五　爬　轩　应　高
山　庭　峰　山　北　闻　变　下
廊　院　仙　廊　　木　：
　　　馆　与　　樨
　　　　　　　香

在一进门的视角下，其侧面厚度不可见，方柱与其连接面的形状特征近似，方柱自身作为转角的轮廓没有被强调，被强调的是被方柱所区分的转角墙的"平面"。[21]

用框景如画的标准来评判三种做法，埋柱的做法显然不好，因为它不符合画的"平面"特征。另外两种做法——圆柱和方柱，孰优孰劣？

计成在《园冶》"装折篇"中提出了园林中的"错综"意象：相间得宜，错综为妙。董豫赣老师认为，"相间得宜"是造园之法，"错综为妙"则是对经营是否尽致的居游评估[18]。可从造园者和游园者两种视角来考察鹤所的位置经营带来的"居景错综"空间意象：首先，以造园者视角考察总平面图（见 fig...33），鹤所与西楼以厅山庭院相间、鹤所与东侧石林小屋以芭蕉院相间，是以自然之景交错于人工建筑；由西至东，山池景区与厅山庭院、芭蕉院、小院之间错以西楼、鹤所、石林小屋，是以人工建筑交错于自然之景。这位置经营为"错"。其次，以游园者视角考察廊内所见，在鹤所北段的东西两侧，辟窗牖以汇聚视线，这虚实应变为"综"。廊内北段西望，通过横幅空窗依次可见空庭、西楼开敞的长窗和巨大的空窗，而终于山池之景；廊内东望，透过花窗可窥见石林小屋侧壁上两个视觉重叠的六角空窗，视线可达另一重小院。

古木交柯一带与鹤所都应对"欲扬先抑"的空间任务，收敛了游园者的尺度感和视觉：古木交柯一带在墙上开设六扇漏窗掩映山池之景；鹤所以花窗掩映小院景物，20世纪30年代的鹤所则是用漏窗遮掩厅山。它们的虚实应变，使廊与景获得既分犹合之效。

计成在《园冶》"自序"中介绍自己的第一个园林设计时，短短几行文字中包含了多处对空间高下的操作："此制不第宜掇石而高，且宜搜土而下，令乔木参差山腰，蟠根嵌石，宛若画意；依水而上，构亭台错落池面，篆壑飞廊，想出意外。"从这句近似设计说明的文字中，可以看出计成对园林中的空间高下特征的重视。

前辈学者在论述高下应变之廊——爬山廊[22][2][4]时，廊与地形的关系是一直被关注的内容："（廊）若是建在丘阜之上，则地坪按地形变化，或是成坡，或是成阶。[6]爬山游廊，在苏州园林中的狮子林、留园、拙政园，仅点缀一二，大都是用于园林的边墙部分。设计此种廊时，应注意到坡度与山的高度问题……"[20]

前辈学者们总结的爬山廊因地制宜——顺应地形的特征，可将其视为这类廊的普遍性的空间任务。廊的高下应变，最通常的情况就是紧贴假山立基，廊内空间随山势自然呈现高下之变，如"闻木樨香轩"北侧爬山廊。

此廊位于留园中部景区的假山上，假山分两部分，以一条水谷相隔。爬山廊所在的假山山坡位于水谷南岸，水谷以北则是平地 fig...43。闻木樨香轩在山坡之顶，山顶与山脚之间的高差为2.5米，此轩的位置并不居于山顶正中，而是偏向山顶的最北端，逼近水谷，水谷与闻木樨香轩之间的山坡因此比较陡急。爬山廊所在的假山山坡是"石包土"的做法：山坡呈台地形式，外圈为石，内部覆土，层层叠高 fig...44。爬山廊大致顺应了山势。在平面上，台地的等高线与廊柱的位置大致对应，又因平面曲折而更加陡急。爬山廊的地坪随山坡变化，而柱高保持不变，廊内空间高下顺应山坡，完成了因地制宜的空间任务。

山、水是园林中最核心的景，闻木樨香轩北侧爬山廊的周围恰好两者皆备：廊侧山坡林木茂密，

[21] 平面是指"立幅窗"所在的这段墙，它是相对于转角墙的体量而言的，虽然这段墙体有厚度，但是这里仍用"平面"来指它。

[22] 爬山廊，是指建于地势起伏的山坡上的廊。计成《园冶》中将这种廊称作"高下廊"，它不只强调上山的路线，下山的路线也同样重要。本文按照刘敦桢《苏州古典园林》中的叫法，仍使用更为人熟知的"爬山廊"。见参考文献 [2][4].

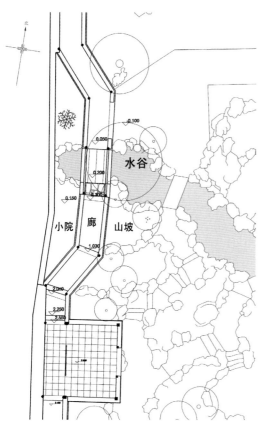

fig...43 闻木樨香轩北爬山廊平面图

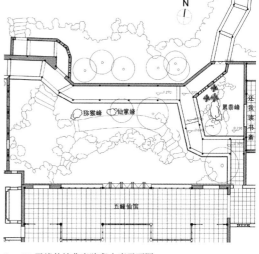

fig...45 五峰仙馆北庭院爬山廊平面图

fig...44 爬山廊与其旁的山坡

廊下水谷源流深远。水谷南岸，爬山廊开始起坡的地方，廊内铺地应变为乱石*fig...45*，作"接山"之意。爬山廊遇水谷的一间，基础变为四条石梁，这一构造做法通常使用在桥上，又因此廊跨凌水谷，使此间廊有桥的意味；同时，这间廊的空间的垂直界面，由邻旁的实心矮墙应变为木栏杆做法，不至于遮挡过多水面，在此间廊内东望，可透过高低错落的石梁看溪涧深远之景。

古人对山水的高下位置描述中，往往会通过观法来强调山高水低："仰观山，俯听泉，旁睨竹树云石。"[23]廊的空间同样可以通过控制廊内游园者的视

线，来实现山高水低的意象。从跨凌水谷的廊内南望，若平视前方（见*fig...45*），视线内出现大面积的廊内地坪，视线会不自觉向上，仰观山林；或者相反，出闻木樨香轩进入其北侧的爬山廊，若平视前方*fig...46*，视线会被大面积的廊顶压迫，因而视线转而向下，俯视水谷。仰山则山高，俯水则水低，廊顶这一空间要素的高下变化应对了山高水低的空间意象。

山池景区爬山廊的高下应变相对被动，应变的位置和趋势大致是被山势决定的。按照刘敦桢先生的说法，园林的设计顺序普遍是先定厅堂的位置，再于厅堂前谋划山池主景。作为主景的假山在被堆叠时，大概不会因未来的爬山廊而改变高下之势。不妨将视点移至庭院部分的爬山廊。

[23] 白居易《庐山草堂记》。

ARCADIA
VOLUME IV
2020

fig...46 廊内铺地接山而变

fig...47 爬山廊俯水而下

现状五峰仙馆北庭院爬山廊 fig...47 的东、西两端，空间亦有高下变化，而中间的直廊没有高下变化。空间作高下应变的两段三岔廊，其形如肠，从北庭院经过此爬山廊不知通向何处具体的建筑，而在爬山廊北部的景区戛然而止。从童寯先生测绘的平面图 fig...48 来看，爬山廊北侧为一处楼阁，庭院西端的爬山廊很可能是经过山坡而到达旧时的楼阁"花好月圆人寿"的二层。而庭院东端的爬山廊则很可能是通向"还我读书斋"的二层——通过包爱兰拍摄的照片 fig...49 就可以看出来，旧时三岔廊东北向为向上爬坡之廊。五峰仙馆北庭院的假山最高处距离庭院地面为1.25米，大致为半层楼的高度，以假山作为登楼的休息平台，这种做法在《园冶》中

叫作"台级藉矣山阿"。楼阁和书斋的二层入口的位置在庭院的东西两端，而爬山廊的空间高下应变的位置也在东西两端，是因地制宜的。

在五峰仙馆北庭院东侧三岔廊内，有一处眼前对景值得关注：从山顶直廊向东行走面对三岔口时，眼前正对被遮掩一半的小院 fig...50，小院内有湖石花台，花台布置在靠廊一侧，台内有留园十二峰之一的"累黍峰"。从山顶直廊东行至三岔口，视线一直正对着还我读书斋西侧的小院，小院的体量亦被廊柱、檐檩、墙壁和矮墙所限定。由于面对的两条廊都是下坡的，小院体量的轮廓——檐檩、矮墙向下方倾斜，使小院呈现为变形的立方体量，墙壁上漏窗轮廓随空间高下而作倾斜处理，加强了这一变形。这一变形是人在平

地仰视一个体量时才会出现的透视变形，游园者从山顶直廊看小院景物时，会产生景物被仰视的错觉。

"山重水复疑无路，柳暗花明又一村。"南宋陆游的诗句描写了山行过程中的明暗变化。五峰仙馆北庭院爬山廊内的明暗氛围也如此变化：以庭院东侧三岔口为中心，西北向的廊两侧为墙，其中向小院的一侧的墙壁设漏窗，廊内较暗；三岔口东南向的廊两侧空敞，廊内较亮；三岔口西侧的直廊一侧设墙，一侧空敞，廊内明暗介于前两者之间。庭院东侧三岔口铺地的做法在各个方向都有差异 *fig...51*：三岔口为平地，与西廊用台阶区分；与东南廊利用望砖铺地的缝隙找平；与东北廊用一条望砖相隔。这样的铺地做法似乎强调了环绕小院的这半圈廊的连续性，强调由暗转明或者相反的过程，收到了"柳暗花明"的空间意象。

闻木樨香轩北侧爬山廊位于山池景区，五峰仙馆北庭院爬山廊位于庭院，从外观上看，两条爬山廊都紧贴假山，似乎爬山廊只需依据山坡立基就可以了，谈不上"应变"。但从前面的分析来看，前者很

可能是在假山堆好之后调整廊的起坡位置与平面形态，以微调廊内空间高下的陡缓；后者则很可能是将假山与爬山廊的高下位置一起考虑，借假山之高与假山之景，使本为纯功能的交通具备山行的诗意。

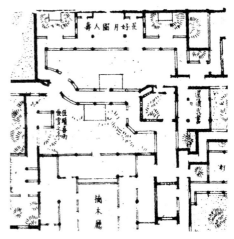

fig...48 童寯先生测绘的五峰仙馆北庭院爬山廊 / 出自参考文献 [7]

fig...49 包爱兰拍摄的照片：从还我读书斋西望小院 图中右侧的爬山廊爬坡至书斋二层 / 出自参考文献 [16]

总结

在曲直应变、虚实应变、高下应变的案例中，它们分别需要面对相同的空间任务。在重要景物附近的廊，应对"曲折尽致"的空间任务，其曲折方向与廊内视线是否自然面对景物有关；在园林或景区入口的廊，应对"欲扬先抑"的空间任务，往往掩映景区的主要景物而向另一侧的小院开敞；山坡附近的廊，应对"因地制宜"的空间任务，其空间高下随山势变化，并可以通过平面上的曲折来经营高下的缓急。

　　景是园林的核心，从前面的案例中可发现，无论空间任务如何，为了使游园者眼前对景，廊都在空间的构造上进行了应变：比如，在空间顶面，通过设假椽或吊顶来遮蔽不利于眼前对景的屋顶结构；在空间的垂直界面，通过矮墙、漏明墙等来限定身体行进方向的同时，向景敞开或框出景物或掩映景物，以强调身体的行进方向和视线方向；在空间底面，通过调整铺地纹路来适应眼前对景的方向。一言以蔽之，廊的空间的各个组成部分都按眼前对景的方向来组织。眼前对景是身体的行进方向与视线的观景方向一致时发生的，廊的空间若要适应这一方向，就需要同时影响廊内的身体与视线。

　　回到序言，"别有天"廊的曲折，既遮挡了进入景区前的视线——应对了欲扬先抑的空间任务，又改变了廊内的身体与视线方向——应对了眼前对景的需求，还因南端缓折与界墙脱开的一隙——应对了"别有洞天"的空间意象。廊之曲折并不是为了单一目的而做出的空间变化，而是一举多得，这也恰恰是空间应变的核心所在。

（本文受筑博奖学金资助，并得到金秋野、葛明教授的悉心指导；本文未注明来源的图片，均由柯云风绘制或拍摄）

fig...50 从山顶直廊看小院

fig...51 从暗廊看五峰仙馆北庭院

SLEEVE PEAK
&
CAVE UNIVERSE

327

为 之 以 应 空 廊 专
例 廊 留 变 间 的 题
　 　 园 — 　 　 Special Topics

参考文献

[1] 郭黛姮,张锦秋.苏州留园的建筑空间 [J].建筑学报,1963（3）:
19-23.

[2] 计成,陈植.园冶注释 [M].2版.北京:中国工业出版社,1988.

[3] 朱曦.神圣与世俗的边界 [D].北京:北京大学硕士学位论文,
2014.

[4] 刘敦桢.苏州古典园林 [M].北京:中国建筑工业出版社,1979.

[5] 童寯.园论 [M].天津:百花文艺出版社,2006.

[6] 童寯.东南园墅 [M].长沙:湖南美术出版社,2018.

[7] 童寯.江南园林志 [M].2版.北京:中国建筑工业出版社,
1984.

[8] 张家骥.中国造园论 [M].太原:山西出版传媒集团·山西人
民出版社,2003.

[9] 苏州市园林和绿化管理局.留园志 [M].上海:文汇出版社,
2012.

[10] 魏嘉瓒.苏州古典园林史 [M].上海:上海三联书店,2005.

[11] 童寯.江南园林志 [M].北京:中国工业出版社,1963.

[12] 杨鸿勋.江南园林论 [M].北京:中国建筑工业出版社,2011.

[13] 潘谷西.江南理景艺术 [M].东南大学出版社,2001.

[14] 潘谷西.苏州园林的布局问题[J].东南大学学报(自然科学版),
1963（1）:49.

[15] 彭一刚.庭园建筑艺术处理手法分析 [J].建筑学报,1963（3）:
17.

[16]Florence Lee Powell. In The Chinese Garden[M]. New York: The John Day
Company, 1943.

[17] 涂颖佳.留园枫杨树的近代图像记录分析 [J].建筑学报,2016
（1）:24.

[18] 董豫赣.九章造园 [M].上海:同济大学出版社,2016.

[19] 彭一刚.中国古典园林分析 [M].北京:中国建筑工业出版社,
1986.

[20] 陈从周.苏州园林 [M].上海:同济大学教材科,1956.

日本书院造营造研究之一

两座客殿的差别[1]

张逸凌

"通观日本建筑界的发展，必须认识到有四大转期。分别为自中国引进隋唐建筑的飞鸟时代；自中国引进南宋建筑的镰仓时代；由日本文明自身发展而成的桃山时代；大量移植泰西文明的明治时代。在这四个转期中有三个转期都是源于外国文明的影响，唯独桃山时代的转期，是在没有外国影响的情况下形成的，它在日本建筑史上占有独特位置。……桃山时代早已不是宗教的时代，而是近世的以人为中心的时代，因此在建筑上形成了以住宅和城郭为主的时代，结果，作为住宅建筑，此时期完成了书院造，反过来它又影响到神社建筑和佛寺建筑。

……应当牢记，近世的住宅建筑正是以这种书院造式为基础脱胎而成的。"[1]

书院造，日语作"書院造"（しょいんづくり），是日本最重要的住宅建筑风格之一，多用于近世[2][2]上流阶层，它由寝殿造发展而来，成熟于桃山时代[3][1]。书院造产生的主要原因是日本当时统治者的

---

① 客殿：日语作"客殿"（きゃくでん），指的是在贵族的房子或寺院等，为了接待客人而建造的建筑物或者大厅。客殿通常属于三种住宅风格之一：即书院造、寝殿造或主殿造，或者属于上述三种的混合风格。本文所讨论的两座客殿—劝学院客殿与光净院客殿均属于书院造。劝学院客殿：日语作"勧学院客殿"（かんがくいんきゃくでん）；光净院客殿：日语作"光净院客殿"（こうじょういんきゃくでん）。

② 近世：日本建筑史按社会发展阶段划分法中所述的第三个阶段。"日本的建筑史研究，将其建筑一千多年的发展历史，按社会发展阶段的划分方法，划分为相应的三个阶段，即古代、中世和近世。所谓古代，包括飞鸟时代、奈良时代和平安时代（553—1183年）（还包括飞鸟时代以前的绳纹时代、弥生时代和古坟时代，这一时期的建筑尚处于低级阶段）。中世则包括镰仓时代和室町时代（1184—1572年）。近世则为桃山时代和江户时代（1573—1867年）。日本建筑史的研究，就基本上以此三大阶段为单元而展开，相应形成了三大史的研究内容，即古代建筑史、中世建筑史和近世建筑史，这是在时间轴上划分建筑史研究的内容。若以研究对象的类型来分，则有寺院、神社、住宅、都市、城郭和茶室等等。如此，以时间为经，类型为纬，组成了丰富的日本建筑史研究的主体。"见参考文献[2].

③ 桃山时代是从室町幕府灭亡的天正元年（1573），丰臣秀吉统一天下，至元和元年（1615）丰臣氏覆灭为止，共计40余年。此时代续于战国时代之后，由织田信长及丰臣秀吉一统海内，

SLEEVE PEAK
&
CAVE UNIVERSE

329

差 客 两 之 研 营 书 日 专
别 殿 座 一 究 造 院 本 题 Special Topics
的 ： 造

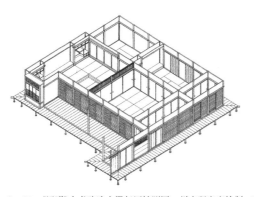

fig...01a《匠明》中书院造主殿复原轴测图，川本研究室绘制 / 出
自参考文献 [9]

fig...01b《匠明》中书院造主殿复原平面图 / 出自：参考文献 [1]

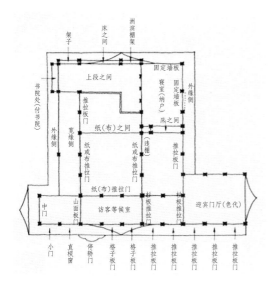

fig...01c 光净院客殿轴测图

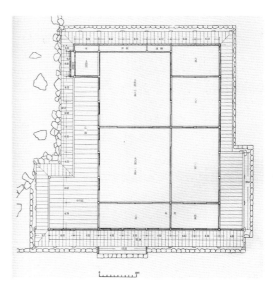

fig...01d 光净院客殿平面图 / 出自参考文献 [7]

更迭，中世以后到近世，日本的统治阶层由贵族变为武士，在这一变化过程中，武士不断地对寝殿造进行改造，孕育了其特有的住宅样式，这就是书院造。从寝殿造到书院造的形成过程可以看到其中最大的变化是，贵族住宅的寝殿造中最重要的行为是仪式、庆典，而武士社会更加重视"对人"（即人际关系），此时期以接待客人为中心的待客、会客为最重要的生活行为，于是产生了对应这种行为的住居形式。书院造之所以在日本建筑史上非常重要，不仅仅是因为成熟于由日本文明自身发展而成的桃山时代，且反过来影响了神社建筑和佛寺建筑，更因为其特有

不久迎来了极度繁华豪奢的时代。其中心人物当然是丰臣秀吉其人。此时代也可以说是优胜劣汰的角逐实力的时代，前代的名门望族，一个接一个地倒了下去，有新兴人物进行统治。因此，一切旧习惯被打破，成为一个积极热心于新创造的富有生气的时代。"见参考文献 [1].

的建筑形式对后世日本住宅产生了非常深远的影响。以东京工业大学出身的建筑师所形成的"东京学派"，其沿袭的理念一直是将住宅建筑的理论研究反映在当下的设计实践中，从而创作出一系列具有日本特色的住宅作品 [3]，如筱原一男等建筑师在自己作品集中曾多次提及书院造对其创作的影响。此外，由于西方建筑师对桂离宫这一书院造的解读与推介，使得日本的建筑被整个世界所了解，其对西方现代建筑的影响也成为众多建筑师试图讨论清楚的课题。

书院造的样式在日本非常丰富，本文所讨论的两座客殿——劝学院客殿与光净院客殿均属于书院造，且均建于书院造成熟时期的桃山时代。其中，光净院客殿因其平面图与《匠明》[4] 集中描绘的"书

[4]《匠明》（しょうめい），日本现存最早的木匠世家的建筑设计手册，有关木结构建筑营造法式的专门用书。

fig...02 纽约现代艺术博物馆中庭住宅展中的光净院客殿 / 出自：参考文献 [5]

手法对空间感知的影响；另一方面试图通过具体的书院造案例分析，以点带面，使读者更详细地了解日本书院造式住宅以空间感知为目的的设计手法。同时，这也是写给建筑师的一篇文章，希望从建筑设计的角度出发，不仅对建筑师理解日本学界"东京学派"以住宅建筑研究为基础的设计作品有所启发，还能给予建筑师设计方面上的些许参考。

院造主殿平面图"非常相似，被认为是书院造成熟时期的代表 fig...01。1932年成功举办"现代建筑国际展"以来，纽约现代艺术博物馆就是美国现代主义的倡导者，那次著名的展览过后二十年，博物馆推出了"博物馆中庭住宅"——三个足尺的典型住宅设计——并在博物馆中庭连续展出。其中，第三个设计来自建设部主任亚瑟·德雷克斯勒（Arthur Drexler），他委托日本建筑师吉村顺三做了个光净院客殿的足尺复制品 fig...02。[5] [4,5] 由此可见，无论是在日本建筑史还是西方建筑史中，光净院客殿这一书院造的影响不容小觑。更为有趣的是，在其不远处，同样完成于桃山时代的劝学院客殿仅仅比光净院客殿早一年完成，两栋客殿虽然从外观上非常相似，但其间细微的差别带来的空间感知却有显著的不同，或许，从劝学院客殿到光净院客殿的空间变异可以视为使书院造空间趋于经典的变异。这也是本文在众多书院造中选取这两座客殿在建筑设计视角下进行对照分析的重要缘由：一方面梳理两座客殿中不同设计

劝学院客殿与光净院客殿均是日本滋贺县大津市园城寺内的子院 fig...03，依次建成于桃山时代庆长五年（1600）、庆长六年（1601）。

这两座建成年代仅差一年的客殿，在外观上几乎完全相同 fig...04。均为入母屋造[6]，东侧入口处均有唐破风[7]；四周皆有一圈落缘[8]，南侧皆有广缘[9]，中门廊[10]皆在南广缘东端；两座客殿入口方向上的正立面[11] [6]（东立面）fig...05，从南向北均依次是胁障子[12]、

[5] 见参考文献 [4][5]。翻译参考"同尘设计"微信公众号平台于2016年9月30日发布的《建筑学社 | 建筑中的"日本的"| 矶崎新》第1章第3节。

[6] 入母屋造：日语作"入母屋造"[いりもやづくり]，类似中国的歇山顶，日本传统建筑屋顶样式之一，上部朝两个方向倾斜，下部朝四个方向倾斜。

[7] 唐破风：日语作"唐破风"（からはふ），日本传统建筑中常见的一种正门屋顶装饰部件，中央部呈弓形，左右两侧凹陷呈反翘的曲线状，是日本传统建筑的代表性装饰。

[8] 落缘：日语作"落缘"（おちえん），也称"濡缘"，日语作"濡缘"（ぬれえん），是缘侧的一种，设置在雨户外面位置较低的走廊。
缘侧：日语作"缘侧"（えんがわ），檐下平台空间。

[9] 广缘：日语作"広缘"（ひろえん），宽敞的廊子，缘侧的一种。

[10] 中门廊：日语作"中门廊"（ちゅうもんろう），一般指日本寝殿造住宅中，连接对屋和钓殿之间细长的廊子，途中有中门。这里指客殿东南角凸出部分，是书院造里遗留的寝殿造痕迹。

[11] 考虑到东立面为入口处立面，因此命名方式采用了《国宝光净院客殿·国宝劝学院客殿修理工事报告书》中的命名，东立面图即为正立面图。见参考文献 [6].

[12] 胁障子：日语作"脇障子"（わきしょうじ），在神社、书院等建筑中，分隔缘的板门或者板壁。多立于缘侧的尽头。

fig...03 《匠明》中书院造主殿复原平面图 / 出自：参考文献 [1]

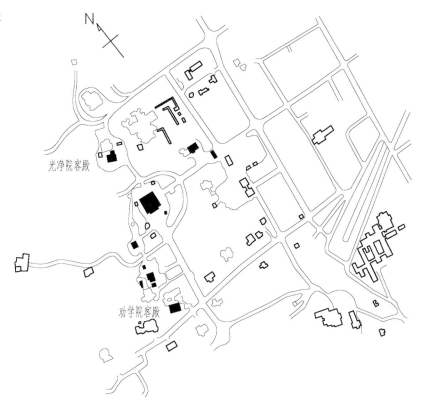

光净院客殿

劝学院客殿

板扉⑬、连子窗⑭、板扉及明障子⑮、蔀户及明障子⑯等装折；其面向南部庭院方向上的南立面 fig...06，从东向西均依次是杉户⑰、舞良户及明障子⑱等装折。

⑬ 板扉：日语作"板扉"（いたとびら），奈良时代以来，日本传统建筑中出现的表面平整的门，旋转式形式，每片门扇由2、3块板组成，中间有纵轴。

⑭ 连子窗：日语作"连子窗"（れんじまど），日本传统建筑中窗户的一种，用垂直或水平的木制板条按照给定间隔一字排开的一种窗户。

⑮ 板扉及明障子：这里指由板扉及两扇明障子组成的建具（建具是日文，是用来分隔房间内部或室内外的可开闭的障子、门、窗等的总称）。明障子：日语作"明障子"（あかりしょうじ），一种半透明的障子，镰仓时代以后，在公家、武士家中使用的单面贴着薄白纸（和纸）的推拉门。

⑯ 蔀户及明障子：这里指由蔀户及两扇明障子组成的建具。蔀户：日语作"蔀户"（しとみど），日本建具的一种，板的两面由纵横交错的格子附着，通常分为上下两张。

⑰ 杉户：日语作"杉户"（すぎと），杉板户，也称"杉障子"。用杉木做的推拉门，作为建筑物入口，经常用于书院造建筑中的广室处或铺有榻榻米的走廊与濡缘交界处，通常绘有花鸟画。

⑱ 舞良户及明障子：这里指由两扇舞良户及一扇明障子组成的建具。日语作"舞良户"（まいらど），书院造式住宅中建具的一种，由单层木板构成的木制推拉门，两面置入有一定间隔的水平木条（舞良子）。

fig...04 劝学院客殿（上）与光净院客殿（下）东南面外观 / 出自参考文献 [7]

第四辑
袖峰与洞天

332

ARCADIA
VOLUME IV
2020

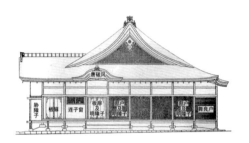

fig...05 劝学院客殿(上)与光净院客殿(下)东立面 / 张逸凌据参考文献 [7] 补绘

之一
之变 「两列」「三列」

在如此相似的外表下，两座客殿的内部布局却颇为不同 fig...07。从间架形式上来看，劝学院客殿桁行七间，梁间七间（方七间）；光净院客殿桁行七间，梁间六间[19]。与劝学院客殿将三列房间相并不同，光净院客殿将房间并成两列 fig...08。劝学院客殿的平面布局，将方形的平面分成三列八个房间[7]，沿着南广缘南列设置一之间、二之间[20]两个房间，中列设置天狗间、次之间、三之间[21]三个房间，北侧的一列与中列布置相同，也设置三个房间，分别为茶之间、次之间、三之间[22]。而光净院客殿将两列房间相并为五个房间，南列亦设置上座间、次之间[23]两个房间，北列亦设六叠、八叠、十二叠[24]三个房间。其少掉的三个房间，正是三列的中列三间。

两座客殿的平面，从三列布局到两列布局之变的原因是什么？这或许能先从劝学院客殿为什么是三列布局开始梳理。桃山时代公家、武家的书院造

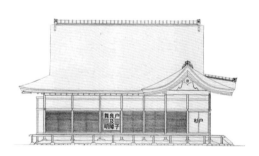

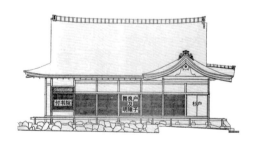

fig...06 劝学院客殿(上)与光净院客殿(下)南立面 / 张逸凌据参考文献 [7] 补绘

[19] 桁行、梁间：桁行，日语作"桁行"（けたゆき），与建筑物正脊平行方向。梁间，日语作"梁间"（はりま），与建筑物正脊垂直方向。在日本建筑中，桁行、梁间描述的是结构，虽在方向上与中国古建筑中的面阔、进深类似，但面阔、进深描述的是平面，此二者并不能完全对应。桁行、梁间这一描述参见参考文献 [6]。
[20] 一之间、二之间：日语作"一の间"（いちのま）"二の间"（にのま）。日本传统建筑中房间的名称。一之间一般位于最内部且是最受尊敬的房间，通常为六至十二张榻榻米大小，在书院造式住宅中一之间常配有违棚、床之间、付书院等构件。二之间为接着一直间的房间，在顺序上处于一之间之后的一间。
[21] 天狗间、次之间、三之间：日语作"天狗间""次の间""三の间"，日本传统建筑中房间的名称。
[22] 茶之间、次之间、三之间：日语作"茶の间""次の间""三の间"，日本传统建筑中房间的名称。
[23] 上座间、次之间：日语作"上座间""次の间"，日本传统建筑中房间的名称。
[24] 六叠、八叠、十二叠：叠，日语作"叠"（たたみ），指榻榻米。日本传统建筑中用榻榻米叠数来表示房间大小，并以此命名。此处特别说明一下，光净院客殿北列西端房间虽铺设了四块榻榻米，但该房间为了与整栋客殿西端拉齐，外凸了一条，因此在各种书籍中的平面图中以"六叠"命名，但在《日本建筑史基础资料集成 十六 书院》中的文字陈述中却以"四叠"命名（见参考文献 [7]），图纸与文字不统一的原因尚不明确，本文中为了行文顺畅，统一命名为"六叠"。

建筑，为了使规模更大而将梁间增大，多使用三列型样式，如聚乐第大广间、天正内里常御殿、仙台城本丸大广间等。劝学院客殿与这些建筑相比，本属较小规模的建筑，或是为表现其地位，强行使用三列型的平面布局。[7] 三列布局，虽在平面形制上与当时书院造建筑取得一致，但因其规模较小，三分使每个房间都不够宽阔。而这种宽阔感在书院造式住宅中，不仅能凸显主人身份，也是客人进入房间时最易被察觉到的空间感知。劝学院客殿不仅南列会客空间不够宽阔，而且当襖障子[25]全部关闭时，其中列房间南北向无直接采光。虽然光净院客殿规模比劝学院客殿还要再小一些，但它用两列并行的平面布局方式避免了这些问题 fig...08。

因光净院客殿上座间面积大，榻榻米叠数多，天花板高度也因此随之升高，其主要的会客空间——南列次之间、上座间，与劝学院客殿主要的会客空间——南列二之间、一之间相比更加宽阔。[26] 即使劝学院客殿为了加强南列会客空间的宽阔感在南列空间南北向柱距由大部分的6.515尺[27]突变为8.135尺，其南列一之间也没有达到光净院客殿南列上座间的宽阔。[28] fig...09,10

这种宽阔的身体感，还在两座客殿入口广缘的位置变化中得以加强。在书院造式住宅中，客人在进入前，会在一个名为色代[29][8]的等候区等候，对应

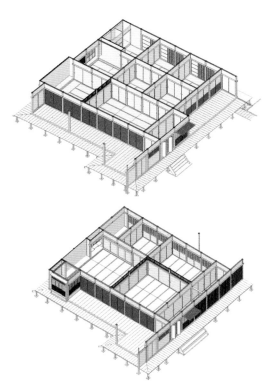

fig...07 劝学院客殿（上）与光净院客殿（下）轴测图

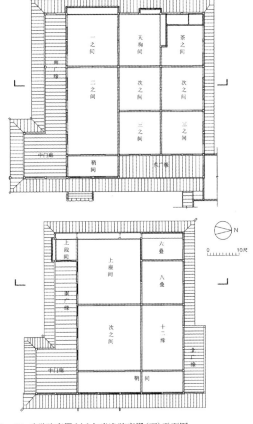

fig...08 劝学院客殿（上）与光净院客殿（下）平面图

----

[25] 襖障子：日语作"襖障子"（ふすましょうじ），日本室内一种不透光的推拉门。与明障子这种半透明的推拉门不同，襖障子以木头作为骨架，用纸或布在两侧多次覆盖。

[26] 劝学院客殿南列一之间南北方向宽16.27尺，东西方向宽16.27尺；光净院客殿南列上座间南北方向宽度19.56尺，东西方向宽19.56尺。高度上，劝学院客殿中榻榻米到天花板高度约10.82尺，光净院客殿为11.13尺。

[27] 尺：日语作"尺"（しゃく）。此单位为日本曲尺，一尺约等于30.3厘米。

[28] 劝学院客殿一之间约为（8.135＋8.135）尺×（8.135＋8.135）尺＝16.27尺×16.27尺，光净院客殿上座间约为（6.52＋6.52＋6.52）尺×（6.52＋6.52＋6.52）尺＝19.56尺×19.56尺。

[29] 色代：日语作"色代"（しきだい）。在书院造住宅中，这里是主人最初迎接客人，行简单见面礼之处。见参考文献 [8]。

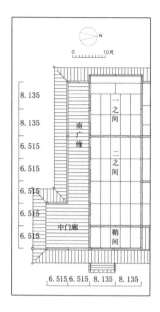
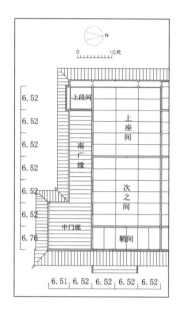

fig...09 劝学院客殿(左)与光净院客殿(右)南列房间尺寸

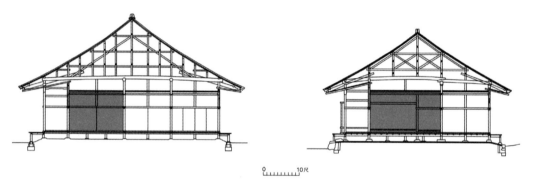

fig...10 劝劝学院客殿(左)与光净院客殿(右)剖面图(剖切位置参
见 *fig...08*)。图中灰色区域左右两边缘分别为两栋客殿南列房间
的南列、北列柱子靠近会客室一侧的边线，灰色区域上边缘为天
花板底部高度，下边缘为室内榻榻米上表面高度。

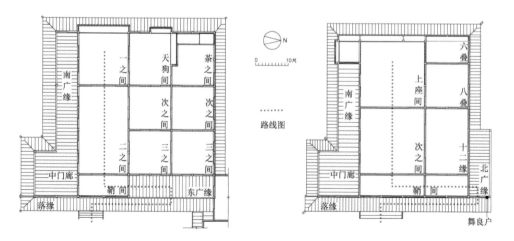

路线图

fig...11 劝劝学院客殿(左)与光净院客殿(右)来访者进入客殿的
路线

SLEEVE PEAK
&
CAVE UNIVERSE

335

日 书 营 研 之 两 客 差
本 院 造 究 一 座 殿 别
造 ： 客 的

专题 Special Topics

fig...12 劝学院客殿(左)客殿东广缘等候位置无遮挡，光净院客殿
(右)北广缘等候位置被舞良户遮挡 / 出自参考文献 [6]

到两座客殿，分别是劝学院客殿的东广缘与光净院
客殿的北广缘㉚。由此可推测出，其中一条进入南
列会客空间的路线是先到达客殿东北处色代位置，
再进入到客殿的南列房间。在劝学院客殿，客人从
东部通过台阶登上落缘，沿着落缘向北进入东广缘
处等待，再穿过鞘间，转而向西经过二之间，最终
到达一之间。光净院客殿将东广缘调整为北广缘，
鞘间变得狭长，在进入主要会客的南列宽阔房间前
先经过鞘间，这种狭与阔的感知对比，会比实际更
加宽阔。并且光净院客殿北广缘处因东侧有舞良户
的遮挡，与劝学院客殿东广缘相比，给来拜访的客
人提供了更为私密的等候空间*fig...11,12*。

· · · · · · · · · · · · · · · · · ·

㉚ 色广缘：日语作"広缘"（ひろえん），扩大宽度的一种走廊，
缘侧的一种。

劝学院客殿中三列型的空间布局带来的是一
个个较为局促的空间，在其后一年建造的光净院
客殿中得以改善，两列型的空间布局，虽然形制变
了，但是最直接被人感知的空间效果的宽阔感却得
以加强。再加上两座客殿入口处作为等待空间的
广缘位置的变化，即光净院客殿通过将广缘设置于
更远的北侧，使得其鞘间的空间尺度比劝学院客殿
更加狭长，通过鞘间与南列会客空间的狭阔对比，
增强了光净院客殿南列会客空间的宽阔感，同时也
增强了等候区（广缘）的私密性。而作为以待客、
会客为主要目的的书院造，无论是在体现主人地位
的宽阔感上，还是在保护客人等待时的私密性上，
显然光净院客殿要比前一年建造的劝学院客殿更
为精妙。

「独立」「统一」之变 之二

谈完两座客殿在以南列空间为主要会客的使用方式后，我们再谈谈书院造式住宅的另外一种使用方式——将障子摘掉创造大空间的作法。此时，从劝学院客殿到光净院客殿的空间感知是从"独立"走向"统一"的变化。

首先，先从下部的榻榻米谈起。室内榻榻米满铺之后一般高于缘侧一步，当人从室外缘侧进入室内时，有一个抬脚的动作，人的视线首先会落在下部的榻榻米上。日本住宅中的榻榻米反光能力很强，由于时不时需要更换草席，所以不会有榻榻米陈旧

fig...13a 劝学院客殿中一之间"大床"前的榻榻米 / 出自参考文献[7]

fig...13b 劝学院客殿中从二之间看向一之间 / 出自：園城寺勧学院客殿(日本の建築空間)——(近世 1543—1853)[J]. 新建築, 2005 (11)：107.

发黑的情况。榻榻米表面由蔺草编制而成，非常细密光滑，其长边的边缘一般用布包裹起来。布通常用黑色、深蓝色和棕色等深于榻榻米表面草席的颜色，这使得榻榻米在铺设方法上的差异也会直接影响人的视觉感知。

劝学院客殿中，南列空间（一之间、二之间）除了尽端"大床"前的两张榻榻米外，其余榻榻米铺设方向统一——均为长边东西方向铺设。而"大床"前的两张榻榻米，不仅在尺寸上远远大于室内一般的榻榻米[31]，并且铺设方向上也是与其余榻榻米成九十度角垂直铺设——长边南北方向铺设。此外，"大床"前的两张榻榻米也许是因为铺设方向的差异，最终导致当身处于南列空间时，它们在色泽上也深于周围的榻榻米。此时，榻榻米因长边包裹深色布条使得南列空间统一方向铺设的榻榻米将人的视线直接引向南列尽端最重要的"大床"前的位置，而"大床"前两张较大尺寸、看起来颜色较深的榻榻米更加凸显此处的与众不同。其中列、北列的各个房间均以自我围合的方式满铺榻榻米，当在举行大型集会时，将室内襖障子拆除，南列榻榻米的统一铺设与中列、北列各个房间榻榻米的独立铺设相互割裂，再加上各房间交界处用于襖障子的深色敷居[32]的显露，无疑削弱了最终大空间的统一感 fig...13-15。

关于榻榻米铺设方法对最终大空间统一感的影响，似乎光净院客殿考虑得更为周到。光净院客殿中，除开作为通道使用的东侧窄条空间（鞘间）中的榻榻米为长边东西方向铺设外，整栋客殿其他房间（包括凸向南庭并抬高的上段间）的榻榻米均统一方向铺设——长边南北方向铺设。这使得光净院客殿中，当举行大型集会时，将各个房间内襖障子拆除，尽管地面上有各个房间分界处的深色敷居的干扰，但其下部铺设方向统一的榻榻米，还是加

----

[31] 劝学院客殿南列空间"大床"前的两张榻榻米尺寸约为3尺×7.9尺，室内其他榻榻米的尺寸仅在3.1尺×6.2尺这一数据中上下浮动。

SLEEVE PEAK
&
CAVE UNIVERSE

337

差客两之研营书日　专
别殿座一究造院本　题
的　　座　　　　造　Special Topics

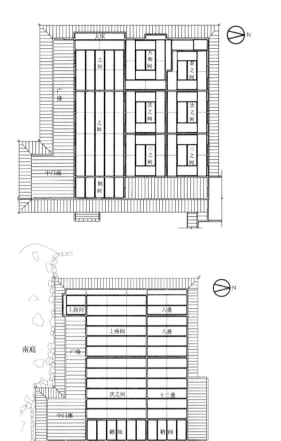

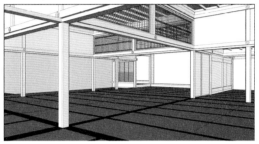

fig...15 劝学院客殿（上）与光净院客殿（下）中将内部　障子拆除时的模型透视图（模型中将榻榻米长边以及各房间交界处底部的敷居涂上深色）

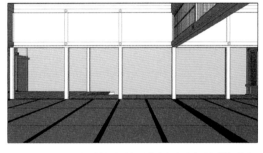

fig...14 劝学院客殿（上）与光净院客殿（下）榻榻米铺设图

fig...16 光净院客殿中顺着榻榻米铺设指向望向南部庭园（模型图）

强了最终大空间的统一感 fig...14,15。而其不同于劝学院客殿南列空间的铺设方向[33]——长边南北向铺设（即深色条带指向庭院的铺设），也许是考虑到要与光净院客殿的南部庭园呼应。当南部广缘北侧的明障子及舞良户拆除时，室内榻榻米指向南庭的做法也在一定程度上引导人们将视线投到南部庭园中去 fig...16。[34]

....

[32] 敷居：日语作"敷居"（しきい），用于分隔门内外或分隔室内空间的横木，其中的沟槽或轨道可以嵌入障子等推拉门。

[33] 劝学院客殿南列空间是长边东西方向铺设，深色条带指向南列尽端的"大床"。

这种空间暗示，还体现在上部阑间位置的差别上 fig...17,18。一般情况下，日本书院造式住宅中，鸭居[36]与天花板之间的这段高度通常会填以名为小壁[37]的不透光白色壁板。无论是劝学院客殿还是光净院客殿，南列两个大房间交界位置处的鸭居之上均以

....

[34] 详情参见本文"并列"递进'之变"一章中有关光净院客殿的庭园与客殿主体之间的关系的论述。

[35] 阑间：日语作"欄间"（らんま），位于鸭居与天花板之间的构件，具有采光、通风、装饰作用。

[36] 鸭居：日语作"鸭居"（かもい），推拉门等推拉装置的上部横木，位于开口上部，通常有为推拉装置服务的凹槽轨道。

[37] 小壁：日语作"小壁"（こかべ），鸭居和天花板之间的墙壁。

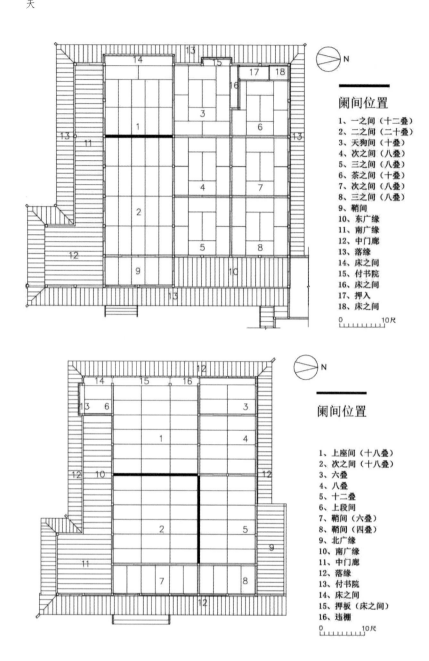

阑间位置

1、一之间（十二叠）
2、二之间（二十叠）
3、天狗间（十叠）
4、次之间（八叠）
5、三之间（八叠）
6、茶之间（十叠）
7、次之间（八叠）
8、三之间（八叠）
9、鞘间
10、东广缘
11、南广缘
12、中门廊
13、落缘
14、床之间
15、付书院
16、床之间
17、押入
18、床之间

0　　　　　　10尺

阑间位置

1、上座间（十八叠）
2、次之间（十八叠）
3、六叠
4、八叠
5、十二叠
6、上段间
7、鞘间（六叠）
8、鞘间（四叠）
9、北广缘
10、南广缘
11、中门廊
12、落缘
13、付书院
14、床之间
15、押板（床之间）
16、违棚

0　　　　　　10尺

fig...17 劝学院客殿（左）与光净院客殿（右）阑间对应在平面图上位置

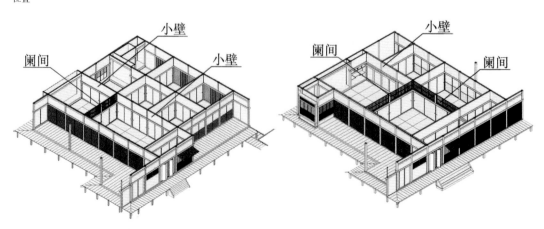

fig...18 劝学院客殿左与光净院客殿右模型图中的阑间与小壁

fig...19 劝学院客殿中从 " 二之间 " 可以通过空透的阑间看到 " 一之间 " 的天花板 / 出自参考文献 [7]

空透的阑间相隔*fig...18*。空透的阑间，能加强空间连续性，它的连续性分别体现在视觉和听觉上：以劝学院客殿为例，即使襖障子全部关闭，当人在二之间，可以通过阑间看到一之间延续的天花板*fig...19*，这是视觉上的连续；也正因为上部的通透，隔壁房间的声音也能更加清楚地传来。劝学院客殿的这种空间连续，仅在南列体现，客殿中列、北列六个房间的上部均以不透光小壁小壁相围，而在光净院客殿中，在南列房间与北列房间交界位置，除开西部因西北角六叠、八叠功能所需全封闭以不透的小壁[38][9]，南列北列交界处剩下的东部位置也施以阑间。因此，无论是从榻榻米铺设还是从阑间位置，我们均可以体会到光净院客殿强调的是一种更加整体而连续的空间感知。

这种为了最终空间的设计，可能也意味着书院造式住宅逐渐走向成熟的一种趋势。川本重雄曾提到 " 日本古代住宅使用四周的墙壁来围合室内空间，寝殿造的出现使得用墙壁分隔的房间消失，取而代之的是用家具或者装修构件把开放式的柱子空间分隔成若干小空间，并且随时可以根据需求改变分隔

空间的大小，之后出现了不可移动的 ' 押障子 '，其后又产生了可以简单地摘取和安装的双轨推拉门，由这些室内装修部件围合的房间也应运而生。发展到书院造住宅的阶段，出现了把分隔房间的推拉门（' 障子 '）摘掉创造大空间的做法。寝殿造住宅的时候，是以一个开放的大空间为基本空间，根据不同功能再分割成小空间。而书院造住宅的时候正好相反，用推拉门等围合的小房间是平时使用的基本空间，必要时去掉围合各房间的活动式推拉门，以此获得开敞的大空间 "。[9]《日本建筑史基础资料集成 十六书院》一书中也提及，在劝学院客殿举办大型集会时，的确会取掉室内的障子，以获得广阔的大空间。[7] 而其中列、北列六个房间内部榻榻米的独立铺设，以及其上部小壁围合的方式，都会削弱对最终大空间及其以 " 床之间 " 为空间秩序中的顶点 [9] 的空间感知。光净院客殿中则加强了最终空间的统一感。

从劝学院客殿到光净院客殿，无论是进入室内时视线首先落到的榻榻米的铺设方式，还是上部视线范围内通透阑间的位置上的考量，这些设计上的差异使得当两座客殿将襖障子拆除时，劝学院客殿呈现的是多个独立空间组成的大空间，而光净院客殿则是一个趋于统一的大空间。

[38] 根据《匠明》一书中有关书院造平面图的记载，西北角一般为封闭的纳户，只有一个被称为帐台构的出入口。见参考文献 [9].

袖峰与洞天
第四辑
乌有园

340

ARCADIA
VOLUME IV
2020

之三

「并列」「递进」之变

当两座客殿为了举办大型集会把所有的障子拆除时，整个空间除了下部的榻榻米铺设及上部的阑间、小壁围合对最终大空间有影响外，关于书院造五要素之一——中部"床之间"[39][10]的一系列设计也至关重要。

"书院造为了在视觉上表示最重要的功能是作为接待客人、会面的专用场所，对各房间进行格序化，主室以'床间'（shallow decorative alcove）为中心……"[11]床之间作为日本传统住宅最具特征性的部分[12]，也是书院造式住宅中不可或缺的五要素之一。书院造式住宅中，"床之间"为最高级别的空间。在铃木忠志《文化就是身体》一书中曾提到"床之间对日本人身体感觉的影响，是在空间中创造一个中心，创造了一个带有起点或是阶级的空间。换句话说，就是在空间的结构上有等级顺序。当一个人坐在床之间前面，在他背后的人会不断地意识到他的地位并观察房间里其他

人如何对待这位权威。"[13]因此，床之间这一壁龛的形式，在会客空间中扮演着至关重要的角色。而劝学院客殿与光净院客殿中床之间方向、位置等方面的差别恰恰也是两栋客殿间最显著的差别。

将床之间这一要素对应到劝学院客殿与光净院客殿中，劝学院客殿共有三处床之间，分别位于客殿三列空间的尽端房间；光净院客殿有两处床之间，均位于整栋客殿的西南角*fig...20-22*。

在劝学院客殿中，当把其内部障子拆除时，三处方位不一的床之间并未随着障子的拆除连成一体，而是在空间感知上分别为三个大小不一的空间服务。这对拆除障子的初衷——获得统一大空间，是一种削弱作用*fig...23*。并且这种削弱作用，在床之间自身处理上，也有所体现。

光净院客殿与之不同，两个床之间始终是为空间统一服务的，它们不仅在空间中创造一个中心，

fig...20 劝学院客殿三处床之间 / 出自参考文献 [4]
a 南列一之间 "大床" b 中列天狗间 "床" c 北列茶之间 "床"

─────────────

39 床之间：日语作 "床の间"（とこのま），住宅的主要房间里设置的一段凹进的空间，下面铺设木板，高出室内地坪（榻榻米）10厘米左右。太田博太郎在其著作《书院造》里，详细地考证了从寝殿造到书院造的演变过程。他把书院造具体归纳为"床之间""违棚""付书院""帐台构""上段"之五要素。见参考文献 [10].

fig...21 光净院客殿位于西南角的两处床之间

SLEEVE PEAK
&
CAVE UNIVERSE

341

差 客 两 之 研 营 书 日 专
别 殿 座 一 究 造 院 本 题
的 殿 座 — 究 造 院 造 Special Topics

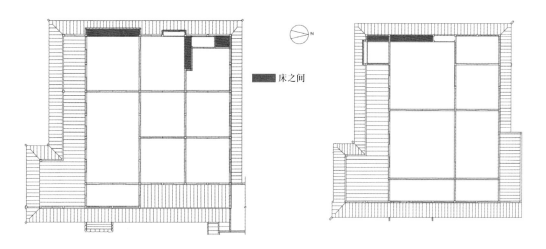

fig...22 劝学院客殿(左)与光净院客殿(右)床之间的位置示意图

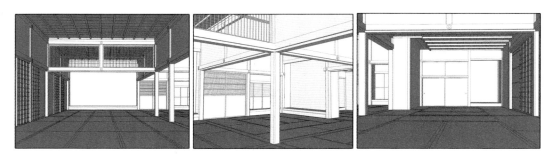

fig...23 劝学院客殿三处床之间透视图
a 南列一之间"大床"　b 中列天狗间"床"　c 北列茶之间"床"

并且是创造了一个带有阶级的空间，换句话说，就是在空间的结构上有等级顺序 *fig...21*。首先，两床的位置相互毗邻，中间共用一对柱子，它们在结构上就是不可分割的统一整体。其次，它们的床壁均为金底彩色障壁画，其侧壁及床板与地板之间的小壁并未如劝学院客殿南、中列床之间一样画有相对应的障壁画，而是以统一的白色壁板呈现，从视觉效果上来看，更加突出两床之间床壁上的障壁画 *fig...20,21*。因此，上段间"床"的床壁与上座间"大床"的床壁在视觉效果上连为一体，构成一整幅障壁画[7]，从而将上段间与上座间统一，在整栋客殿空间的西南角处创造一个中心。这两个床之间在空间结构上是有等级顺序的。上段间的"床"置于抬高的地面之上，抬高的地面在日本古代住宅中象征一种更高的身份等级，这也意味着上段间床之

间的等级高于上座间"大床"。两种等级床之间的最终统一，得益于上段间与上座间之间上部小壁高度的精准控制。两房间（上段间与上座间）交界处小壁之下的水平横木的位置既不与左部长押的位置持平，也不与右边两床之间上部落挂[41]的位置一致。一方面是基于结构合理性考虑——一根柱子的同一位置尽量减少开槽，而另一方面则体现了书院造式住宅以空间感知为前提的空间设计手法 *fig...24*。

两房间交界处水平横木西端与上段间地面的高度差（约2.11米）大于其他一般室内长押与地面的高

[40] 此观点源于2017年10月19日组课上董豫赣老师的分析。《日本建筑史基础资料集成 十六 书院》中记载，光净院客殿两处床之间的壁面是相连的金箔质地彩色飞瀑老松图。见参考文献 [7].

[41] 落挂：日语作"落挂"（おとしかげ），此处指的是床之间上部位置略高于室内内法长押高度的过梁。

之四

不　结
足　论
　　与

度差（1.84米）。此处放大的高度差，是对人空间感知的控制：一是要保证过人的高度，上段间属于高等级空间，放大的高度差可使身份尊贵的人更容易出入；二是两房间交界处水平横木的抬高，可以让使用者（尤其是客人）更大范围地看到上段间床之间，从视觉感知上加强上段间与上座间两床之间床壁构成一整幅障壁画的效果，最终将两房间统一于一起。但两房间交界处的小壁并未取消，且小壁下端水平横木的位置低于两床之间落挂的位置，其目的又是遮挡视线，使客人不能从低等级空间（上座间）一眼看到上段间的天花板，从而一定程度上保证了等级较高的上段间的神秘性。

从劝学院客殿到光净院客殿，以床之间为最高级别空间所带来的空间体验变化是，由多个并列空间走向最终统一的递进空间。这种递进体现在两个层面：一是由低等级向高等级的递进，二是由上座间以床之间障壁画的室内画幅为视觉中心的空间体验向上段间室内（床之间）室外（开启的付书院）双重景色的递进。

从劝学院客殿到光净院客殿，"三列""两列"之变中：前一年建造的劝学院客殿因要满足其固定形制要求，在有限的空间中强行使用三列型布局，结果带来的是一个个较为局促的空间；而在其后一年建造的光净院客殿中改为两列型布局，即使其整体规模小于前者，但在实际使用过程中，不仅保证了南列会客空间的宽阔之感，还避免了客殿中列房间南北方向均无自然采光的尴尬处境。"独立""统一"之变中描述的是，当两座客殿为了举办大型集会把所有的障子拆除时，由于室内下部榻榻米的铺设方式及上部阑间的位置考量等细节设计的差异，劝学院客殿呈现的是多个独立空间组成的大空间，光净院客殿则是一个趋于统一的大空间。"并列""递进"之变是在上一情境前提下，针对书院造中最重要的要素——中部床之间的一系列设计进行细致分析，得出结论为，在以床之间为最高级别空间所带来的空间体验中，从劝学院客殿到光净院客殿的变化，是由多个并列空间走向最终统一的递进空间。综上，与前一年建造的劝学院客殿相比，后一年建造的光净院客殿的一系列设计带来的是更为精准的以接待客人为中心的待客、会客为最重要的生活行为的书院造式住宅的空间体验。

fig...24 光净院客殿中从上座间看向上段间 / 出自参考文献 [7]

然而，通过对日本建筑史的研究来指导设计，是对笔者极大的挑战，尽管笔者在研究过程中力图细致，但限于能力与精力，在本研究中仍有大量不足之处。例如，一方面光净院客殿虽然有《匠明》中所出现的理想平面“书院造主殿平面图”作为标准去衡量，但在论述的诸多细节上并未有参考标准；另一方面是作者在日本建筑史尤其是空间制度史背景知识的不足，虽然本篇文章意图是在建筑设计视角下分析两座客殿，但不得不承认空间设计意图与当时的社会背景等诸多因素息息相关，这也是目前文章极少涉及的，这就意味着论述过程中可能会漏掉一些与之相对应的精彩设计。

诚如董豫赣所提醒的，简单地评判两座客殿设计上的优劣并不是本文的终点。光净院客殿即使有《匠明》理想平面的支撑，也不能简单地定论其设计比前者更好。从劝学院客殿到光净院客殿的这些变化不仅反映日本工匠在当时条件下所做的一种空间形制和空间效果的权衡，同时还反映出其以空间感知为主要目的的空间设计手法，这是值得我们在建筑设计中仔细去注意的。

（本文得到董豫赣教授的悉心指导；未注明来源的图片，均由张逸凌绘制或拍摄）

参考文献

[1] 关野贞 . 日本建筑史精要 [M]. 路秉杰 , 译 . 上海： 同济大学出版社，2012: 121, 129.

[2] 张十庆 . 日本之建筑史研究概观 [J]. 北京：建筑师 , 1995, 64（6）：35-46.

[3] 刘征鹏 , 甘友斌 , 李军 , 等 . 日本住宅建筑史研究述略 : 基于日本博士学位论文检索数据的生成 [J]. 北京： 建筑学报 , 2016（11）:68-73.

[4] 磯崎新 . 建築における「日本的なもの」[M]. 東京都 : 新潮社 , 2003: 37.

[5] ISOZAKI A, KOHSO S. Japaness in Architecture [M]. London:The MIT Press,2006: 34.

[6] 滋賀県教育委員会 . 国宝光浄院客殿・国宝勧学院客殿修理工事報告書 [M]. 大津：滋賀県 , 1980.

[7] 太田博太郎 . 日本建築史基礎資料集成 十六 書院 I [M]. 東京 : 中央公論美術出版 , 1971: 43-47.

[8] 太田博太郎 . 日本建築史序説 [M]. 東京：彰国社 ,2009.

[9] 川本重雄 , 包慕萍 . 从年代记走向历史著述 : 日本宫殿、住宅史研究的现状与课题 [J]. 中国建筑史论汇刊 , 2015（02）:65-77.

[10] 太田博太郎 . 書院造 [M]. 東京 : 東京大学出版会 ,1966.

[11] 胡惠琴 . 世界住居与居住文化 [M]. 北京 : 中国建筑工业出版社 , 2008.

[12] 太田博太郎 . 床の間 : 日本住宅の象徵 [M]. 東京 : 岩波書店 , 1978.

[13] 铃木忠志 . 文化就是身体 [M]. 李集庆 , 译 . 上海 : 上海文艺出版社 , 2017.

[14] 北尾春道 . 国寳書院圖聚 :1, 霊雲院書院・光浄院客殿・観智院客殿 [M]. 東京 : 洪洋社 , 1938.

[15] 北尾春道 . 国寳書院圖聚 :2, 勧学院客殿・円満院宸殿・大通寺書院 [M]. 東京 : 洪洋社 , 1938.

[16] 群書類従 卷第四百七十二 : 三内口决 [M].

視

野

H

O

R

I

Z

O

N

S

乌有园
第四辑
袖峰与洞天

346

ARCADIA
VOLUME IV
2020

山水、风景和景观

补偿的辩证法

姜俊

之一

山景
水风
景观

在中文的艺术研究中有三对概念互相接近，又互为区分，造成了艺术界和学术界的某种讨论上的混淆。在以下的篇幅中我将会聚焦讨论风景、景观和另一个源自中国本土的概念——山水。

之二

山和风
水景

在关于"山水"和"风景"的区别，从弗兰索瓦·于连（François Jullien）开启的文化比较论来看，可以归结为中国式和西式认识论的区分。我大概先简短地从这两个概念展开。

风景在中文里是对于英文 landscape 的翻译。古英语和德语一样，都属于日耳曼语支。Landscape 源自于德语词 Landschaft，它由 Land（土地，国家）和一个后缀 schaft 组成。而 schaft 又源自德文词 schaffen（创造），这个词在古日耳曼人的理解中是对一块土地的创造。在12世纪的古德语中，Landschaft 一词是指生活在一块土地或地域中居民的总称，即一种地方性共同体的政治构建。直到文艺复兴，这个词才变成自然景观中对一个目光片段的截取，到16世纪这个词才被引入到荷兰文中 Landshap，然后转到英文中成为 Landscape。我们不难看出世界神创论在这些词语中的体现，风景是被人从混沌的世界中解救出来的那一片土地，从词源上表达着一种政治性和神创论的规划和秩序。

中文中，山水（mountain-water）则是山和水之组合，交融。山为阳，水为阴，阴阳互动，则万物生。老子在《道德经》的四十二章中写道："道生一，一生二，二生三，三生万物。万物负阴而抱阳，冲气以为和。"因而山和水的互动也构成了成千上万种风景的可能之形态，在此，世界的起点不是那位主动的创世主单方面的行动——创造了万物，而是在无声无息的阴阳互动和交合中慢慢展开。它和西方不同，不涉及主体的人

之四

城市 和 风景

和客体的世界之间的对立，因此，中国从来没有可以和古希腊、古希伯来媲美的创世神话，也没有荷马史诗般恢弘的英雄传奇。阴和阳永无止境的互动并非一种西式二元论的外在性超越（transcendent），而是在于阴阳之间补偿性的内在性（immanent）运动。中文的山水在这一同构的框架下有着宇宙论的意义。

因此，我们在西方风景概念和中国充满意向性的山水一词中看到了本质上对世界的两种不同理解——世界是被创造的，还是悄无声息地生成？创造发展到现代，伴随着笛卡尔主客体的划分和人之主体性的形成，它把世界看作一个外在于人的客体图像，一个可以被主动的人所征服和改造的客观材料，当今的工具技术就是在此诞生。它试图简化世界的多样性，试图通过单一的理性标准衡量一切，它把一切不符合它规范的世界想象驳斥为谬误和迷信。最后它成为了活物，和资本主义生产逻辑一起规划着我们的日常生活，把我们的人性挤压至其工具理性生产的模件中，即一种现代化的单一性强迫之中。

柄谷行人（Karatani Kojin）在《日本现代文学的起源》中追述了这个从明治维新开始的现代化过程，也就是海德格尔所批判的——把周遭世界图像化、客体化和对象化的过程。他称之为"风景的发现"（風景の発見）和伴随而至的"内面的发现"（内面の発見，即主体性的发现）。这个从山水间的游观到主体性观察外在风景的过程不只是一种文学风格或图像风格的转变，而更是一种世界观、认识型（episteme）的转换。

用丸山真男（Maruyama Masao）的说法，是一种从"发生型"（なる）转向"制作型"（する）的过程，是一种从阴阳生万物的体认，天地人合一的追求过渡到工具理性生产逻辑的过程。人不再从天地流变中、世代更替中，不再从追求人伦和天理合一中去描写周遭，来生产出山水画这样的表现方式，而是从定点、运用焦点透视，以我为尊地把周遭看成静态的客观现象，并加以描绘。对于东方现代性发生的讨论，可以在柄谷行人的视野下被暂且简化为一种认识型意向的装换：从山水向风景的过渡。

在中文中，Landscape 翻译为风景（wind-sunlight），不再有山和水的宇宙论意涵，而是更多的偏向于目光的一瞥。"景"一字是日光的意思，由两个部分构成：上面是日，即太阳；下部是京，本意是高冈，有城市的意思，后引申为"国都"。

在中国如果说，从山水画到风景画的兴起，是一种现代认识型从西方的引入——一种客体化的观看，那么对风景的美学欣赏和风景画在欧洲的兴起的确和城市化进程关系密切。

如同约翰·豪斯（John House）在《时间和19世纪艺术》（Time and Nineteenth-Century Art）一文中所言，在19世纪中叶的欧洲，风景和田园题材的绘画曾经在新兴的市民阶层中受到青睐。现代化产生了城市和乡村的二元化关系，在政治经济方面乡村被城市剥削和毁坏，在美学方面乡村往往被浪漫主义地转化为对城市化灾难的乌托邦投射、或者成为某种美学的意向性补偿。

当时的欧洲如同当今的中国，正处于如火如荼的现代化和工业化时期，以风景为主题的绘画成为都市人心灵的安慰，并且对工业化和都市化所导致的社会动荡、环境污染、人与自然的疏离（alienation）等状态起到了补偿的作用，构成一种疗愈性的浪漫主义和还旧式的诗意。

米勒的田园风光如此的静谧而迷人，劳动的人，晚霞夕阳，仿佛让我们回到那四季轮回的循环往复之中。在20世纪初的巴黎甚至出现了高更的原始主义绘画。作为一个巴黎中产阶级他毅然决然地自我流放，在塔希提岛度过余生。他扪心自问着："我是谁，我从哪里来，我到哪里去。"

工业都市生活的异化导致人的无根状态，因而对自然和原初的回归成为都市人向往的乌托邦。但它又充满着悖论，一方面既不愿意放弃城市的便捷和舒适，以及丰富多彩；另一方面又控诉着生活的异化和快节奏所导致的窒息感。对风景绘画的消费正发生在都市化的中心地带，它同时无疑促进了19世纪中叶在以巴黎为首的西方大都市中商业艺术市场的繁荣。

第二次世界大战后德国哲学家约阿希姆·里

之四

作
出 为
山 世 的
园 水
林

德（Joachim Ritter）在《风景——现代社会中美学的作用》（Landschaft:zur Funktion des Ästhetischen in der Modernen Gesellschaft）中认为，从未知的令人恐惧的自然变成可以被美学欣赏的、人化了的风景，其中包含了人对于自然的征服，自然只有被征服了，才可以呈现出美学性的欣赏价值，它自始至终伴随着一种不断升级的人工化。他提出了补偿性理论（Kompensationstheorie）：艺术的美学化正通过对于自然的人工再现补偿了现代社会中抽象的无历史性和祛魅的生活现实。它可以追溯到18世纪末的浪漫主义思潮。

在一个内部高度分化、经济和道德行为总是清晰分离的社会中，就出现了一种"补偿性"述求：当在日常生活中世界已经只被体验为碎片化了，那么至少在星期天、节假日人们应该在美丽风景的形式中体验一次整体性。
In einer Gesellschaft, die sich intern stark ausdifferenziert und bei der sich Wirtschaftliches und moralisches Handeln immer deutlicher voreinander trennen, entsteht das Bedürfnis nach "Konmpensation" Wenn schon im Alltage die Welt nur noch als Fragmentierte zu erleben ist, dann soll sie wenigsten am Sonntag, in der Freizeit, in Form der "schönen Landschaft" noch einmal Ganzheitlich erlebbar werden.

在18世纪后半叶对于阿尔卑斯山的翻案成为这一转变的典型例证，它从一座中世纪所谓的"可怖之山"（montes horribiles）转变为城市贵族和市民度假休闲的圣景。从此自然风景成为一种观光消费。随着人工性的不断推进，观光成为一门营生，它先从"可怖"和"危险"的自然转变为"崇高"或"美"的风景，再转向了"充满多种体验性"的"景观"。

美国艺术史家米切尔（W.J.T. Mitchell）曾写道："风景不是一类艺术，而是一种媒介。风景是人和自然、自我与他人之间的一种媒介……风景是一种由文化中介的自然景象。它既是被表现的空间，又是表现着的空间；既是象征者，又是被象征者；既是一个框架，又是被框架所包含的；既是一个真实的场所，又是它的幻象；既是一个包裹，又是包裹里面的物品。"

前现代，同样是生活在百万人口大都市中的中国文人（如唐代的长安和洛阳，宋代的开封和杭州，明代的扬州和苏州等等）也用人工化的"自然"创造了自我的补偿——那就是作为"出世"的山水园林。

山水园林构成了对于俗世牵绊的补偿，在世俗生活和精神生活的交错中，它构成了一种想象的"世外桃源"，正如刘禹锡在《题寿安甘棠馆》中写的：

门前洛阳道，门里桃花路。
尘土与烟霞，其间十余步。

关上门，一切喧杂和凡俗都被祛除殆尽，俨然进入了隐居生活。文人们活在不同的山水系统中，真实的山水，被文人墨客所命名的文化山水，假山所营造的符号化的山水，屏风上所描绘的山水，墙上挂着的立轴山水，和诗文书法一起放在架上的卷轴山水，摆在案头微型的盆景山水。人不只是在城市空间中和真实山水中游走，而且还流连于诗文、园林、图像所组成的象征性山水之中。

文人们找到了一种往返于出世和入世的平衡。他们一方面不愿放弃都市生活的便利，或在朝为官，另一方面又希望寄情于山水，便通过人造园林完成与市井的隔离。晚期王朝的文人们多半保持着两条路线，循规蹈矩的儒家入世、淡漠无为和闲云野鹤的道家生活。如果腐败的政治使得士大夫阶层无心入世，那么寄情山水，致力于诗歌和绘画的创作也是一种通过出世同样进入大道的良方。如果宋以来的道学传统声称天道与人道一体的话，那么避世的文人当然也获得了其生活方式的合法性慰藉。

之五

景观和城市

对于城市文化的研究，从马克思主义的角度看，无疑应该贯穿资本历史的发展。自19世纪以来有系统的城市大规模更新都可以被认为是吸收剩余资本和剩余劳动力的有效手段。而每一次的城市更新都带来了某种新的生活方式，从而开启了新的经济循环。

为了缓和1848年的欧洲革命，新上台的拿破仑三世在1853年推出了奥斯曼巴黎改造计划，它正是重新规划了资本、城市空间和劳动力之间的关系。成千上万的人力和物力被卷入其中，这也可以被理解为19世纪的凯恩斯计划，资本获得了出口，闲置人口也获得了他们的工作岗位，社会矛盾逐渐缓和，并在对工人运动镇压的协同下达到了社会维稳的功效。

奥斯曼整体上改造了巴黎，摧毁了一个中世纪以来的城市，同时建立了一种全新的生活方式，观看和展示方式。奥斯曼塑造了一种全新的都市人格，使巴黎变成了不夜城。大型的百货公司、咖啡馆、时装店、展示中心、剧院等拔地而起，低俗的消费和大众娱乐成为新都市重要的性格，随之也逐渐生产出大量的新兴资产阶级群体。新的生活方式被城市塑造出来，构成了新的经济形态循环——这便是景观的诞生。

景观的英语词"spectacle"借自法语，可以追溯到拉丁文"spectaculum"，意思是"a show"（一场秀）、"to view/watch"（看）、"to look at"（观看）。在17世纪，spectacle 主要被用于剧场领域，以及形容巴洛克风格的艺术，因此词意带有非常浓重的人工味和剧场性因素，也可以理解为伪造性。在接下去的18世纪spectacle 逐渐成为一个流行词，更多用于人造的展示方面，如一些动物秀、马技表演等，即倾向于满足观众某种猎奇的欲望。

20世纪60年代，就如同居伊·德波（Guy Debord）所看到的，巴黎在第二次世界大战后"繁荣的30年"中也展开了大规模的城市更新，从而进入全面的现代化，以及都市化的消费社会。德波1967年对"景观社会"的讨论正配合着"消费社会"的展开，他为spectacle 赋予了一种强烈的批判性贬义。接续着马克思主义商品拜物教的话语，德波对于资本主义的批判与时俱进地获得升华，成为新左派的基础性文本之一。和19世纪马克思在《资本论》中所描述的不同，景观社会不再是"商品的堆积"，而是：

> 资本积累到了如此的程度以至于变成了图像……生活本身展现为景观的庞大堆积。直接存在的一切全转化为一个表象。

景观的本质可以表现为一种"广告"的隐喻，图像代替了商品走到了前台。德波认为景观的出现，伴随着世界的分离，真实事件与人工造像的分离。景观是对于真实的模仿和美化，而对于景观的知觉又悄无声息地掺杂进了对于真实事件的认知。当分离导向统一时，景观遮蔽了真实，甚至就成为真实，并获得了其本身的意义和合法性论述。

但是什么是真实？德波所谓的本真性（authenticity）和景观的二元对立本来就值得质疑，这一思维形式甚至可以追溯到柏拉图的洞穴譬喻——洞穴中的虚像和洞穴外的真理。整个人类文明的发展难道不就是一种人工化的不断推进？和景观的拟像性相比，山水和风景也无法彰显本真，它们同样是一种人为的设置，只是针对着不同的社会机制。在历史语境中看，德波的景观社会批判是对资本主义新情况的批判性分析，它呼应着法兰克福学派阿多诺和霍克海姆1944年对于文化工业的批判，他所谓真实被景观吞噬的说法和阿多诺他们所说的文化的资本化、工业化异曲同工。

之六

风景到景观，园林到景观

中文对于 spectacle 的翻译多为景观，也有译为奇观的。"景"如同我们之前说言，是"日"和"京"的集合；"观"即是看。营造景观是对于光之所见（light-watch）的设置，是创造一种人工化的"让观看"，而在今天的消费社会中"让观看"将会把我们牵引到哪里去呢？

我们再回到阿尔卑斯山的例子中，当欣赏风景、进入自然成为一种对于城市化和工业异化的补偿，那么欣赏本身也必然可以成为消费品。从18世纪末到20世纪60年代，阿尔卑斯山的夏季徒步旅行也经历了一个民主化的过程，由贵族才可以承担的奢侈消费演变为一个中产阶级都可以接受的度假选择。

自1965年起阿尔卑斯山的冬季滑雪成为新开发的旅游项目，运动和身体性体验成为重点，而风景则沦为运动的舞台；纯粹的原生质自然风光已经不再如同浪漫主义时期的过去那样是第一位的，即帮助分裂的人再重新回到意义的完整中；相反现在在自然环境中人工所营建出来的各种设施才是中心环节，即创造舒适宜人的景观。如今工业化再也没有外部，自然被人化成为风景，而风景则继续被工业化成为"景观"。

如同德国当代哲学家格诺·伯梅（Gernot Böhme）说的那样：和对自然的毁坏相对，对于自然的美学化（或景观化）成为了另一种人工化的现实。它以人工化的美学之自然，即康德所说的"无利益攸关的观看"（Interesseloses Wohlgefallen），补偿了对于自然的无节制的开采和破坏，并使得环境污染获得了某种表面上的救赎。

就如同 spectacle 一样，其中文翻译"景观"一词通过对于德波批判视野的吸收已经在中文学术圈中成为了贬义。而在建筑学和环境设计圈中的"景观"多少还保持着某种"学术中性"。我们在北京做的公共艺术案例研究中调查了大栅栏城市更新项目，其中看到了建筑师张轲的改造项目"微胡同"（Micro Hutong），他因为这个项目获得了阿尔瓦·阿尔托国际建筑奖。

"微胡同"在一个非常狭小的空间中创造了一种别有洞天的体验，不同几何空间不规则地互相衔接，形成溶洞式的美学，让人联想到园林中的巨构假山。它的空间一方面是传统园林式的，另一方面在建筑语言上又是几何化的现代主义风格。

我认为，与其说"微胡同"是一个建筑实验，不如说更应该被理解为空间装置或景观的构造。它基本取消了建筑居住的功能（卫生间设施是一个无功能的摆设，材料的运用也非常不利于冬天的居住），非常符合一种被参观的样板房概念，或者是当代艺术中的跑酷装置。这是因为它本来就不是为了居住，营造这一景观项目是为了定位和重新活化整个历史街区而树立典范——当代文化创意和传统老北京空间的有机融合。

类似"微胡同"这样的几个实验建筑试点被当地的开发商定位为一种展品（showcase）。在此它确定了自我的差异化识别，创造了一种视觉上清晰无误的陈述（statement），有助于招商引资。它可以被理解为一种进入式、参与式的广告橱窗。

当我们对比作为补偿的人工自然：山水、风景和景观，我们看到了其本质的不同。如果说中国古代的私家园林和山水画是文人的一种对于都市日常生活（儒家入世）的逃避，是进入出世的媒介；19世纪在西方开始的风景画和人工园林是对于现代性都市化的浪漫主义式补偿，那么20世纪60年代开始提出的景观，比如我们看到的"微胡同"项目，还导向了其他的诉求，即资本的再生产——作为广告的图像或空间设置。它虽然模仿着传统的文人园林，不仅废弃了园林的人文功能，还取消了其居住本身。它只是作为一种纯粹空间游戏而存在，为这个街区创造了一种格调，给予消费大众无限的想象——一种可以购买和模仿的生活风格之幻境。

当浪漫主义式的补偿性成为可贩卖性的，那么多元文化在后现代的景观化下就成为今天我们熟知的创意经济。景观化只是一种过程，一种浪漫主义和消费主义的合二为一。

SLEEVE PEAK
&
CAVE UNIVERSE

351

视野
Horizons

山水、
风景和
景观——
补偿的
辩证
法

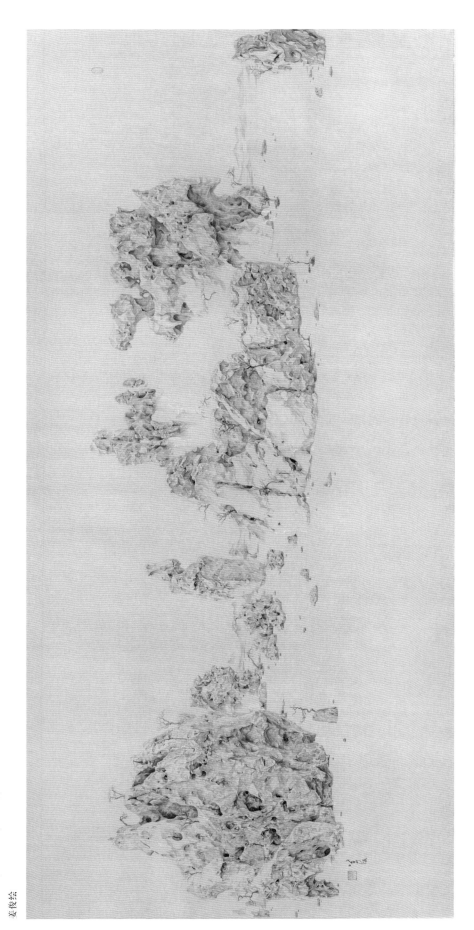

《仿钱选1》，绢本水墨，2017年，85厘米×168厘米

姜俊绘

《仿王蒙2》，绢本水墨，2018年，84厘米×58厘米

姜俊绘

SLEEVE PEAK
&
CAVE UNIVERSE

353

视野
Horizons

山水、
风景和
景观 —
补偿的
辩证法

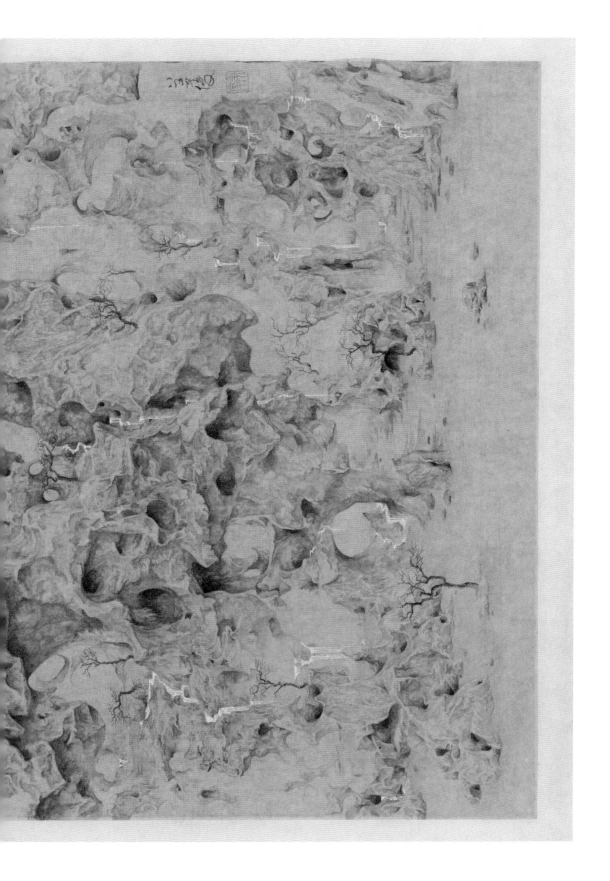

图书在版编目（CIP）数据

乌有园 . 第四辑 , 袖峰与洞天 / 王欣 , 金秋野主编
. -- 上海：同济大学出版社 , 2020.11
ISBN 978-7-5608-9606-9

Ⅰ . ①乌… Ⅱ . ①王… ②金… Ⅲ . ①建筑科学—文
集 Ⅳ . ① TU-53

中国版本图书馆 CIP 数据核字 (2020) 第 236195 号

乌有园　第四辑
袖峰与洞天

王欣　金秋野　编

出版人：华春荣
策划：秦蕾 / 群岛 ARCHIPELAGO
责任编辑：江岱
责任校对：徐春莲
装帧设计：typo_d
封面设计：谢庭苇
版 次：2020 年 11 月第 1 版
印 次：2023 年 1 月第 2 次印刷
印 刷：上海雅昌艺术印刷有限公司
开 本：889mm×1194mm　1/16
印 张：22. 25
字 数：712 000
ISBN：978-7-5608-9606-9
定 价：178.00 元
出版发行：同济大学出版社
地 址：上海市四平路 1239 号
邮政编码：200092
网 址：http://www.tongjipress.com.cn
经 销：全国各地新华书店

Arcadia

Volume IV Sleeve Peak & Cave Universe
ISBN 978-7-5608-9606-9

Edited by : WANG Xin, JIN Qiuye
Initiated by : QIN Lei / ARCHIPELAGO
Produced by : HUA Chunrong (publisher), JIANG
Dai (editing), XU Chunlian (proofreading), typo_d
(graphic design)

Published by Tongji University Press, 1239, Siping Road,
Shanghai 200092, China.
www.tongjipress.com.cn

First edition in November 2020.